Die
Petroleum- und Benzinmotoren,
ihre
Entwicklung, Konstruktion und Verwendung.

Ein Handbuch
für

Ingenieure, Studierende des Maschinenbaues, Landwirte und Gewerbetreibende aller Art

=== aus der Praxis für die Praxis. ===

Bearbeitet von

G. Lieckfeld, Civil-Ingenieur in Hannover.

Zweite umgearbeitete und vermehrte Auflage.

Mit 188 in den Text gedruckten Abbildungen.

München und **Berlin.**
Druck und Verlag von R. Oldenbourg.
1901.

Vorwort.

Seit dem im Jahre 1894 erfolgten Erscheinen der ersten Auflage dieses Werkes haben sich auf dem Gebiete der Explosionsmotoren bedeutende Wandlungen vollzogen. Die konstruktive Ausbildung der Motoren für ihre verschiedenen Verwendungszwecke ist mit grofsem Erfolg durchgeführt worden und sind neue Arbeitsverfahren erfunden, welche die bisher benutzten verdrängt haben.

Für die vorliegende zweite Auflage war also eine fast vollständige Neubearbeitung des Stoffes nötig.

Es sind nur solche Motoren und Einrichtungen zur Darstellung und Beschreibung gelangt, welche sich im praktischen Gebrauch bewährt haben.

Die Allgemeinverständlichkeit des Inhaltes ist auch diesmal in vollem Umfange gewahrt worden.

Hannover im August 1901.

G. Lieckfeld,
Oivil-Ingenieur.

Inhaltsverzeichnis.

Erstes Kapitel.

Das Rohpetroleum und seine Destillate.

Seite

Fundstätten des Rohpetroleums 1
Mutmaßliche Entstehung des Rohpetroleums 2
Entwickelung der Petroleum-Industrie 2
Verwendung des Rohpetroleums 3
Destillation des Rohpetroleums 3
Bezeichnungen und Preise der leichtflüchtigen Petroleumdestillate 4
Die von 170—270° übergehenden Destillate 5
Die über 270° gewonnenen Destillate 6
Explosionsgefahr der verschiedenen Destillate des Rohpetroleums 6

Zweites Kapitel.

Die Petroleumdestillate in ihrer Eigenschaft als Kraft-erzeugungsmittel.

Das Benzin.

Eigenschaften des Benzindampf-Luftgemisches 7
Heizwert des Benzins 8
Verschiedene Arten der Gemischbildung 8
Apparate zur Gemischbildung 9
Eigenschaften des flüssigen Benzins, welche bei Herstellung der Gemisch-bildungsapparate zu berücksichtigen sind 10
Die Entzündungstemperatur des Benzindampf-Luftgemisches und ihr Einfluß auf die zulässige Kompression des Gemisches 11
Feuergefährlichkeit des Benzins 11
Zollfreiheit des zur Krafterzeugung verwendeten Benzins 12
Preis des Benzins zur Krafterzeugung 12

Das Petroleum.

Seite

Arten der Gemischbildung 13

Nebelbildung der Petroleumdämpfe 13

Über die Fähigkeit des Petroleumnebels mit Luft Explosionsgemische zu
bilden 14

Abhängigkeit des Kompressionsgrades von der Entzündungstemperatur des
Brennstoff-Luftgemisches 15

Auftreten des Crackingprozesses in den Vergasern der Petroleummotoren . 16

Über die Erhaltung des Gemisches im Arbeitcylinder der Motoren . . . 17

Über die Ursachen des Verschmutzens der Petroleummotoren 17

Verbrennungswärme und Preis des Petroleums 18

Drittes Kapitel.

Die Entwickelung der Benzin- und Petroleummotoren.

Die ersten Spuren der Benzinmotoren 18

Der Hocksche Benzinmotor vom Jahre 1873 19

Der Braytonsche Benzinmotor 21

Der Benzinmotor von Wittig & Hees 25

Die Entwickelung der Petroleummotoren 29

Kjelsbergs Petroleummotor vom Jahre 1889 30

Viertes Kapitel.

Die Konstruktion der Benzin- und Petroleummotoren.

Der Maschinenrahmen 34

Der Arbeitcylinder 35

Der Verbrennungsraum 36

Liegende Bauart 37

Stehende Bauart 38

Die Ventile 38

Der Arbeitskolben 40

Die Kolbenringe 41

Die Kurbelachse und das Schwungrad 43

Die Verdampfapparate der Benzin- und Petroleummotoren 43

Der Karburator der Benzinmotoren 43

Der Vergaser der Petroleummotoren 45

Die Heizlampen der Benzin- und Petroleummotoren.

Allgemeines über die Dampflampen 46

Die Benzindampflampe von Longuemare 48

Petroleumdampflampe von Scheibler 50

Zuführungsapparate für Benzin und Petroleum.

Seite

Benzinzuführungsapparat von Longuemare 51
Petroleumpumpe 53
Brennstofffilter 54

Die Geschwindigkeitsregulatoren.

Allgemeines über die verschiedenen Reguliermethoden 55
Regulierung durch Aussetzen der Ladung 56
Regulierung durch allmähliches Ändern der Ladung 58
Regulierung durch Verlegen des Zündmomentes 60

Fünftes Kapitel.

Die Zündapparate der Benzin- und Petroleummotoren.

Die Entwickelung der Glühröhrzündung 61
Anbringung des Zündrohres am Motor 62
Wirkungsweise des Zündrohres 62
Zündrohrformen 65
Materialien zur Herstellung der Zündrohre 65
Die elektrische Zündung 66
Entwickelung der elektrischen Zündung 66
Der magnetelektrische Zündapparat von Bosch 67
Wirkungsweise des magnetelektrischen Zündapparates 68
Verbesserter Zündapparat von Bosch 69
Einführung und Unterbrechung des Stromes im Laderaum der Motoren . . 70
Isolierung des Kontaktstiftes 71
Bergmanns magnetelektrischer Zündapparat 72

Sechstes Kapitel.

Neuere stationäre Benzinmotoren.

Benzinmotor der Daimler-Motorengesellschaft in Cannstatt 73
Benzinmotor der Gasmotorenfabrik Deutz 79
Benzinmotor der Motorenfabrik von Gebr. Körting in Körtingsdorf bei Han-
    nover. Marke M. 88
Benzinmotor der Motorenfabrik von Gebr. Körting in Körtingsdorf bei Han-
    nover. Marke M. A. 99
Benzinmotor der Motorenfabrik »Werdau« A.-G. in Werdau i. S. 105
Benzinmotor der Motoren- und Motorfahrzeugfabrik von Moritz Hille in
    Dresden-Löbtau 112
Benzinmotor der Adamschen Motorenfabrik in Friedrichsdorf (Mähren) . . 118
Benzinmotor der Maschinenbau-Aktiengesellschaft vorm. Ph. Swiderski,
    Leipzig-Plagwitz 129
Bánkis Benzinmotor, gebaut von der Firma Ganz & Co., Eisengießerei und
    Maschinenfabriks-Aktiengesellschaft in Budapest 136

Siebentes Kapitel.

Neuere Petroleummotoren.

Seite

Stehender Petroleummotor der Maschinenbau-Aktiengesellschaft vormals
Ph. Swiderski in Leipzig-Plagwitz 148
Balance-Petroleummotor der Maschinenbau-Aktiengesellschaft vorm. Ph.
Swiderski in Leipzig-Plagwitz 157
Bánkis Petroleummotor, gebaut von der Firma Ganz & Co., Eisengiefserei
und Maschinenfabriks-Aktiengesellschaft in Budapest 162
Petroleummotor der Fabrik landwirtschaftlicher Maschinen F. Zimmer-
mann & Co. A.-G. in Halle a. d. Saale 168
Petroleummotor von Fr. Seck in München 173
Über die Zukunft der Explosions- und Verbrennungsmotoren 178

Achtes Kapitel.

Wagenmotoren mit Benzinbetrieb.

Über die Entwickelung der Wagenmotoren 180
Vergleich alter und neuer Wagenmotoren hinsichtlich des Gewichts und
der Abmessungen 183
Benzin-Fahrradmotor System »de Dion & Bouton«, in Deutschland gebaut
von der Aktiengesellschaft für Motor- und Motorfahrzeugbau vormals
Cudell & Co. in Aachen 185
Benzin-Wagenmotor System Benz, gebaut von der Firma Benz & Co.,
Rheinische Gasmotorenfabrik Aktiengesellschaft in Mannheim 195
Benzin-Wagenmotor System Canello-Dürkopp, gebaut von der Bielefelder
Maschinenfabrik vorm. Dürkopp & Co. 201

Neuntes Kapitel.

Bootsmotoren.

Entwickelung der Bootsmotoren mit Benzinbetrieb 206
Daimlers Zwillings-Bootsmotor mit schräg liegenden Cylindern 207
Petroleum-Bootsmotor der Firma J. M. Grob & Co., Leipzig-Eutritsch . . . 211
Zwillings-Petroleum-Bootsmotor der Maschinenbau-Aktiengesellschaft vorm.
Ph. Swiderski in Leipzig-Plagwitz 215

Zehntes Kapitel.

Die Verwendung der Benzin- und Petroleummotoren.

Motorfahrzeuge für Personen und Lasten.

Benzin-Fahrzeug vom Jahre 1880, gebaut von der Maschinenbau-Aktiengesellschaft vorm. Georg Egestorff in Hannover 220
Daimlers Motorfahrrad vom Jahre 1885 223

Seite

Daimlers Motorwagen vom Jahre 1886 223
Benz' Motorwagen vom Jahre 1886, Wagengestell und Triebwerk eines neuen
    Benzwagens 226
Neuer Motorwagen von Benz für 3—4 Personen 228
Motor-Jagdwagen von Benz für 3—4 Personen 229
Motorwagen von Benz für 5 Personen 230
Motorwagen der Daimler-Motorengesellschaft 232
Omnibus der Daimler-Motorengesellschaft 233
Motor-Lastwagen der Daimler-Motorengesellschaft 234
Dürkopps Motorwagen . . . . · 235
Motorwagen von Cudell & Co. in Aachen 236
Motorfahrrad ›   ›   › › ›   ›   237
Motortandem ›   ›   › › ›   ›   238

Schienenfahrzeuge mit Benzinmotorenbetrieb.

Daimlers Sommerwaggonet vom Jahre 1887 239
Daimlers Draisine 240
Daimlers Motor-Eisenbahnwagen 241
Benzinlokomotive der Deutzer-Gasmotorenfabrik 242
Strafsenbahnwagen der Daimler-Motorengesellschaft 244

Wasser-Fahrzeuge mit Benzinmotorenbetrieb.

Daimlers Motorboot vom Jahre 1886 246
Motor des ersten Daimler-Bootes 247
Daimlerboot (amerikanische Ausführung) 248
Schraubenflügelverstellung für Motorboote 249
Motorboot von 12 PS 250

Benzin- und Petroleum-Lokomobilen.

Petroleumlokomobile von Grob & Co. 251
Benzin- und Petroleumlokomobile der Gasmotorenfabrik Deutz 251
   ›   ›   ›   von Hille in Dresden-Löbtau 254
Petroleumlokomobile von Swiderski 256
   ›   ›   › Ganz & Co. in Budapest 257
   ›   ›   › Fr. Seck in München 257

Wasserpumpen mit Petroleum- und Benzinmotorenbetrieb.

Wasserwerksanlage einer kleinen Stadt 258
Körtings Motorpumpe, vertikale Bauart 259
   ›   ›   liegende Bauart 259
Swiderskis Motorpumpe 260
Petroleumhammer, System Bánki & C'sonka, gebaut von Ganz & Co. in
    Budapest 261
Feuerspritze mit Benzinmotorenbetrieb, gebaut von der Daimler-Motoren-
    gesellschaft in Cannstatt 263

Seite

Beleuchtungswagen der Grobschen Motorenfabrik 266

» » » Daimler Motorenfabrik 267

Motoren-Holzsäge mit Spaltwerk von Grob & Co. 268

Motoren-Schiebebühne von Gebr. Körting in Hannover 269

Petroleumpflug, gebaut von Ganz & Co. in Budapest 270

Elftes Kapitel.

Aufstellung und Wartung der Benzin- und Petroleummotoren.

Über die Aufstellungsräume für Benzin- und Petroleummotoren 271

Die Lagerung der Benzin- und Petroleumbehälter 271

Aufstellungsplan eines Benzinmotors 272

Fundamentierung der Benzin- und Petroleummotoren 274

Kühlung durch Druckwasserleitung 274

Kühlung durch Kühlgefäfs 275

Kühlung durch Rippenkühler 276

Ventilations-Kühlapparat 278

Die Auspuffleitung 278

Pläne von Anlagen, welche mit Benzin- und Petroleummotoren betrieben werden 280

Die Wartung der Benzin- und Petroleummotoren.

Das Cylinderschmieröl 284

Das Auseinandernehmen und Reinigen der Motoren 286

Das Anziehen der Lagerdeckel 288

Betriebsstörungen.

Arten der Betriebsstörungen 288

Der Motor versagt den Dienst bei der Ingangsetzung 288

Der Motor bleibt während des Betriebes stehen 292

Der Gang des Motors ist unregelmäfsig 293

Der Motor äufsert wenig Kraft 293

Es erfolgen Stöfse im Motor 294

Es knallt aus dem Luftrohr 294

Gefahren und Vorsichtsmafsregeln beim Umgang mit Benzin- und Petroleummotoren.

Gefahren und Vorsichtsmafsregeln bei der Aufbewahrung flüssiger Brennstoffe 295

Vorsichtsmafsregeln beim Herausnehmen des Kolbens 296

Vorsichtsmafsregeln bei Untersuchung der Innenräume von Motoren . . . 296

Vorsichtsmafsregeln beim Auf- und Ablegen von Riemen 297

Vorsichtsmafsregeln beim Andrehen von Motoren 297

Erstes Kapitel

Das Rohpetroleum und seine Destillate.

Das Rohpetroleum, von alters her als Stein-, Berg- oder Erdöl bekannt, findet sich an zahlreichen Orten der Erde. Es tritt entweder ohne menschliches Zuthun an die Erdoberfläche oder wird aus Bohrlöchern gewonnen.

Je nach den Fundstätten bildet das Rohpetroleum eine dunkelgelbe, braune oder graugrüne Flüssigkeit mit blaugrünem Farbenschiller von unangenehmem stechendem Geruch.

Hauptfundorte für das Rohpetroleum sind die Staaten Pennsylvanien und Canada, sowie die Umgebung von Baku am Kaspischen Meere. Von geringerer Bedeutung sind die Fundorte in Galizien, Rumänien und in Deutschland, wo sie im Elsaß (Pechelbronn) und in der weiteren Umgebung der Stadt Hannover angetroffen werden.

In den Jahren 1879/80 glaubte man unweit der Stadt Peine, etwa 30 km östlich von Hannover, große Petroleumquellen gefunden zu haben, welche den amerikanischen und russischen zur Seite gestellt werden könnten. In schneller Folge wurden Quellen von bedeutender Ergiebigkeit erbohrt. Ebenso schnell, wie sie erschlossen wurden, versiegten sie aber wieder, und ist heute die Ausbeute dort auf ein Minimum herabgesunken.

Bezüglich seiner Entstehung glaubte man früher, das Rohpetroleum als ein Produkt trockener, unter Druck erfolgter Destillation von Pflanzenstoffen ansehen zu müssen. Nach neueren Forschungen spricht jedoch alles dafür, daß das Rohpetroleum und mit ihm alle anderen »Bitumen« durch trockene, unter hohem Druck erfolgte Destillation animalischer Produkte entstanden ist. Durch Versuche ist erwiesen, daß sich bei der Destillation tierischer Fette, welche bei starkem Druck vorgenommen wurde, ein dem Rohpetroleum vollkommen ähnliches Produkt bildet. Auch ist man berechtigt, anzunehmen, daß das Rohpetroleum nicht eine Abart, sondern der eigentliche Urstoff für alle Bitumen gewesen ist; ohne Zweifel haben sich der Bergteer, das Erdwachs, Asphalt, und ähnliche als Bitumen bekannte Naturprodukte, teils durch Verdampfen der flüchtigen Bestandteile, teils durch Verbindung gewisser Stoffe des Rohpetroleums mit dem Sauerstoff der Luft gebildet.

Auch auf die Frage, wie lokale Anhäufungen von so gewaltigen Massen tierischer Reste zu stande kommen konnten, damit sich Petroleumquellen von solcher Mächtigkeit und Ergiebigkeit bilden konnten, läfst sich eine Antwort finden.

Geht man davon aus, dafs sich in der Nähe von Petroleumfundorten immer Salzlager finden, welche das Vorhandensein ehemaliger Meere bedingen, so ist als sehr wahrscheinlich anzunehmen, dafs die Tierwelt dieser Wasserbecken zur Bildung der Petroleumansammlung gedient hat.

Man kann sich sehr wohl vorstellen, dafs mit dem allmählichen Zurückweichen der Meere die sie bevölkernden Tiere mehr und mehr nach den tieferen Stellen gedrängt worden sind und schliefslich, bei plötzlich auftretenden Veränderungen der Erdoberfläche, lokale Anhäufungen von Meertieren in solchen Massen zu stande kamen.

Wie erwähnt, ist das Rohpetroleum seit den ältesten Zeiten bekannt, schon in der Bibel wird darauf hingewiesen. Auch in unserem Vaterlande ist das »Erdöl« seit Urväter Zeiten bekannt. So ist es z. B. bei den Umwohnern der erwähnten Stadt Peine ein alter Brauch, auf den Feldern Gruben auszuheben, in denen sich das den Boden durchsetzende Rohpetroleum als dickflüssige Masse ansammelte, um dann als Wagen- und Stiefelschmiere benutzt zu werden.

Die Entstehung einer eigentlichen »Petroleum-Industrie« und der aufserordentliche Aufschwung derselben ist neueren Datums. Erst nachdem im Jahre 1859 zu Tittusville im Staate Pennsylvanien der erste »Rohrbrunnen« zur Förderung von Rohpetroleum gebohrt war und man gelernt hatte, den Rohstoff zu destillieren und ihm durch ein geeignetes Reinigungsverfahren seinen höchst unangenehmen Geruch zu nehmen, konnte man von einem Erwachen der Petroleum-Industrie sprechen. Die Schnelligkeit, mit welcher sich dann das amerikanische Petroleum als Leuchtstoff in der ganzen civilisierten Welt einbürgerte, steht in der Kulturgeschichte einzig da.

Kaum 10 Jahre nachdem die ersten Petroleumquellen in Amerika erbohrt und in Betrieb genommen waren, brannte in jedem Dorf, man kann wohl sagen auf der ganzen Erde, »die Petroleumlampe.«

Das Rohpetroleum ist ein Gemisch verschiedener Kohlenwasserstoffe, flüssiger, gasförmiger und fester Natur, es hat ein spec. Gewicht von 0,7 — 0,9, besitzt einen stechenden unangenehmen Geruch und zeigt im reflektierten Licht eine schillernde Oberfläche.

Die direkte Benutzung des Rohpetroleums beschränkt sich auf seine Verwendung als Feuerungsmaterial und als Heilmittel.

Gereinigt und mittelst einer neutralen Seife konsistent gemacht, ist das Rohpetroleum als Naphthalansalbe in den Apotheken zu haben, seine Heilwirkung bei Hautverletzungen und rheumatischen Affektionen ist unbestreitbar.

Als Feuerungsmaterial kommt das Rohpetroleum nur dort in Betracht, wo es mit anderen Heizmaterialien konkurrieren kann, also in der Nähe seiner Fundstätten. So sind z. B. die das Kaspische Meer und die Wolga befahrenden Dampfschiffe vielfach mit »Erdöl-Feuerungen« versehen.

Der Luft ausgesetzt, verändert sich die Zusammensetzung des Rohpetroleums allmählich durch Verdampfen der leichtflüchtigen Stoffe, auch findet Sauerstoffaufnahme statt, welch letztere auf die Dauer eine Umbildung der bei der Verdunstung zurückbleibenden Stoffe bewirkt.

Durch Erhitzen des Rohpetroleums und Kondensieren der sich entwickelnden Dämpfe, läfst sich eine umfangreiche Zerlegung des Rohstoffes bewirken, und sind es diese Destillationsprodukte, welche für sich allein oder in Gruppen vereint die Bedeutung des Rohpetroleums ausmachen.

Je nach der Temperatur, bei welcher man die Dämpfe des Rohpetroleums auffängt und kondensiert, lassen sich drei Hauptgruppen von Destillationsprodukten unterscheiden:

1. die bis 150° C. übergehenden leichtflüchtigen Stoffe;
2. das zwischen 150 und 270° C. aufgefangene, als Leuchtstoff benutzte eigentliche Petroleum;
3. die über 270° C. destillierenden Stoffe, welche als Mineralöl, Wagenfett u. s. w. in den Handel gelangen.

Je nach der Fundstätte des Rohpetroleums sind die Ausbeuten in diesen drei Destillationsgruppen sehr verschieden.

Die gröfste Menge an »Lampenpetroleum« liefert der amerikanische Rohstoff, während das russische Rohpetroleum mehr Stoffe der Gruppe 3 — Schmieröle — enthält. Alle Produkte der Petroleumdestillation finden eine ausgedehnte technische Verwertung; jede der angeführten drei Hauptgruppen wird durch Auffangen und Kondensieren der Dämpfe bei verschiedenen Temperaturen wiederum zu bestimmten Handelsartikeln verarbeitet.

Die für die leichtflüchtigen Petroleumdestillate — Gruppe 1 — im Handel gebräuchlichen Bezeichnungen sind sehr verschieden und geben oft zu Mifsverständnissen Veranlassung. Im vorliegenden Werk sind die in Norddeutschland gebräuchlichen Bennenungen gewählt. Die Petroleum-Raffinerie vorm. August Korff Aktien-Gesellschaft in Bremen nimmt folgende Zerlegung der leichtflüchtigen Petroleumdestillate vor und bringt sie unter nachstehenden Bezeichnungen und Preisen (1. April 1901) in den Handel:

Erzeugnisse der Benzinfabrik.

Motorpetroleum kostet z. Z. per 100 kg Netto incl. Barrels M. 18,25.

	spec. Gewicht bei 15° C.	in Ballons von ca. 30 kg Inhalt *M*	in Barrels v. ca. 130 kg Inhalt, Tara 20% *M*	excl. Emballage (Verk. Eisenfässer) *M*
Rhigolen	ca. 0,615—0,625	50,—	—	44 —
Petrol-Äther	» 0,630—0,640	40,—	—	34,—
Gasoline Nr. 0	» 0,640—0,650	36³/₄	—	30³/₄
Hydririn, Name gesetzl. gesch. (für Luftgas-Maschinen) . .	—	36³/₄	—	30³/₄
Gasoline Nr. I	» 0,650—0,660	35¹/₄	—	29¹/₄
do. Nr. II (für Koch- und Heizzwecke	» 0,670—0,680	34¹/₂	—	28¹/₂
Benzin für Motorwagen u.-Räder = Veloxin, Name ges. gesch.	—	34¹/₂	—	28¹/₂
Korffs Motorbenzin, für feststehende Motoren besonders hergestellt	—	32¹/₂	29,—	26¹/₂
Korffs Benzin Nr. I . . (Fleckwasser) .	» 0,680—0,690	33¹/₂	30,—	27¹/₂
Korffs Benzin Nr. II . . für Beleuchtgs.-, Extraktions-, Auflösungs- u. Entfettungs- zwecke . . .	» 0,690—0,700	33,—	29¹/₂	27,—
Korffs Benzin Nr. III zu Beleuchtungs- und Entfettungs- zwecken	» 0,710—0,730	33,—	29¹/₂	27,—
Terpentinöl-Surrogat (Putzöl) .	» 0,730—0,750	32,—	28¹/₂	26,—

Diese Preise verstehen sich für Quantitäten bis zu 1000 kg netto und zwar in Ballons, Barrels etc. pro 100 kg netto unverzollt ab unserer Fabrik in Bremen, bei Ballons und Barrels inkl. Emballage und bei Notierungen »exkl. Emballage« in Verkäufers Eisenfässern; in Käufers Fässern ist der Preis M. 2.— pro 100 kg netto billiger. Bei Bezug resp. Abschluß von Quantitäten über 1000 kg netto muß der Preis jeweils besonders vereinbart werden.

Cisternenwagen werden auf Wunsch gestellt und zwar gegen eine Mietgebühr von M. 3.— pro Tag vom Tage der Abrollung bis zum Tage der Wiederankunft.

Geliehene Eisenfässer müssen spätestens innerhalb 8 Wochen vom Tage des Abgangs wieder in unserem Besitz sein, andernfalls eine Faßmiete von M. 1.— pro Faß und Monat zur Berechnung kommt; jeder angefangene Monat wird für voll gerechnet.

Produkte von leichterem specifisch. Gewicht als 0,680 dürfen per Bahn nur in Ballons, Eisenfässern oder Cisternenwagen versandt werden.

Zahlungskondition: Netto Kassa innerhalb 30 Tage.

Für diejenigen Fabriken etc., welche gemäß der Verordnung des Bundesrats vom 26. Nov. 1896 leichte Mineralöle, wie z. B. Benzin, Ligroine, Naphtha und andere Petroleumdestillate unter 750 Dichtigkeitsgraden unter Kontrolle zollfrei verwenden können, liefern wir diese Produkte zollfrei auf Erlaubnisschein. (Motorpetroleum ist hiervon ausgeschlossen.)

Zwischen 40 und 50° C. wird der Petroleumäther, spec. Gewicht 0,64, aufgefangen, welcher ein vorzügliches Lösungsmittel für Kautschuk und verschiedene andere Harze ist. Zwischen 70 und 80° C. das Gasoline, spec. Gewicht 0,66. Verwendung: Extraktion von Ölen und Fetten und Erzeugung von Luftgas. Zwischen 80 und 100° C. das Benzin 0,68—0,7. Verwendung: Krafterzeugung und Fleckenreinigung. Endlich zwischen 100 und 170° das Terpentinöl-Surrogat. Verwendung: Krafterzeugung und Putzöl.

Die in der zweiten Destillationsgruppe von 170—270 aufgefangenen Öle bilden das Hauptprodukt, die Klasse der Brennöle. Während man bis vor einer Reihe von Jahren Abstufungen in dieser Gruppe nicht vornahm, kommen jetzt auch Brennöle verschiedener Qualität in den Handel. Das Kaiseröl, spec. Gewicht 0,78—0,8, amerikanisches Leuchtöl, spec. Gewicht 0,8—0,81, russisches Leuchtöl, spec. Gewicht 0,82—0,825 und noch einige weniger wichtige Abarten bis zum spec. Gewicht von 0,86.

Zur dritten Destillationsgruppe zählen die Öle, welche als Mineral-
schmieröle in den Handel gelangen. Die spec. Gewichte dieser
Öle liegen zwischen den Grenzen 0,895 und 0,960; sie finden in
der Technik ausgedehnteste Anwendung zum Schmieren von Maschinen, und haben sie hier die noch vor 30 Jahren allgemein gebräuchlichen Pflanzen- und Tierfette fast gänzlich verdrängt.

Sämtliche Produkte der ersten Destillationsgruppe verdampfen
schon bei Lufttemperatur mehr oder weniger stark, ihre Dämpfe
bilden dann mit der Luft Gemische von grofser Explosiblität, so
dafs die leichtflüchtigen Petroleumdestillate als in hohem Grade
feuergefährlich zu bezeichnen sind.

Bei den Brennölen ist die Explosionsgefahr nicht in dem Mafs
vorhanden, namentlich dann nicht, wenn die Destillation mit Sorgfalt geführt wird.

Ein auf die Oberfläche guten Petroleums geworfenes brennendes
Zündholz erlischt. Erst bei Erhitzung des Petroleums über 30° C.
dürfen Dämpfe ausgestofsen werden, die sich entzünden lassen.
Weniger gut destilliertes Lampenpetroleum enthält eine gewisse
Menge leichtflüchtiger Kohlenwasserstoffe in Lösung, welche schon
bei schwacher Erwärmung entweichen und mit Luft ein leicht ent-
zündliches, heftig explodierendes Gemisch bilden.

Überall, wo Petroleumbehälter nur zum Teil gefüllt sind, ist beim
Ein- oder Ausfüllen an die Möglichkeit einer Explosion zu denken,
wenn offene brennende oder glimmende Körper in der Nähe sind.

Auch in Räumen, wo das Petroleum in Holzfässern, deren
Wandungen für Gase durchlässig sind, gelagert ist, mufs man immer
mit der Möglichkeit einer Explosion rechnen und die Annäherung
von Flammen vermeiden.[1]

Neben der Probe auf den Grad seiner Entflammbarkeit erkennt
man gutes Lampenpetroleum daran, dafs es nur einen schwachen,
nicht unangenehmen Geruch hat und fast farblos ist.

---

[1] Diese Eigenschaft des nicht ganz sorgfältig destillierten Petroleums be-
gründet die grofse Gefahr, welche mit dem Transport und der Aufbewahrung
grofser Mengen gefüllter Petroleum-Holzfässer verbunden ist. Man ist in neuerer
Zeit dazu übergegangen, das Petroleum nicht mehr in den bekannten Eichen-
holzfässern zu verladen, sondern bringt im Schiffsraum oder auf dem Radgestell
der Eisenbahnwagen grofse eiserne Behälter an, in welche das Petroleum ge-
pumpt wird. An den Hauptstappelplätzen sind wiederum grofse eiserne Reser-
voire errichtet, in denen ganze Schiffsladungen Platz finden, und wird dann erst
hier das Umfüllen in kleinere Fässer vorgenommen.

Zweites Kapitel.

Die Petroleumdestillate in ihrer Eigenschaft als Krafterzeugungsmittel.

Unter den im ersten Kapitel angeführten Destillationsgruppen sind es die leichtflüchtigen und mittelflüchtigen Destillate, die Benzine und die Leuchtöle, welche zur Krafterzeugung benuzt werden. Von den Benzinen verwendet man die innerhalb der spec. Gewichtsgrenzen 0,68—0,74 liegenden, von den Leuchtölen die von den spec. Gewichten 0,8—0,825.

Wenn auch die Preise dieser Brennstoffe erheblich schwanken, so sind sie bis jetzt immer noch billig genug, um mit Vorteil zum Motorenbetrieb verwandt zu werden. Hierzu kommt die ausgedehnte Verbreitung als Handelsware. Die Benzine sind Stoffe, deren Dämpfe schon bei Lufttemperatur haltbare Explosionsgemische mit der Luft bilden. Die Leuchtöle, also das Petroleum, besitzen bei gewöhnlicher Temperatur nur eine sehr geringe Verdunstungsfähigkeit; zur Gemischbildung muſs man sie also stark erwärmen. In dieser Verschiedenheit der beiden Brennstoffe begründen sich die Konstruktionsunterschiede der Benzin- und Petroleummotoren.

Das Benzin.

Die Benzine mit den spez. Gewichten 0,68—0,71 verdampfen schon von etwa + 5⁰ C. ab so stark und sättigen die Luft in dem Maſs mit ihren Dämpfen, daſs sie leicht zündbare Explosionsgemische bilden. Die Luft erhält sich dauernd, auch bei noch niedrigeren Temperaturen mit den Brennstoffdämpfen gesättigt, so daſs in wenig ventilierten Räumen übergeschüttetes Benzin für lange Zeit Explosionsgefahr herbeiführt.

Die Bezindampf-Luftgemische verhalten sich genau so wie die Leuchtgas-Luftgemische. Das »stärkste Gemisch« ist auch hier nicht das sparsamste beim Betriebe, vielmehr ergaben genau angestellte Brennversuche, daſs mit einem Gemisch, welches etwa 15 % weniger Brennstoff enthält, zwar geringere Kraftleistung, aber ein erheblich ökonomischerer Betrieb erreicht wird. Sorgfältig konstruierte und durchprobierte Motoren müssen also solche Dimensionen haben, daſs sie die »Gebrauchsleistung« mit dem am sparsamsten brennenden Gemisch liefern.[1]) Je höher die Kompression bei einem Explosionsmotor gewählt wird, um so geringer ist der Brennstoffgehalt des am sparsamsten brennenden Gemisches.

Der Heizwert der Bezine ist ein bedeutender, er liegt in den Grenzen 10000—10400 Kalorien.[2]) Steinkohle hat nur einen Heizwert von 7500, Koke 6500, Holz 2800.

Die Benzine bis zum spec. Gewicht 0,7 verdunsten, wie erwähnt, schon bei niederer Lufttemperatur in dem Maſs, daſs ein Gemisch entsteht, welches mehr Benzindämpfe enthält, wie zur Verwendung in Motoren nötig ist. Da nun die Lufttemperatur, die Luftfeuchtigkeit und die Qualität des Benzins seine Verdampfungs-Intensität beeinflussen, so bietet sich darin, daſs man dem »natürlichen« Benzindampf-Luftgemisch reine Luft zusetzen muſs, um es für die Verwendung im Motor tauglich zu machen, ein äuſserst bequemes Mittel zur schnellen Regulierung des Motorengemisches.

Saugt man Luft durch eine Benzinschicht von bestimmter Höhe hindurch, so bildet sich ebenfalls durch Sättigung der Luft mit den Dämpfen des Benzins überreiches Gemisch. Auch hier sind es wieder die Lufttemperatur, ihr Feuchtigkeitsgehalt und das spec. Gewicht des Benzins, welche die Zusammensetzung des Gemisches bestimmen, daneben spielen noch die Höhe der Benzinschicht und die Feinheit der Zerteilung, mit welcher die Luft durch das Benzin hindurch geführt wird, eine gewisse Rolle. Mit dieser Art der Verdunstung lassen sich Explosionsgemische selbst aus den schwereren Benzinen herstellen.

Zerstäubt man das Bezin mechanisch und führt den Staub mit der rechten Menge Luft zusammen, so erhält man ebenfalls Explosionsgemisch, welches seine Entzündbarkeit bei Temperaturen unter 0° für kürzere Zeit beibehält. Die Benzine können bei derartiger Gemischbildung spec. Gewichte bis 0,75 haben, ohne ihre Verwendbarkeit in Motoren einzubüſsen.

Aus dieser Übersicht der Gemischbildungsarten wird klar, daſs die Konstruktion eines Explosionsmotors der Benzinart, welche benutzt werden soll, anzupassen ist.

---

[1]) Wenn sich bei Untersuchung eines neuen Motorsystemes ergibt, daſs es für niedrigere Leistung einen besseren Brennstoff pro Stunde und Pferdekraft wie für die Gebrauchsleistung liefert, so ist das, wie manchmal vermutet wird, nicht eine besondere Eigentümlichkeit, sondern eine Eigenschaft, die man bei genauer Untersuchung bei allen Explosionsmotoren findet.

[2]) Eine Wärmeeinheit ist die Wärmemenge, welche nötig ist, um die Temperatur von 1 kg Wasser um 1° C. zu erhöhen.

Die Apparate, in welchen man die Verdunstung des Benzins zwecks »Gemischbildung« vornimmt, nennt man Verdampfapparate oder Karburatoren, sie kommen hauptsächlich bei Motoren für den Fahrzeugbetrieb in Anwendung, es gibt aber auch viele stationäre Motoren, welche Karburatoren benutzen. Gemischbildung durch Zerstäubung findet man fast nur bei stationären Maschinen, namentlich dort, wo es gilt, die schweren Benzinarten, welche billiger wie die leichten sind, zu verarbeiten. Diese Motoren bezeichnet man als mit Einspritzung arbeitend.

Störend auf die Gleichmäfsigkeit der Gemischbildung in Karburatoren wirkt der Umstand, dafs die Bestandteile des Benzins nicht alle denselben Flüchtigkeitsgrad haben.

Wie im vorausgegangenen Kapitel erwähnt, liegt die Destillationstemperatur des Benzins vom spec. Gewicht 0,68—0,70 zwischen 80 und 100° C. Dem entsprechend werden also auch beim Hinüber- oder Hindurchleiten von Luft durch den Benzinvorrat zuerst die leichtflüchtigen bei 80° siedenden Stoffe und dann die schwerer flüchtigen verdampfen, ferner hat die beschleunigte Verdampfung des Benzins ein schnelles Sinken seiner Temperatur zur Folge, auch dies hat grofsen Einflufs auf die Gleichmäfsigkeit der Verdunstungsintensität des Benzins.

Von einer stets gleichbleibenden Verdunstung kann also in den Karburatoren nicht die Rede sein. Von den leichtflüchtigen Stoffen wird die Luft zu Anfang mehr fortnehmen wie von den schwerflüchtigen, und leichtflüchtige Kohlenwasserstoffe verlangen andere Luftmengen zu ihrer vollkommenen Verbrennung wie schwerflüchtige. Beim Anlassen der Motoren, wo die Verdunstung beginnt, wird man andere Luftmengen in den Karburator eintreten lassen müssen wie später, wenn der Karburator niedrigere Temperatur angenommen hat.

Mit »Einspritzung« arbeitende Benzinmotoren haben, wie leicht erklärlich, nicht unter der unregelmäfsigen Verdampfung des Benzins zu leiden. Bei ihnen wird von der leichten Verdampfbarkeit, soweit es den »Ladevorgang« des Motors betrifft, überhaupt kein Gebrauch gemacht.

Dank ihrer Einfachheit, dank anderer guter Eigenschaften sind die Karburatoren aber dennoch sehr viel in Anwendung, für Fahrzeugmotoren bis heute fast ausschliefslich. Viel hat hierzu beigetragen, dafs die Petroleumraffinerien es sich angelegen sein lassen,

ihre Fabrikate immer mehr zu verbessern. Durch engeres Zu-
sammenlegen der Temperaturgrenzen für die Destillation stellen sie
heute einen Brennstoff dar, der bis auf den letzten Rest im Karburator verarbeitet werden kann.

Aber auch mit den billigeren, weniger sorgfältig dargestellten
Benzinen ist fertig zu werden, wenn man das Aräometer und Thermo-
meter zur Bestimmung des spec. Gewichtes und der Temperatur des
Benzins fleifsig benutzt.

Jeder gute, mit Karburator arbeitende Bezinmotor hat Einrichtungen, mit welchen der Benzinvorrat entsprechend der Aufsen-
temperatur und entsprechend seinem Flüchtigkeitsgrad vorgewärmt
werden kann. Auch für dauernde Anwärmung der Betriebsluft finden
sich Vorrichtungen. Sind die Benzinmotoren bei strenger Kälte
und nach längeren Betriebspausen vollständig durchkältet, so hat
man aufser dem Karburator auch die Rohre, welche das Gemisch
nach dem Cylinder führen, und die Ventilgehäuse anzuwärmen.

Werden die sehr einfachen Bedienungsvorschriften der Benzinmotoren beobachtet, so ist es für den nur einigermafsen intelligenten
Wärter durchaus nicht schwer, einen Benzinmotor in gutem betriebssicheren Zustand zu erhalten.

Es fällt bei diesen Motoren sehr ins Gewicht, dafs das Einstellen des Gemisches gewissermafsen mit zur Wartung gehört und
täglich geübt wird.

Bei den Gasmotoren kommt der Wärter nicht in die Lage, die
Zusammensetzung des Gemisches ändern zu brauchen. Störungen
in der Gaszufuhr, in der Gasuhr, im Gasdruckregulator, abgestan-
denes Gas und viele andere Zufälligkeiten machen den Gasmotoren-
wärter meist ratlos. Bei dem Benzinmotor fallen diese Störungs-
ursachen überhaupt fort, der Wärter stellt Gemisch- und Lufthahn
täglich so ein, wie die jeweiligen Verhältnisse es fordern; sehr bald
versteht er es, die Temperatur, das spec. Gewicht, den Feuchtigkeitsgehalt der Luft in rechtem Mafs zu berücksichtigen, und wird so
vertrauter mit dem Arbeitsgang wie bei andern Motoren.

Das Benzin löst Fette und viele Harze aufserordentlich schnell
auf — hält man z. B. den Finger auch nur auf ganz kurze Zeit in
Benzin, so fühlt und sieht man doch, dafs die Haut ihres Fettes
vollständig beraubt ist. Benzinbehälter dürfen also nicht mit Ölkitt
gedichtet werden; wo man durchaus Kitt verwenden mufs, da eignet
sich ein solcher aus Glycerin und Bleiglätte am besten. Am un-
angenehmsten macht sich die öllösende Eigenschaft des Benzins

dann bemerkbar, wenn flüssiges Benzin in den Arbeitscylinder gelangt. Die dünne Schmierölschicht auf der Cylindergleitfläche wird
im Umsehen aufgelöst, es ist die höchste Gefahr vorhanden, daſs
der Kolben trocken läuft und die Cylinderbohrung ruiniert wird.
Das Benzindampf-Luftgemisch gibt in der seiner vollkommenen
Verbrennung entsprechenden Zusammensetzung einen etwas höheren
mittleren Kolbendruck, wie Leuchtgasgemisch unter gleichen Verhältnissen. Es hat auch eine niedrigere Entzündungstemperatur
wie jenes. Die Kompression darf also nicht so hoch wie beim
Leuchtgas gesteigert werden, schon zwischen 5 und 6 Atm.
Kompression treten »Vorentzündungen« — durch die Kompression
selbst hervorgerufene Zündungen vor dem toten Punkt — auf,
die sich als starke Stöſse im Cylinder bemerkbar machen und den
Mechanismus des Motors gefährden. Man kann also einen mit
hoher Kompression arbeitenden Gasmotor nicht ohne
weiteres mit Benzin betreiben.

Eingedenk des günstigen Einflusses, welchen die Erhöhung der
Kompression auf den Brennmaterialverbrauch hat, mischt Professor
Banky in Budapest, vormals Oberingenieur bei Ganz & Co., in
seinen Benzin- und Petroleummotoren dem Gemisch Wasserstaub
bei, welcher die Kompressionswärme so weit herabmindert, daſs
»Vorentzündungen« nicht mehr vorkommen. Bei einem Banky-
Motor von 12 Pferdekraft konnte die Kompression bis auf 16,5 Atm.
gesteigert werden, ohne daſs Stöſse im Motor auftraten.

Sehen wir vorläufig von der Wassereinspritzung ab und be-
halten die bis jetzt gebräuchlichen Kompressionsgrade von 4 bis
5 Atm. im Auge, so erhält man hiermit die mittleren Arbeits-
drucke von 5½ bis 6 Atm.

Das Benzin ist ein sehr dünnflüssiger Stoff, hat das Bestreben,
sich nach allen Seiten hin schnell auszubreiten und poröse Stoffe zu
durchdringen. Alle Verbindungsstellen, welche mit flüssigem Benzin
in Berührung kommen, müssen also »metallisch« gedichtet sein,
Asbest, Pappe und Gummidichtungen sind unzulässig.

Als störendste Eigenschaft des Benzins ist seine groſse Feuergefährlichkeit zu betrachten. Wenn auch die Feuerversicherungen
schon viele Vorsichtsmaſsregeln bei Aufstellung der Benzinmotoren
vorschreiben und die Annahme der Versicherung von Ausführung
dieser Vorschriften abhängig machen, so kann trotzdem nicht genug
zur Vorsicht gemahnt werden. Bei allen Rohren, welche Benzin
leiten, sind die Verbindungsteile hart anzulöten. Wird eine mit

Zinn gelötete Verbindung leck und das aussickernde Benzin entzündet sich, so schmilzt sofort die ganze Verbindung auseinander,
es ergiefst sich ein brennender Benzinstrahl, welcher den ganzen
Arbeitsraum in Flammen hüllen kann. Hohe Lage der Benzinbehälter vergröfsert die Gefahr und ist möglichst zu vermeiden.
Das Füllen der Benzinbehälter soll immer aufserhalb der Arbeits-
räume erfolgen, Flammen dürfen dabei nicht in der Nähe brennen.
Schon die Heizflamme des Zündrohrs ist Ursache der Entzündung
von übergeflossenem Benzin gewesen.

Gemäfs der Verordnung des Bundesrates vom 2. De-
zember 1885 können Benzin, Ligroine, Naphtha und andere Petroleumdestillate unter 0,790 Dichtigkeitsgraden
für Krafterzeugungszwecke unter Kontrolle zollfrei
verwendet werden.

Bei Gebrauch für Motorwagen wird die Zollfreiheit meist nicht
gewährt, und erhöht sich der Preis um den der Steuer, d. h. M. 7,75
per 100 kg.

Der Preis des Benzins wechselt sehr und ist namentlich in
letzterer Zeit stark gestiegen.

Im Jahre 1894 bei Bearbeitung der ersten Auflage dieses Werkes
kostete das Benzin von spec. Gewicht 0,68—0,70 beim Bezug in
Barrels pro 100 kg netto unverzollt frei Bahn Bremen M. 16,75,
heute kostet dasselbe Benzin, unter gleichen Bedingungen bezogen,
M. 29.[1]

Jedenfalls wird man vor dem Ankauf eines Benzinmotors immer
erst den Preis des Benzins inkl. der Fracht bis zum Verbrauchsort
festzustellen haben, um sich ein richtiges Bild von den Betriebskosten machen zu können. Ein stationärer Benzinmotor gewöhnlicher Konstruktion von 4 PS. braucht, falls er dauernd mit
voller Kraft beansprucht wird, etwa 0,4 kg Benzin pro Stunde und
Pferdekraft, also mit Zugrundelegung des jetzigen Preises für $0,4 \times$
$29,75 = 11,9$ Pfg. Brennmaterial.

Das Petroleum.

Ganz andere Eigenschaften wie die Benzine bietet das Petroleum
hinsichtlich seiner Verwendung zur Krafterzeugung dar; hier hat
man es mit einer Lösung sehr verschieden flüchtiger Kohlenwasserstoffe ineinander zu thun, welche bei Lufttemperatur verschwindend

---

[1] Siehe die Tabelle auf S. 4.

wenig verdunstet. Die Destillationstemperaturen dieser einzelnen Kohlenwasserstoffe liegen in sehr weiten Grenzen, und können wir Verdampfapparate nach Art der für Benzinmotoren gebräuchlichen Einrichtungen nicht verwerten. Wohl aber sind mit »Einspritzung« arbeitende Benzinmotoren denkbar und auch gebaut, welche ohne weiteres den Betrieb mit Petroleum zulassen, wenn nur dafür gesorgt ist, daſs dem Verbrennungsraum die nötige Wärme für Einleitung des Betriebes zugeführt werden kann und die Kompression entsprechend niedrig gehalten ist.

Bei den meisten zur Zeit gebräuchlichen Petroleummotoren läſst man die Gemischbildung in folgender Weise vor sich gehen: Das für jeden einzelnen Hub genau bemessene Petroleumquantum wird fein zerteilt gegen die heiſsen Flächen eines besonderen Raumes — des Vergasers — oder direkt in den heiſsen Verbrennungsraum geworfen und gleichzeitig mit ihm die Verbrennungsluft in den Cylinder eingeführt, so daſs also Verdampfung des Petroleums und dessen Vermischung mit Luft zusammenfallen.

Über die Eigenart der Petroleumdampfbildung und die Vermischung der Dämpfe mit Luft erhält man durch folgende Versuche einen guten Überblick.

Erhitzt man Petroleum in flacher, offener Schale, so verdampft es als ein dichter, weiſser Dampf, der sich schnell ausbreitet und die Luft im Zimmer für lange Zeit undurchsichtig macht. Die Petroleumdämpfe haben ebenso wie der Wasserdampf beim Übergang in den flüssigen Aggregatszustand, wenn dieser Vorgang im lufterfüllten Raum stattfindet, ein Verwandlungsstadium, das des Nebels, durchzumachen. Die durch Abkühlung entstehende Flüssigkeit nimmt die Form lufteinschlieſsender Bläschen an.

Wie die Dämpfe aller anderen Öle und vieler Fette, so hat auch der Petroleumdampf die Eigenschaft, lange in Nebelform zu verharren. Die Haut der Ölbläschen ist elastisch und erheblich haltbarer wie die der Wasserbläschen. Diese Haltbarkeit des Petroleumdampfnebels ist wichtig für seine Verwendung zur Krafterzeugung.

Besichtigt man nach vollendeter Verdampfung des Petroleums den Boden der Verdampfschale, so finden sich Rückstände irgend welcher Art nicht vor; wohl aber fällt auf, daſs der kalte Rand der Schale und alle anderen in der Nähe befindlichen kalten Gegenstände mit einer Schicht kondensierten Petroleums benetzt sind.

Die Petroleumdämpfe und Nebel schlagen sich also an kalten, festen Körpern schnell nieder.

Wie leicht sich Petroleumdämpfe an Gefäßwandungen, auch wenn letztere nicht ganz kalt sind, niederschlagen, davon kann man sich durch einen einfachen, sehr anschaulichen Versuch überzeugen. Verdampft man nämlich in einem langen, engen Probierglas Petroleum, so entsteigen der Glasmündung, trotzdem das ganze Flüssigkeitsquantum bereits siedet, dennoch keine Dämpfe; dieselben schlagen sich vielmehr dicht über dem Flüssigkeitsspiegel an den Wandungen des Röhrchens sofort wieder nieder. Erst ganz allmählich mit zunehmender Erwärmung der Glaswand sieht man die Dämpfe höher und höher steigen, bis sie schließlich die Öffnung erreichen und hier entzündet werden können. Bevor die die Wandungen netzende Flüssigkeit nicht bis an den Rand getreten ist, entsteigen dem Rohr auch keine entzündbaren Dämpfe.

Mit welcher Leichtigkeit sich Explosionsgemische aus Petroleumnebel und Luft bilden, davon gibt nachstehender Versuch die rechte Vorstellung.

Erhitzt man ein senkrecht stehendes Eisenrohr a (Fig. 1) durch eine innen, am unteren Ende brennende Flamme, so daß die äußere Rohrfläche von unten nach oben abnehmend erhitzt wird, und spritzt gegen den oberen, am wenigsten heißen Teil des Rohres Petroleum, so werden beim Herabrinnen des Petroleums, zuerst die leichtflüchtigen und später die schwerer flüchtigen Bestandteile getrennt voneinander zur Verdampfung und Nebelbildung gelangen. Da außerdem durch das stehend erhitzte Rohr eine lebhafte nach oben strebende Bewegung der Luft hervorgerufen wird, so bilden sich selbstthätig nacheinander Gemische aus den leicht- und dann aus den schwerflüchtigen Petroleumdämpfen mit Luft, deren Entzündungsfähigkeiten und Verbrennungseigenschaften man nun bestens mit einander vergleichen und beobachten kann.

Spritzen wir Petroleum gegen den oberen Teil des Rohres, so entwickeln sich sofort dichte Petroleumnebel, welche entzündet mit leuchtender Flamme und explosionsartigem Geräusch verbrennen. Hält man die Zündflamme dann etwas tiefer, so wiederholen sich die explosionsartigen Verbrennungen noch mehrere Male, die aufblitzenden Flammen sind nun aber blau und werden allmählich immer kleiner.

Fig. 1.

Der Petroleumnebel brennt hier also nicht als stetige Flamme, sondern explosionsartig, er ist an und für sich schon ein Gemisch aus Luft und Petroleumdampf. Da man aus der Art der Verdampfung, wie erwähnt, mit Sicherheit annehmen kann, daſs zuerst die leicht- und später die schwerer flüchtigen Dämpfe des Petroleums zur Entwickelung gelangen und eine ganze Reihe Verpuffungen des ursprünglich angespritzten Petroleums beobachtet werden, so folgt daraus, daſs alle Bestandteile des Petroleums, die schwer- und leichtflüchtigen, Nebel bilden.

Der Verdampfung des Petroleums kommt seine Dünnflüssigkeit und die damit zusammenhängende Fähigkeit, sich schnell in dünnster Schicht auf Flächen auszubreiten, sehr zu statten. Welcher Zeitunterschied vorhanden ist, wenn man das gleiche Petroleumquantum auf der Fläche oder im engen Behälter verdampfen läſst, ist durch den Versuch leicht zu ermitteln.

Schon bei Besprechung der Benzine wurde erwähnt, daſs die Entzündungstemperatur des Benzindampf-Luftgemisches eine niedrigere wie die des Leuchtgasgemisches sei; die Gemische aus Petroleumdämpfen bezw. Nebeln und Luft entzünden sich noch bei erheblich niedrigerer Temperatur. Während es der allgemeinen Vorstellung entspricht, bei Entzündungstemperatur an Rotglut zu denken, ist dies beim Petroleumdampfgemisch nicht der Fall. Das Zündrohr des Petroleummotors hat nicht einmal den Beginn der Dunkel-Rotglut zu zeigen, und trotzdem erfolgen die Zündungen regelmäſsig und zur rechten Zeit.

Bei einigen Petroleummotorensystemen erwärmt man das Glührohr nur zu Beginn der Ingangsetzung des Motors, später genügen die bei jeder Explosion dem Zündrohr von innen zugeführten Wärmemengen, um es auf Zündtemperatur zu erhalten. Der im Motor zur Verwendung kommende Kompressionsgrad ist von groſsem Einfluſs auf die Zündtemperatur. Schon 3 $\frac{1}{2}$ Atm. Kompression ist als alleräuſserste Grenze für Petroleummotoren zu bezeichnen, unter Umständen treten die Vorentzündungen schon bei 2 Atm. auf.

Erwähnt möge bei dieser Gelegenheit werden, daſs durch Kompression hervorgerufene Vorentzündungen einen anderen Verbrennungsverlauf nehmen, wie die, welche durch das Zündrohr oder den elektrischen Funken eingeleitet werden; während in letzterem Fall die Entzündungen von einem Punkte — dem Zündort — sich mit bestimmter Geschwindigkeit über die Ladung verbreitet, findet dort die Entzündung in allen Teilen der Ladung gleichz e i t i g statt, man hat es hier mit einer wirklichen E x p l o s i o n zu thun, die sich um so stärker und verderblicher äufsert, als sie vor dem toten Punkt erfolgt und der entstehende Druck bestrebt ist, die Maschine entgegengesetzt der bisherigen Richtung herumzudrehen.

Wir müssen nun noch eines eigenartigen Verhaltens des Rohpetroleums bei seiner Destillation gedenken, welches auch bei Verwendung des Petroleums zur Krafterzeugung eine Rolle spielt, nämlich des C r a c k i n g p r o z e s s e s oder des » C r a c k e n s «, wie man den Vorgang in den Petroleumraffinerien nennt.

Sehr bald nachdem die Petroleumindustrie ins Leben getreten war, hatte man sich davon überzeugt, dafs ein Teil der im Destillat enthaltenen Kohlenwasserstoffe ursprünglich im Rohpetroleum nicht vorhanden war; das Petroleum konnte also nicht ein reines D e - s t i l l a t i o n s p r o d u k t sein, sondern es mufste mit der Destillation auch eine Zersetzung von Bestandteilen des Rohstoffes erfolgt sein.

Es ist anzunehmen, dafs diese Zersetzung durch Berührung des Rohpetroleums oder seiner D ä m p f e mit den hoch erhitzten Wandungen des Destillierbehälters herbeigeführt wird und schon bei einer Temperatur von 270° C. beginnt. Die Zersetzungsprodukte sind sehr l e i c h t und sehr s c h w e r siedende Kohlenwasserstoffe, die ersteren destillieren über und vermischen sich mit dem voraufgegangenen Reindestillat, die letzteren fallen in den Kessel zurück.

Der Crackingprozefs wird absichtlich herbeigeführt, um die Ausbeute an Leuchtölen zu steigern, man erhöht die Temperatur des Destillierkessels zu diesem Zweck bis zur schwachen Dunkelrotglut.

Die Arbeitsweise der meisten heute gebräuchlichen Petroleummotoren ist nun ganz dazu angethan, dafs durch sie ebenfalls ein » C r a c k e n «, also ein Zersetzen des Petroleums, herbeigeführt wird. Beim Verdampfen des Petroleums in den » Vergasern « und im Verbrennungsraum, wo das Petroleum ebenfalls mit Wandungen von über 270° C. in Berührung tritt, mufs auch eine teilweise Zersetzung in leicht siedende und schwer siedende Kohlenwasserstoffe eintreten.

Die schwer siedenden Kohlenwasserstoffe gehen in den flüssigen Zustand über, entziehen sich der Gemischbildung und werden zum grofsen Teil mit in den Verbrennungsraum gerissen, wo sie an dessen Wandungen hängen bleiben. Tritt nun die Verbrennung ein, so werden sie durch die hohe Temperatur der Verbrennungsprodukte abermals zersetzt werden und in noch schwerere Kohlenwasserstoffe und leichte zerlegt, die letzteren finden v i e l l e i c h t überflüssige Luft zur Verbrennung, die ersteren bleiben an den Wandungen k l e b e n und werden, falls sie nicht schon in den festen Zustand übergegangen sind, mit in den Auspufftopf und das Auspuffrohr gerissen, deren Durchgang sie allmählich verstopfen.

Eine Erhitzung des Vergasers über 270° C. ist also bei Petroleummotoren nicht zu empfehlen, wo sie vorhanden ist, da muſs der Motor jedenfalls oft gereinigt werden.[1])

Ebenso schädlich wie eine zu h o h e T e m p e r a t u r der Verdampfräume muſs aber auch eine ungenügende V e r d a m p f u n g des Petroleums wirken, sei es nun, daſs sie durch mangelhafte Zerstäubung oder ungenügende Erwärmung des Vergasers hervorgerufen ist. Als zweckentsprechend für eine gute Ausnutzung des Brennstoffes in Petroleummotoren muſs also folgendes gelten: Vollkommene Verdampfung des Petroleums unter 270° C., innige Mischung mit den zur Verbrennung des Petroleumdampfes erforderlichen Luftquantitäten und eine Temperatur der Wandung des Verbrennungsraumes und der Ventilgehäuse, welche ebenfalls nicht über 270° C. liegt. In der Praxis sind diese Bedingungen natürlich nur annähernd zu erfüllen. Hinzu kommt noch, daſs das den meisten der heute gebräuchlichen Petroleummotoren zu Grunde liegende Viertaktsystem, d. h. die Verteilung einer Arbeitsperiode auf 2 Doppelhübe — die Erhaltung des Gemisches aus Luft und 270° C. warmen Petroleumdämpfen nicht begünstigt. Der Viertakt gestattet nicht, das soeben gebildete Gemisch unmittelbar darauf zu verbrennen. Das Gemisch gelangt vielmehr beim Einsaugen in den Arbeitscylinder mit dessen gekühlten Flächen in Berührung, die heftigen Bewegungen, in denen sich das Gemisch befindet, werden dazu beitragen, daſs sich viele Teile des Petroleumdampfes auf den Cylindergleitflächen niederschlagen; das flüssige Petroleum kommt beim Arbeitshub mit den hocherhitzten Verbrennungsprodukten in Berührung und wird nach Art des Crackingprozesses zum Teil zersetzt in leicht und schwer siedende Kohlenwasserstoffe. Die ersteren finden keine Luft zur Verbrennung mehr vor, sie gehen also unverbrannt mit den Auspuffgasen verloren und teilen diesen ihren gerade nicht angenehmen Geruch mit.

---

[1]) Bei Untersuchung eines gröſseren Petroleummotors, welcher seit einem halben Jahr im Betriebe war und sehr in der Kraftleistung nachgelassen hatte, fand der Verfasser, daſs das etwa 20 m lange, 100 mm weite Auspuffrohr von oben bis unten durch asphaltartige und kokeartige Rückstände dermassen verengt war, daſs nur noch eine Öffnung von etwa 25 mm übrig blieb.

Das Petroleum hat eine zwischen 10000 und 11000 Wärme-einheiten liegende Verbrennungswärme, je nach dem Fundort und der Destillationsmethode ist sie verschieden. Das aus Rußland stammende Petroleum hat die größte Verbrennungswärme.

Das Motoren-Petroleum kostet zur Zeit — Januar 1900 — M. 21 inkl. Holzbarrels aber unverzollt ab Bremen.

Daß das Petroleum ebenso wie die Benzine zur Krafterzeugung steuerfrei bezogen werden könnte, dafür scheinen vor der Hand keine Aussichten vorhanden zu sein.

Drittes Kapitel.

Die Entwickelung der Benzin- und Petroleummotoren.

Sucht man nach den ersten Spuren der Benzin- und Petroleum-motoren, so findet sich, daß dieselben gleichzeitig mit den ersten Gasmotoren auftauchen.

Schon in der englischen Patentschrift eines William Barnett vom Jahre 1838 wird deutlich ausgesprochen, daß die dort be-schriebene Gasmaschine auch mit leichtflüchtigen, flüssigen Kohlen-wasserstoffen betrieben werden könne.

Trotzdem wohl als sicher anzunehmen ist, daß die Barnett'schen Maschinen nie ausgeführt worden sind, sondern nur als »Patent« existiert haben, geht doch daraus hervor, daß man sich der Ver-wendbarkeit der flüssigen Kohlenwasserstoffe zur Krafterzeugung schon zu jener Zeit bewußt war.

Abgesehen davon, daß die um das Jahr 1867 auf den Markt gebrachte »atmosphärische« Gaskraftmaschine der damaligen Firma Otto & Langen — nachmaligen Gasmotorenfabrik »Deutz« — mehr-fach mit sogenanntem Gasolingas betrieben wurde, welches man durch Hinfortsaugen von Luft über Gasolin erzeugte, ist als erster gangbarer Benzinmotor der im Jahre 1873 auf den Markt gebrachte »Hocksche Petroleummotor« zu bezeichnen, welcher von dem Wiener Maschinenfabrikanten Julius Hock erfunden war.

Warum dieser Motor als »Petroleummotor« bezeichnet wurde, ist nicht erfindlich, denn es diente keineswegs Petroleum, sondern Benzin als Brennstoff.

Diese willkürliche Bezeichnung hatte zur Folge, daſs bis etwa zum Jahre 1887 alle Fabrikanten, welche Benzinmotoren bauten, dieselben auch unter der Flagge »Petroleummotoren« segeln lieſsen; als dann wirklich Petroleummotoren erfunden waren, muſsten die Fabrikanten ihren Ankündigungen hinzusetzen, daſs dieselben mit wirklichem Lampenpetroleum betrieben würden. Allmählich kam aber die Sache ins rechte Geleise; seit Anfang der neunziger Jahre des vorigen Jahrhunderts hat sich der Name Benzinmotor immer mehr eingebürgert, und es zögert heute kein Fabrikant mehr, seine Benzinmotoren auch Benzinmotoren zu nennen.

Der Hocksche Benzinmotor.

Die in Fig. 2 dargestellte Maschine arbeitete nach dem Princip der Lenoirschen Gasmaschine. Der Arbeitskolben saugt auch hier während eines Teiles seines Hubes Explosionsgemisch an, dasselbe wird entzündet und treibt nun den Kolben — Arbeit verrichtend — bis an den toten Punkt. Das Explosionsgemisch bildet sich aus Luft und zerstäubtem Benzin, indem durch Düse G Luft und durch Düse b Benzin angesaugt wird. Luft- und Benzinstrahl treffen beide rechtwinkelig aufeinander, das Benzin zerstäubt, und aus der Luft und dem Benzinstaube bildet sich das explosible Gemisch.

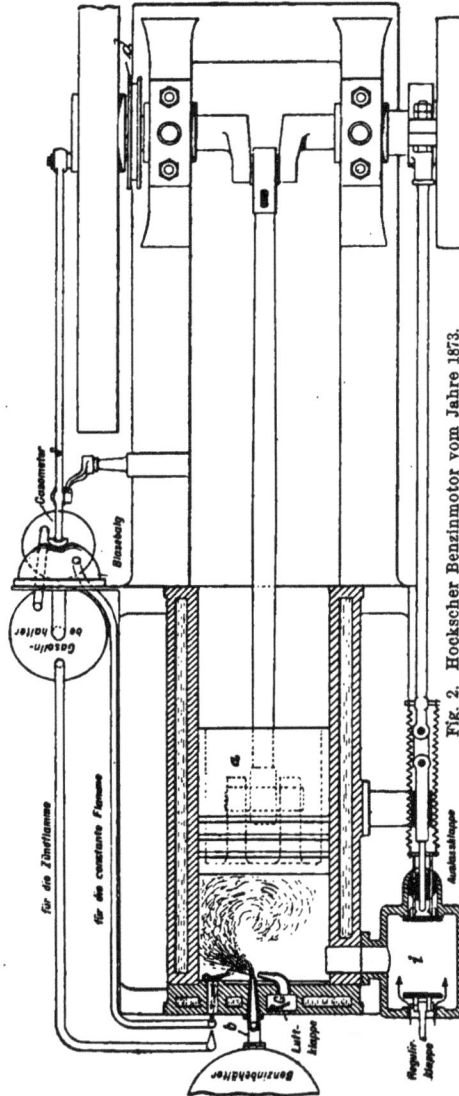

Fig. 2. Hockscher Benzinmotor vom Jahre 1873.

2 *

Die Entzündung wird durch eine Gasolingasflamme bewirkt, welche sich jedesmal im Zündmoment von neuem bildet, indem ein Strahl dieses Gases an der dauernd brennenden Flamme vorbei, gegen eine im Cylinderboden angebrachte Klappe gerichtet wird. Die Klappe liegt infolge der Saugwirkung des Kolbens nur lose auf und lüftet sich soweit, dass die Flamme mit dem Inhalt des Laderaumes in Berührung tritt.

Zur periodischen Erzeugung des Gasolingasstrahles dient der Stöfsel *S*, ein Blasebalg und ein mit Gasolin gefüllter Behälter:

Der Stöfsel *S* trifft im geeigneten Moment auf den Blasebalg, treibt durch den Gasolinbehälter Luft, welche dann mit brennbaren Dämpfen gesättigt zur Entzündung geeignet ist.

Beim Eintritt der Explosion schlagen die Lufteinlafs- und die Zündklappe selbstthätig zu.

Ist der Arbeitshub beendigt, so öffnet sich vermittelst eines Excenters die Auslafsklappe und entläfst die Verbrennungsprodukte ins Freie.

Es erübrigt noch, die Geschwindigkeitsregulierung des Motors zu beschreiben.

Im Princip besteht dieselbe in wechselnder Bildung stärkeren und schwächeren Gemisches. Je nachdem die Regulierklappe am Gehäuse *i* vom Regulator mehr oder weniger gelüftet wird, kommt sie als Einlafs für »Beiluft« in Wirksamkeit und trägt dazu bei, den Luftgehalt der Ladung, also auch deren Verbrennungsdruck zu vergröfsern oder zu verkleinern.

Wenn der Hocksche Benzinmotor, vom Standpunkt des Maschinen-Konstrukteurs beurteilt, auch nur als eine Versuchsmaschine zu bezeichnen ist, so wohnte ihm doch ein hoher Grad der Originalität inne; ja man kann ihn den Vorläufer des kurze Zeit darauf erfundenen Kompressionsgasmotors nennen, durch welchen der Gasmotorenbau zu seiner heutigen Bedeutung gelangt ist.

Während die älteren Gasmaschinen-Konstrukteure Lenoir und Hugon ihre Motoren ganz nach dem Vorbild der doppeltwirkenden Dampfmaschine, mit geschlossenem Cylinder, Stopfbüchsen, Schiebern etc. bauten, hatte sich Hock von diesen Traditionen ganz frei gemacht; hier treten uns vollkommen neue Ideen entgegen. Zum erstenmal taucht der vorn offene Cylinder in Verbindung mit der Kraftübertragung durch Pleuelstange direkt auf die Kurbel auf, wie sie noch heute bei den modernen Gas-,

Petroleum- und Benzinmotoren allgemein üblich sind. Zum erstenmal werden nicht alle Verbrennungsrückstände aus dem Arbeitscylinder verdrängt, sondern es verbleibt — vielleicht ohne dafs der Konstrukteur sich der Bedeutung dieser Sache bewufst war — ein erhebliches Quantum von Verbrennungsrückständen und eine grofse Menge indifferenter Luft im Cylinder und zum erstenmal war so ein Explosionsmotor geschaffen, welcher mit wirklich hörbarem Auspuff arbeitete.

Mit dem lauten Auspuff verkündete der Hocksche Benzinmotor seine Eigenart, denn darin hatte man eine langsame, und beherrschte Verbrennung zu erkennen, ein Merkmal für die Konservierung des Arbeitsdruckes während des ganzen Kolbenweges, welche später ja das Wesen des Kompressionsgasmotors ausmachte.

Der Hocksche Petroleummotor ist seiner Zeit auch in Deutschland von der Maschinenbau-Actien-Gesellschaft »Humboldt« in Kalk bei Köln gebaut worden; zu einer ausgedehnteren Anwendung gelangte er nicht.

Im Jahre 1876 sehen wir in Amerika einen neuen Petroleummotor auftauchen, der durch die Eigenart seines Arbeitsprincipes neue Aussichten für die Entstehung eines lebensfähigen Benzinmotors zu erwecken schien; es war dies der in Fig. 3 und 4 dargestellte

Braytonsche Benzinmotor.

Während bis dahin alle Gas- und Benzinmotoren eigentliche Explosionsmaschinen waren, bei denen die im Arbeitscylinder angesammelte gesamte Ladung durch den zündenden Funken zur Verbrennung gelangte und man dieser Verbrennung nun ihren Lauf lafsen mufste, wie ihn die Natur des Brennstoffes und manche anderen Nebenumstände bedingten, haben wir es hier mit einer Maschine zu thun, deren Konstruktion darauf abzielt, den Verlauf der Verbrennung durch mechanische Mittel zu beherrschen.

In dem Braytonschen Motor werden Brennstoff und zugehörige Verbrennungsluft getrennt in den Arbeitscylinder gedrückt und bei ihrem Zusammentreffen sofort durch eine im Innern unter Druck brennende Flamme entzündet. Das Hinüberdrücken und Verbrennen von Brennstoff im Arbeitscylinder findet nur auf einem kleinen Teil des Kolbenweges statt, während des übrigen Hubteiles expandieren die Verbrennungsprodukte und wird die Arbeit erzeugt.

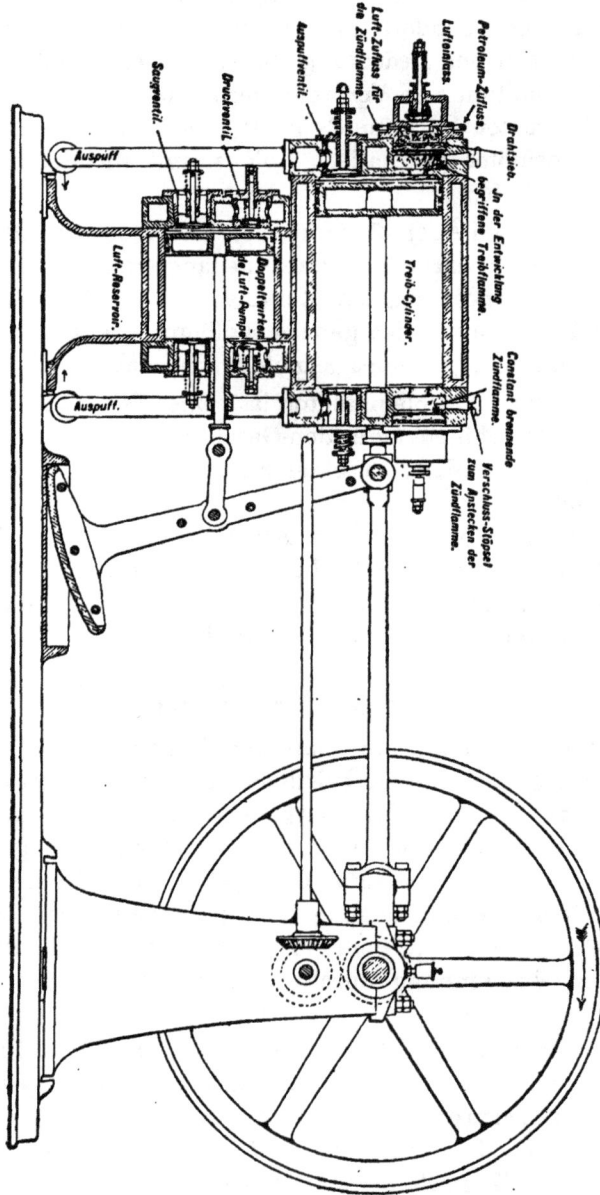

Fig. 3. Braytons Benzinmotor vom Jahre 1876. (Längsschnitt.)

Es entspricht also der Arbeitsgang des Braytonschen Motors fast ganz dem der Dampfmaschine, und weicht auch seine Bauart wenig von einer solchen ab. Entsprechend dem Füllungsgrad der Dampfmaschine wird hier durch Einlaßventile die Dauer des Brennens geregelt und zum Schluß des Hubes die Verbrennungsprodukte, welche ihre Spannung nun in Arbeit umgesetzt haben, durch Ventile ins Freie entlassen.

Als Brennmaterial beim Braytonschen Motor dienten leichtflüchtige, flüssige Kohlenwasserstoffe, Gasolin, Benzin etc.

Unter dem Arbeitscylinder liegt eine Luft-Kompressionspumpe, welche Luft in einem Reservoir unter Druck angesammelt erhält. Vermittelst der Einlaßventile gelangt diese Luft in den Arbeitscylinder und hat auf ihrem Wege eine mit porösem Stoff — Asbest etc. — gefüllte Kammer zu durchströmen, welche nach dem Cylinder zu durch Wände aus durchlochtem Blech und übereinander geschichteter Drahtgaze abgeschlossen ist. Der poröse Stoff wird stets mit Benzin von einer kleinen Druckpumpe aus durchtränkt erhalten, so daß die Luft, welche durch die Stoffe hindurch gedrückt wird, mit Benzindämpfen gesättigt

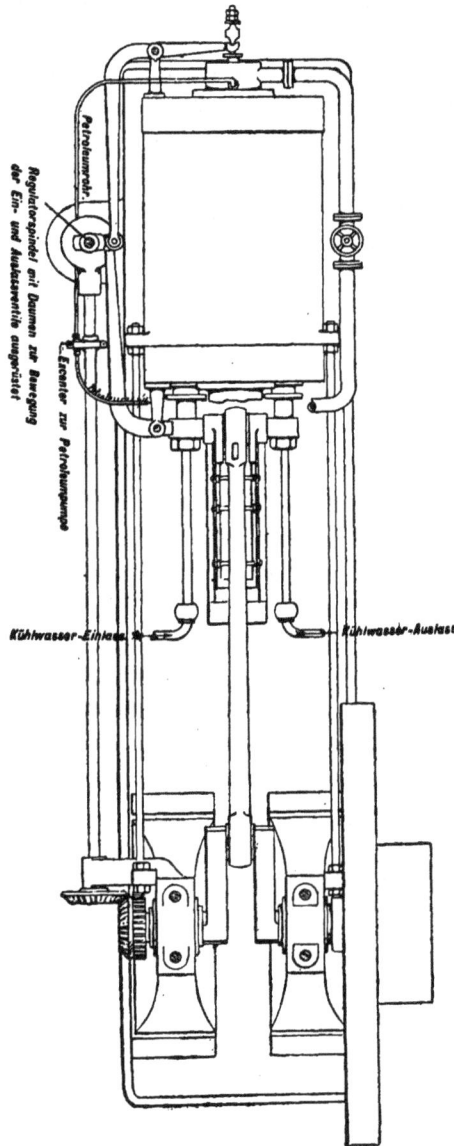

Fig. 4. Braytons Benzinmotor vom Jahre 1876. (Obere Ansicht.)

ist, wenn sie in den Cylinder eintritt und ein brennbares Gemisch bildet, welches sich an der erwähnten unter Druck brennenden Flamme entzünden kann. Die Drahtgaze hat den Zweck, das Zurückschlagen der Flamme nach der Mischkammer zu verhindern.

Es ist leicht verständlich, dafs sich in solcher Weise die Bildung und der Übertritt des Gemisches selbstthätig, entsprechend dem Ausweichen des Kolbens, reguliert. Die Spannung der Treibflamme im Cylinder kann nicht gröfser werden, wie der Druck der Luft im Reservoir.

Etwas unverständlich wird auf den ersten Blick die Erhaltung der erwähnten, dauernd brennenden Zündflamme und der Entzündungsvorgang im Innern des Cylinders sein. Zur Bildung der Zündflamme führt von dem Druckluft-Reservoir ein Röhrchen nach jeder der Gemischbildungskammern, welche hierdurch also in ständiger Verbindung mit dem ersteren erhalten sind. Die Einführung der Röhrchen in die Kammern ist so bewerkstelligt, dafs nur ein kleiner abgegrenzter Teil des porösen benzingetränkten Inhaltes getroffen wird. Es entströmt der Kammer also stetig ein kleiner Strom brennbaren Gemisches, welcher bei Ingangsetzung von aufsen her nach Entfernung der dazu angebrachten Verschlufsstöpsel entzündet wird und dann dauernd weiter brennt.

Zu beachten ist also, dafs Zündflamme und Treibflamme denselben Ursprung haben und dafs der Zündungsvorgang eigentlich weiter nichts ist, wie ein periodisches Anschwellen der Zündflamme zur Heizflamme.

Sehr »amerikanisch« an dem Motor ist die Gradführung der Kolbenstange; wie aus Fig. 3 ersichtlich, greift die Pleuelstange im Mittelpunkt eines Walzensegmentes an, welches sich auf einer mit der Cylinderachse parallelen Fläche des Maschinengestelles abwälzt. Der erfasste Mittelpunkt des Walzensegmentes wird dadurch in einer Geraden bewegt, die mit der Cylinderachse zusammenfällt.

Da der Kolben nicht mit der äufseren kühlen Luft in Berührung tritt, sondern von beiden Seiten durch die Gemischflamme erwärmt wird, so macht sich eine Kühlung seines Innern nötig; dieselbe erfolgt von den hohlen Kolbenstangen aus; von der einen Seite strömt kaltes Wasser ein, aus der andern fliefst das erwärmte Wasser ab.

Das Anlassen des Motors mufs bald nach dem Anstecken der Zündflammen erfolgen, denn diese werden erlöschen, sobald ihre

Verbrennungsprodukte im abgesperrten Cylinderraum dieselbe Spannung wie die Druckluft haben; aus dem gleichen Grunde darf auch die Geschwindigkeit des Motors nicht unter ein gewisses Maſs sinken.

Der Benzinverbrauch des Motors soll nur $\frac{1}{2}\,l = \frac{1}{2} \times 0{,}7 =$ 0,35 kg für die Stundenpferdekraft betragen haben; wenn diese Angabe richtig ist, so wäre der Braytonsche Motor von den heutigen Benzinmotoren hinsichtlich des Brennmaterialverbrauches kaum erreicht.

Daſs man den Wert der Braytonschen Idee noch heute würdigt, beweisen eine groſse Anzahl neuerer Patente, welche auf gleicher Grundlage beruhen.

Der Braytonsche Motor ist auch in vertikaler Bauart mit hängenden Cylindern ausgeführt worden und hat in dieser Ausführung als Vorbild für den nach gleichen Principien arbeitenden Simon- schen Gasmotor gedient; diese Maschine, welche im Jahre 1879 auf der Berliner Gewerbe-Ausstellung vertreten war, soll einen äuſserst geringen Gasverbrauch 0,5—0,6 cbm bei kleiner Ausführung für die Stundenpferdekraft gehabt haben.

Inzwischen war dann durch N. A. Otto der im Viertakt arbeitende »Kompressions-Gasmotor«, welcher noch heute die Grundlage der meisten Explosionsmotoren bildet, erfunden. Das ganze Interesse der Gasmotoren-Konstrukteure wandte sich dieser Maschine zu, und sehr bald sehen wir auch den ersten Benzinmotor auftauchen, welcher als Grundlage den Ottoschen Kompressions-Gasmotor benutzte.

Dieser erste wirklich betriebssichere und brauchbare, mit Benzin betriebene Motor war der von Wittig & Hees, welcher im Jahre 1879/80 von der Hannoverschen Maschinenbau-Aktien-Gesellschaft, vormals Georg Egestorff, auf den Markt gebracht worden ist. Der Motor wurde mit Benutzung eines schon früher von derselben Firma gebauten Gasmotors konstruiert; er bestand, wie aus den Fig. 5, 6 und 7 ersichtlich ist, aus zwei Cylindern, einem Gemischpumpen- und einem Arbeitscylinder. Die zugehörigen Kolben wurden durch gleichgerichtete Kurbeln bewegt. Beim Hochgehen der Kolben wurde in dem rechten Cylinder Gemisch angesaugt, während auf der linken Seite — dem Arbeitscylinder — der Antrieb durch das entzündete Explosionsgemisch erfolgte.

Zu Anfang des Niederganges der Kolben wurden die Verbrennungsprodukte aus dem Arbeitscylinder ins Freie entlassen und

gleichzeitig vom Gemischpumpenkolben neues Gemisch in den Arbeitscylinder gedrückt; ein Verlust an Gemisch durch Mitentweichen

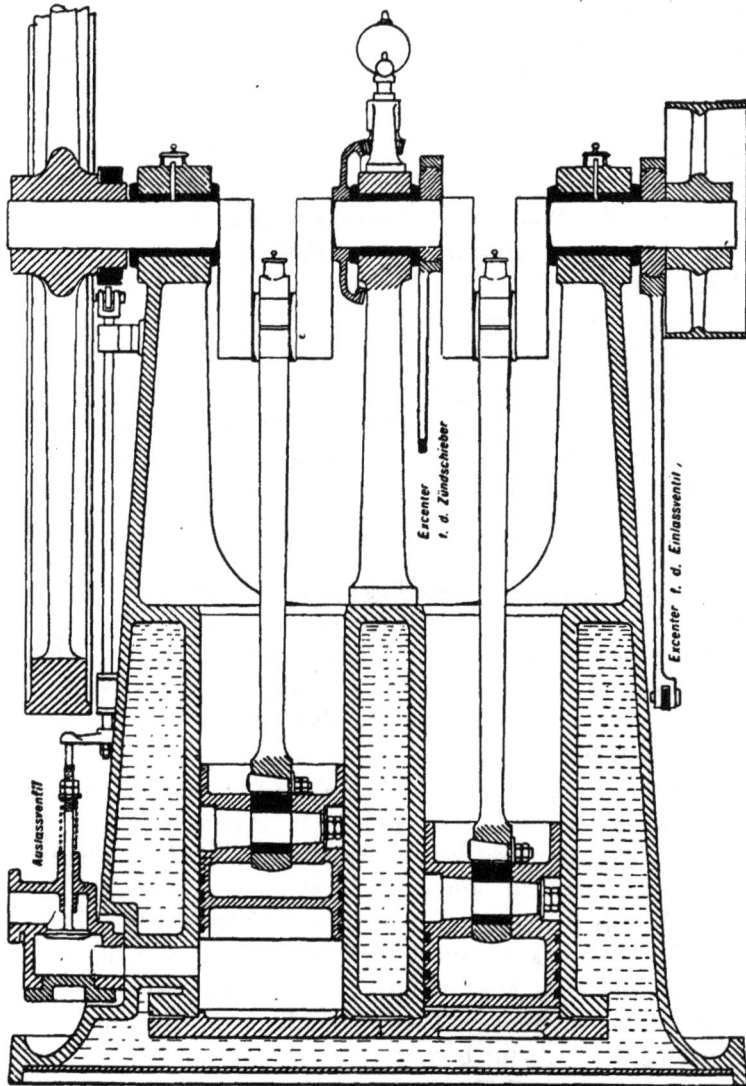

Fig. 5. Benzinmotor, System Wittich & Hess.

aus dem Auslaſsventil war durch groſsen Abstand des Auslaſskanals
von der Eintrittöffnung und durch Belastung des Übertrittsventils
mit einer Feder verhindert. Nach h a l b e m Niedergang der Kolben

wurde das Auslafsventil geschlossen und zu den bereits wenig ge-
mischhaltigen Verbrennungsrückständen der noch in der Gemisch-

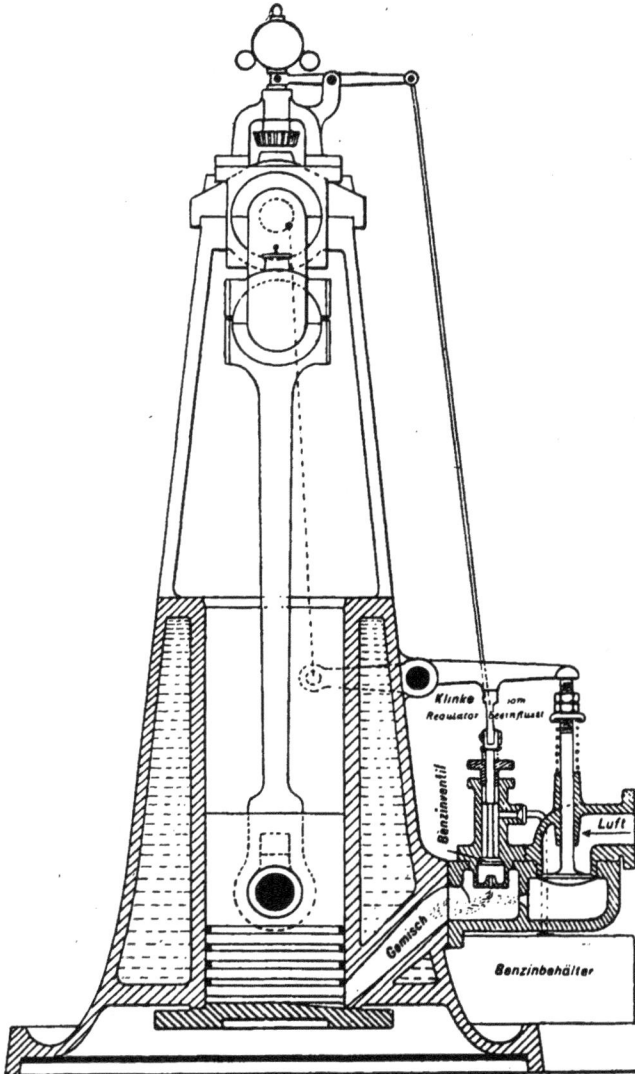

Fig. 6. Benzinmotor System Wittich & Hess.

pumpe vorhandene Rest der neuen Ladung hinübergedrückt, so
dafs zum Schlufs die Kompression von beiden Kolben zugleich vollzogen wurde. Da der Gemischpumpenkolben bis auf den Boden

herabging und nur im Arbeitscylinder Raum zur Aufnahme der
Ladung verblieb, so war im toten Punkt die gesamte Ladung im
Arbeitscylinder angesammelt.

Die Gemischbildung erfolgte durch Benzineinspritzung. Aus
Fig. 6 ist ersichtlich, welche außerordentlich einfache Einrichtungen
hierzu verwendet wurden. In einem gemeinsamen Gehäuse liegen
ein Luft- und ein Benzinventil nebeneinander. Beim Ansaugen
der Gemischpumpen werden beide Ventile durch denselben Hebel

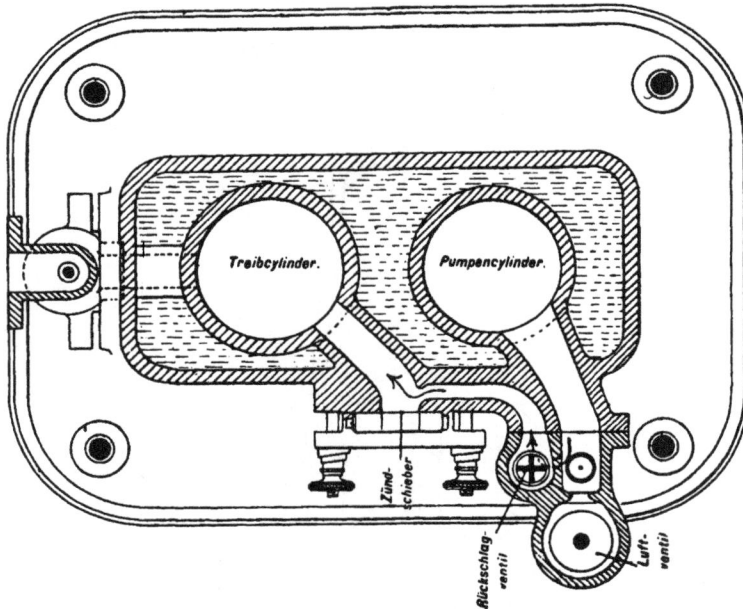

Fig. 7. Benzinmotor System Wittich & Hess.

aufgedrückt. Der Benzinbehälter liegt, wie ebenfalls auf Fig. 6
ersichtlich, etwas tiefer wie das Benzinventil, so daß ein unbeab-
sichtigtes Nachsickern aus dem Ventil — bei etwaiger Undichtigkeit — nicht eintreten konnte. Der Benzinbehälter war flach gehalten, damit die Saughöhe und somit das geförderte Benzinquantum
sich möglichst wenig ändere.

Zwischen Luft- und Benzinventil war eine Scheidewand mit
verhältnismäßig engem Spalt eingegossen, die den Zweck hatte,
die angesaugte Luft mit großer Geschwindigkeit an der Mündung
des Benzinventiles vorbeizuführen; trat hier das Benzin als freier
Strahl aus, so wurde es von dem Luftstrom zerstäubt. Mittels

eines Regulierhahnes konnte der Benzinzuflufs so eingestellt werden, dafs sich gut brennendes Gemisch bildete.

Als Zündvorrichtung diente zu jener Zeit eine eigenartige Flammenzündung, deren Konstruktion heute von keinem Interesse mehr ist. Als Zündflamme wurde schon damals eine Benzindampflampe benutzt. Aus der Beschreibung geht hervor, dafs der Wittich & Heessche Motor eine ungemein einfache Maschine war; hätte seiner Konstruktion der Viertakt zu Grunde gelegen und wäre er mit Glührohr- oder elektrischer Zündung ausgerüstet, so würde er den heute üblichen mit Einspritzung arbeitenden Benzinmotoren wenig nachgegeben haben. Auch bei ihm konnte man erheblich schwerere Brennstoffe wie Benzin, z. B. Terpentinöl, benutzen. Der betriebswarme Motor arbeitete auch dann noch regelmäfsig, wenn dem Benzin zur Hälfte Petroleum zugesetzt wurde. Schon damals wurde zur leichten Ingangsetzung bei kalter Witterung der Einlafskanal und das Einlafsventilgehäuse angewärmt, hätte man diese Erwärmung zu einer dauernden gemacht, so wäre schon zu jener Zeit der Petroleummotor fertig gewesen, denn im grofsen und ganzen arbeiten die heutigen Petroleummotoren mit dem gleichen Gemischbildungsverfahren.

Entwickelung der Petroleummotoren.

Die Bemühungen, das Petroleum, welches zur Speisung der Petroleumlampen allerorten benutzt wird, auch der Krafterzeugung dienstbar zu machen, treten gleichzeitig mit den ersten Benzinmotoren auf, ja man kann wohl sagen, dafs die Erfinder der ersten Benzinmotoren gar nicht Benzin-, sondern Petroleummotoren erfinden wollten, dafs sie zum Benzin gegriffen haben, weil ihre Versuche mit Petroleum damals keinen Erfolg hatten. Wie sollte man sonst auch einen Grund dafür finden, dafs die ersten Benzinmotoren-Konstrukteure ihre Maschinen mit dem Namen »Petroleummotoren« belehnten?

Welches Verfahren einzuschlagen war, um auch das Petroleum für den Betrieb der Explosionsmotoren verwenden zu können, darüber war man sich im grofsen und ganzen bald klar; es mangelte nur an geeigneten Zündvorrichtungen, denn die für Gasmotoren benutzten Flammenzündungen waren für Petroleummotoren nicht zu brauchen.

Erst mit Erfindung der selbstthätigen Glührohrzündung, die in ihrer Einfachheit und Zuverlässigkeit die Flammenzündung weit übertraf, kam die Angelegenheit dann in das rechte Fahrwasser.

Da sich die mit Glührohrzündung und Einspritzung arbeitenden Benzinmotoren gut bewährten, so behielt man zunächst die
Konstruktion dieser Motoren für Petroleum genau bei, brachte sie
mit Benzin in Gang und führte nach erreichter Betriebswärme an
Stelle des Benzins Petroleum ein, denn bei direkter Einführung
des Petroleums in die völlig kalte Maschine gelang die Ingang-
bringung nicht.

Ein nahe liegender Gedanke war es dann, die nötige Temperatur des Laderaumes für Petroleumverwendung durch eine besondere
Wärmequelle zu erzielen. Die Heizlampe für das Zündrohr war ja
vorhanden und lieferte so viel überschüssige Wärme, daſs dem
Anwärmeraum in kurzer Zeit die nötige Temperatur zugeführt werden
konnte. Mit Zugrundelegung dieses Gedankenganges sind die ersten
brauchbaren Petroleummotoren konstruiert worden, als Repräsentant
derselben mag der aus dem Jahre 1889 stammende Kjelsbergsche
Petroleummotor hier ausführlich beschrieben werden.

Kjelsbergs Petroleummotor vom Jahre 1889.

Die Maschine arbeitete mit einem durch das Einlaſs-Ventil vom
Laderaum getrennten Anwärmeraum — dem Vergaser — zu dessen
Beheizung die Zündrohrflamme benutzt wurde. Die Geschwindigkeitsregulierung war durch periodisches Aufhalten des Auslaſsventils
und gleichzeitiges Zuhalten des Einlaſsventils vermittelt.

Wie aus den Fig. 8 und 9 ersichtlich, sind die Ventile, die
gesamte Steuerung und Reguliervorrichtung auf der Stirnseite des
Maschinengestelles untergebracht.

Links liegt das Auslaſsventil, rechts das gesteuerte Einlaſsventil. An letzteres schlieſst sich unmittelbar der Vergaser an,
derselbe wird aus einem vertikalen, ummantelten Rohr gebildet;
durch den Zwischenraum streichen die Abgase der Heizflamme und
erteilen den Wandungen die für das Petroleum nötige Verdampf-
temperatur.

Am Oberteil des Vergasers ist ein Zerstäuber für das Petroleum
angebracht, von dem das Petroleum in feiner Zerteilung und mit
der nötigen Luft vermischt an die erhitzten Wandungen des Vergasers geworfen wird.

Das Einlaſsventil und der Petroleumabschluſskolben werden
gemeinsam durch einen Daumen, die Klinke s, Stange p und
Hebel t in Thätigkeit versetzt. Vor dem Zerstäuber liegt noch das

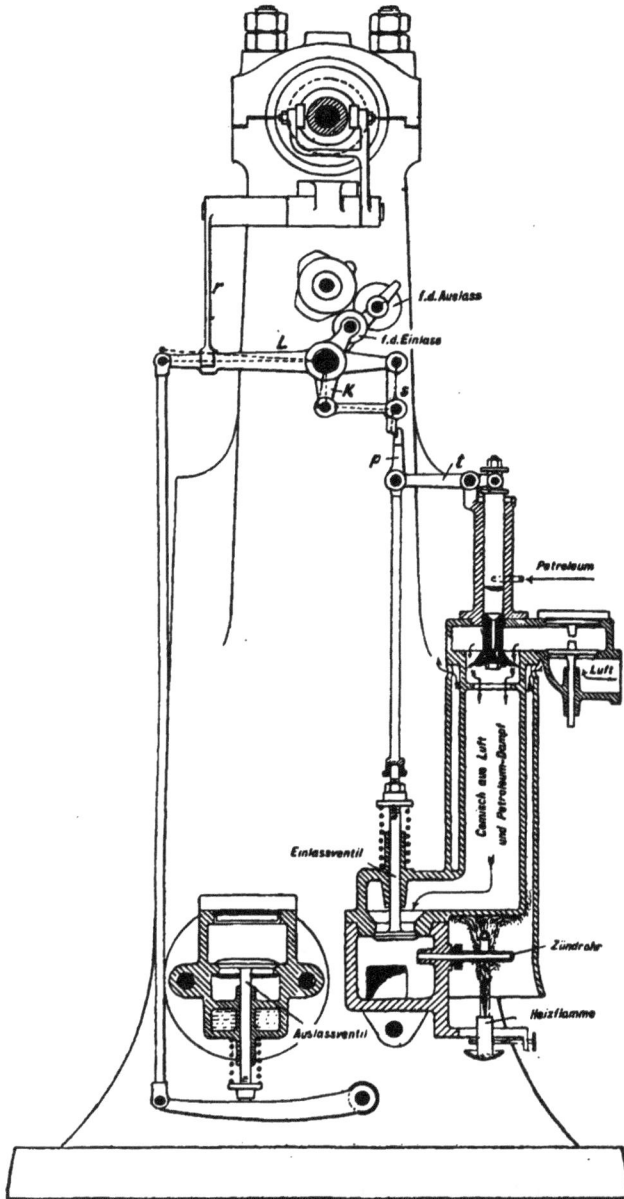

Fig. 8. Kjelsbergs Petroleummotor vom Jahre 1889.

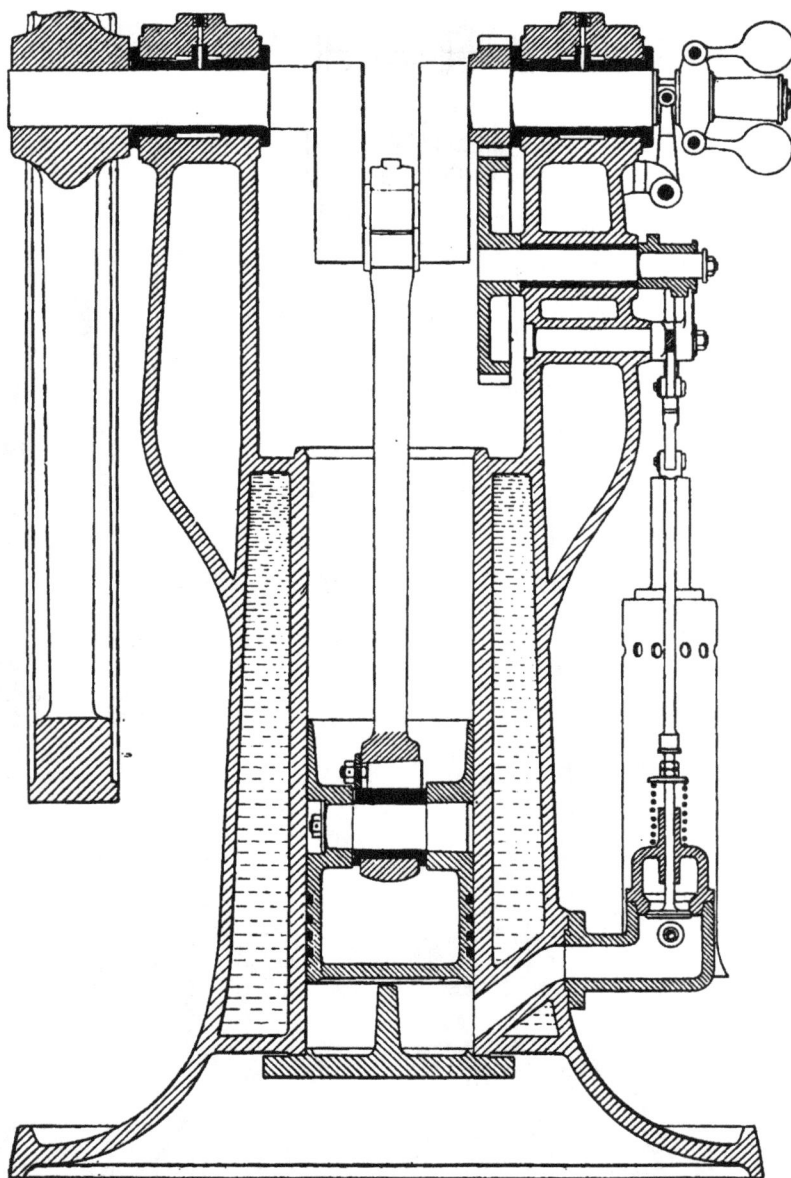

Fig. 9. Kjelsbergs Petroleummotor vom Jahre 1889.

selbstthätige Lufteinlafsventil, es hat den Zweck das etwa im Vergaser zurückbleibende Petroleum-Luftgemisch vom Eintritt in das Motorenlokal fernzuhalten und dafür zu sorgen, dafs die am Zerstäuber vorbeistreichende Luft genügende Geschwindigkeit zum Zerstäuben hat.

Die Geschwindigkeitsregulierung erfolgt durch periodisches Aufhalten des Auslafsventils, verbunden mit Nichtbethätigung der Einlafssteuerung.

Der Centrifugalregulator auf dem Stirnende der Kurbelachse schiebt zu dem Zweck den Hakenhebel r unter den Auslafshebel L, hält ihn und das Auslafsventil in gehobener Stellung fest. Mit dem Hebel L fest verbunden ist der Hebel K, dieser zieht bei jedem Hub des Auslafsventiles mit einer kurzen Zugstange die Klinke s nach links und bringt sie aufser Bereich der Einlafsventilstange p; wird aber der Hebel L in seiner gehobenen Stellung durch Hebel r festgehalten, so bleibt das Einlafsventil und die Petroleumzuflufsöffnung geschlossen.

Während bei dem Kjelsbergschen Motor der Vergaser durch das Einlafsventil vom Laderaum getrennt war und nur zur Zeit der Ansaugeperiode mit diesem in Verbindung trat, beliefsen andere Konstrukteure beide Räume in stets offener Verbindung und gaben dem Vergaser solche Form und solche Abmessungen, dafs er auch als Zündrohr dienen konnte.

Wie wir später bei den Beschreibungen der neueren Petroleummotoren sehen werden, haben sich beide Arten der Vergaserkonstruktionen bis heute erhalten.

Viertes Kapitel.

Die Konstruktion der Benzin- und Petroleummotoren.

Es liegt nicht die Absicht vor, in diesem Kapitel eine ausführliche Konstruktionslehre für Benzin- und Petroleummotoren zu bringen; die Entwickelung dieser Maschinen steht hierfür noch zu sehr im Anfangsstadium; auch würde die Allgemeinverständlichkeit, welche in diesem Werke vor allen Dingen gewahrt werden soll, darunter leiden.

In kurzen Worten soll hier nur so viel von der Konstruktion der heutigen Benzin- und Petroleummotoren gesagt werden, als dazu dient, ein richtiges Verständnis von dem Wesen der Konstruktionsteile zu erwecken, durch welche diese Maschinen besonders charakterisiert werden.

Zu den eigentümlichen Konstruktionsteilen der Benzin- und Petroleummotoren gehören:

> der Maschinenrahmen,
> der Arbeitscylinder mit dem Verbrennungsraum,
> die Ventile,
> die Verdampfapparate,
> die Heizlampen,
> die Zuführungsapparate für die Brennstoffe,
> die Reguliervorrichtungen.

Von den Zündapparaten, dem wichtigsten Konstruktionsteil der Explosionsmotoren, wird in einem besonderen Kapitel die Rede sein.

Der Maschinenrahmen.

Die Ausbildung und Einführung der Benzinmotoren ist durch bereits bestehende Gasmotorenfabriken erfolgt, welche die Modelle ihrer Gasmotoren zu diesem Zweck benutzten. Anders verhielt es sich mit dem Petroleummotorenbau: ihn bildeten Ingenieure aus, die dem Explosionsmotorenbau bisher fern gestanden hatten. Dementsprechend hatten die ersten Petroleummotoren auch eine von der für Gas- und Benzinmotoren üblichen Bauart abweichende Form. Während für jene bis dahin nur die liegende Bauart und die stehende mit oben liegender Kurbelachse gebräuchlich waren, finden wir bei den ersten Petroleummotoren stehende Bauart mit unten gelagerter Kurbelwelle, welche für Gasmotoren bis dahin gar nicht benutzt wurde.

Wenn nun auch, soweit stationäre Motoren in Frage kommen, die stehende Bauart mit unten liegender Kurbelachse für den Fabrikanten nicht als empfehlenswert bezeichnet werden kann, so bietet sie doch die Grundlage für einen sehr stabilen, wenig Raum beanspruchenden Aufbau und eine gefällige Form der Maschine. Außerdem finden die Freunde der »Einkapselung« und der Schmierung durch Ölspülung hier die beste Gelegenheit, ihren Gefühlen freien Lauf zu lassen.

Als es dann darauf ankam, Fahrzeugmotoren zu konstruieren, für welche die Einkapselung notwendig war, gelangte die Bauart mit unten liegender Kurbelwelle auch für Benzinmotoren in

Aufnahme und ist heute für Fahrzeugmotoren die verbreitetste geworden.

Nachteile der stehenden Kapselmotoren sind, dafs die Übersichtlichkeit und Zugänglichkeit des Triebwerkes erschwert wird, dafs das Herausnehmen des Kolbens, das Nachsehen der Kurbellager äufserst unbequeme Arbeiten sind.

Wenn ein stehend gebauter Motor seinen leichten Gang auf die Dauer bewahren soll, so müssen seine beiden Kurbelachslager gleich stark belastet sein, d. h. beide Enden der Kurbelachse sind mit gleich schweren Schwungrädern auszurüsten. Die Verwendung eines Schwungrades führt im Laufe der Zeit unbedingt zu einer stärkeren Abnutzung des Lagers auf der Schwungradseite, also zu einer schiefen Lage der Kurbelachse, die den Gang der Maschine aufserordentlich erschwert und zu schneller Abnutzung der Pleuelstangenlager Veranlassung gibt.

Die gesonderte Geradführung aufserhalb des Arbeitscylinders, deren Vorzüge gegenüber der alleinigen Führung im Cylinder unbestreitbar sind, kommt leider immer weniger zur Ausführung.

Wo die Fabrikation der Motoren im grofsen Stil betrieben und mit Werkzeugmaschinen gearbeitet wird, welche speciell für die schnelle und genaue Bearbeitung der einzelnen Bestandteile der Motoren gebaut sind, da mufs der Konstrukteur die zu bearbeitenden Teile und Verbindungen auf ein Minimum beschränken. Demgemäfs müssen der Wassermantel und die Kurbelachslager nebst dem Sockel ein Gufsstück — den sogenannten »Rahmen« — bilden, an dem die übrigen Konstruktionsteile ihren Befestigungsort finden.

Die erste Sorge des Motorenfabrikanten mufs es sein, eine Specialmaschine zu besitzen, auf welcher die Bearbeitung des Maschinenrahmens, dieses eigentlichen »Körpers« des Motors, an allen Teilen und in jeder Weise fix und fertig hergestellt werden kann, ohne dafs es einer Verrückung des einmal »ausgerichteten« Gufsstückes bedürfe.

Der **Arbeitscylinder** und der **Kolben** sind die Organe des Motors, welche der Abnutzung am meisten ausgesetzt sind.

Eine leichte Auswechselbarkeit des Arbeitscylinders ist also von grofser Wichtigkeit, und ein Motor, welcher Anspruch auf Marktfähigkeit macht, mufs heute einen »Cylindereinsatz« haben, der leicht zu entfernen und ohne Schwierigkeit durch einen neuen zu ersetzen ist.

Vor 12 oder 15 Jahren war man noch nicht so weit gediehen, damals gab es noch Motoren, bei denen ein Ausbohren des Cylinders gleichbedeutend mit einem mehrwöchentlichen Stillliegen des Betriebes war. Heute kann man sich rechtzeitig einen neuen Cylindereinsatz mit Kolben bestellen, oder von vornherein mit geringen Mehrkosten einen Reserveeinsatz anschaffen, dessen Einwechselung ohne erhebliche Betriebsstörung auszuführen ist. Aus der Bestimmung des Cylindereinsatzes folgt, daſs er genau zur Bohrung des Wassermantels passen muſs, daſs er in keiner Weise mit Teilen des Motors in Verbindung stehen darf, welche des erneuten »Anpassens« bedürfen.

Für den Anschluſs der Ventile und der Zündvorrichtung darf der Cylindereinsatz also nicht benutzt werden, diese sind vielmehr an den als gesondertes Guſsstück auszuführenden **Verbrennungsraum** zu setzen.

In Skizze Fig. 10 ist der Maschinenrahmen mit Cylindereinsatz und Verbrennungsraum eines gröſseren horizontalen Motors dargestellt, wie er in neuerer Zeit häufig zur Ausführung gelangt. Bis zur Mitte versenkt, wird der Wassermantel fast in ganzer Länge von dem Sockel umfaſst. Der Cylindereinsatz wird von hinten in den Wassermantel geschoben; mit Rippen, die wenig vorspringen, ruht der Einsatz auf korrespondierenden Rippen des Wassermantels; von hinten wird er durch einen breiten Flansch des Verbrennungsraumes fest und dichtend in den Wassermantel gedrückt; am vorderen Ende besorgt ein Gummiring den wasserdichten Abschluſs zwischen Wassermantel und Cylindereinsatz.

Wenn man bei den Benzin- und Petroleummotoren mit Steigerung der Kompression auch in bescheidenen Grenzen bleiben muſs, so haben sich doch manche Konstruktionsänderungen, welche die Verwendung hoher Kompressionen bei Gasmotoren nötig machte, auch auf die Benzinmotoren übertragen. Dahin gehört namentlich die Form des Verbrennungsraumes und die Anordnung der Ventile an diesem.

Während bei den älteren Gasmotoren, welche mit niederer Kompression, bis etwa 4 Atm., arbeiteten, der Verbrennungsraum eine direkte Fortsetzung des Arbeitscylinders im gleichen Durchmesser bildete, kam man hiermit bei Erhöhung der Kompression bis 8 Atm. und darüber nicht mehr aus, der Raum nahm dann eine zu flache Form an, die Ventile lieſsen sich schlecht anbringen, die schnelle Fortpflanzung der Entzündung wurde in Frage gestellt und die Abkühlungsfläche im Verhältnis zum Inhalt des Raumes ganz erheblich vergröſsert. Es trat also die Notwendigkeit ein, dem

Verbrennungsraum einen kleineren Durchmesser wie dem Arbeitscylinder zu geben und Ventilräume und Kanäle, welche früher im
Zusammenhang mit dem Verbrennungsraum standen, zu vermeiden.
Nach und nach hat sich dann für kleine und mittelgrofse Motoren
ein Normal-Verbrennungsraum und eine Normal-Ventilanordnung
herausgebildet, wie sie aus der Skizze (Fig. 10) ebenfalls ersichtlich sind.

Den Durchmesser des Verbrennungsraumes wählt man am
besten gleich seiner Länge. Die Ventile liegen mit ihren Kegeln
in der Wandung des Verbrennungsraumes, und die Öffnung des

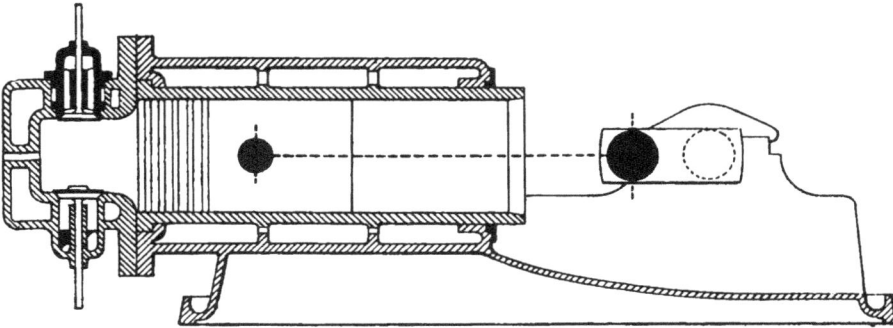

Fig. 10. Liegende Bauart.

obenliegenden Einlafsventiles dient zum Herausnehmen des Auslafsventiles.

Für stehend gebaute Motoren läfst sich die eben besprochene
Ventilanordnung nicht anwenden, die Seitenwandungen des Verbrennungsraumes stehen hier senkrecht, die in gleicher Weise in
Fig. 10 angebrachten Ventile müfsten hier also horizontal angeordnet
werden, und horizontale Ventile sind zu verwerfen, weil sie auf die
Dauer nicht dicht halten. Für die Unterbringung der Ventile bleibt
hier also nur die Decke des Verbrennungsraumes übrig, die wiederum
zu wenig Fläche darbietet, um beide Ventilkegel nebeneinander
zu setzen. Man begnügt sich bei stehenden Motoren meistens
damit, nur das Einlafsventil in der Decke des Verbrennungsraumes
anzubringen, für das Auslafsventil wird ein seitlicher Ausbau gemacht, der durch einen möglichst kurzen Kanal mit dem Verbrennungsraum verbunden ist. Die Skizze Fig. 11 zeigt eine solche
Ausführung. Sie besitzt den Vorzug, dafs man die Steuerung des
Auslafsventiles durch ein einfaches Gestänge ohne Hebeleinschaltung
vermitteln kann.

Es gibt auch Ausführungsarten für stehende Motoren, bei welchen die Decke des Verbrennungsraumes seitlich über die Wandungen des Cylinders hinaus nach beiden Seiten zu einem Oval erweitert ist, um beide Ventile direkt in der Decke anbringen zu können. Dieselben sind aber nicht zu empfehlen, man erhält einen Raum von großer Abkühlungsfläche, der für die schnelle Entzündung der Ladung ungünstig ist und außerdem für die Steuerung des Auslaßventiles umständliche Einrichtungen fordert.

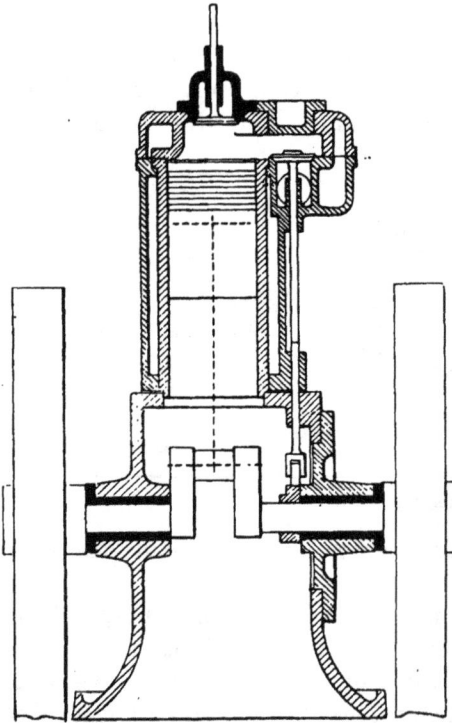

Die Mannigfaltigkeit äusserer Formen der Benzin- und Petroleummotoren, welche sich bis etwa zur Mitte der neunziger Jahre zeigte, ist inzwischen verschwunden, und es ist überflüssig, dieser meist unzweckmäßigen Bauarten hier zu gedenken. Soweit stationäre Motoren in Frage kommen, werden die einfachen Formen, wie sie in den Fig. 10 und 11 dargestellt sind, die zweckmäßigsten Grundlagen für Konstruktion des Maschinenrahmens, Arbeitscylinders und Verbrennungsraumes abgeben. Anders verhält es sich bei den Motoren für Fahrzeugbetrieb; hier fehlt es noch an einer Bauform, bei der sich **vollkommene Ausbalancierung mit größter Leichtigkeit und Einfachheit** vereint.

Fig. 11. Stehende Bauart.

Wer Erfindungs- und Gestaltungsgabe hat, dem bietet sich hier günstige Gelegenheit, sie zu verwerten.

Die Ventile.

Die Ventile haben den Zweck, die zur Einnahme der Ladung und Austreibung der Verbrennungsprodukte dienenden Öffnungen rechtzeitig frei zu machen und zu schließen. Die Rechtzeitigkeit des Öffnens und der Schliefsung der Ventile allein genügt aber noch nicht allen Ansprüchen, welche an diese Organe gestellt werden, die von ihnen frei gemachten Öffnungen müssen auch grofs genug sein, damit die Einnahme neuer Ladung und die Entleerung von Verbrennungsprodukten so vollkommen wie möglich von statten gehe. Je schneller man den Motor laufen lassen will, um so gröfser müssen die freien Öffnungen der Ventile sein. Es ist durchaus i r r i g , anzunehmen, dafs die Leistung eines für eine bestimmte Umdrehungszahl gebauten Motors durch Erhöhung der Tourenzahl b e l i e b i g g e s t e i g e r t werden könne; dazu gehört immer, dafs auch die freien Öffnungen der Ventile entsprechend vergröfsert werden. Dieser so wichtigen Vorschrift wird immer noch nicht die nötige Beachtung geschenkt.[1]) Namentlich bei den Wagenmotoren findet man in dieser Beziehung ganz fehlerhafte Ausführungen. Sehr hemmend auf den Auspuff wirken Schalldämpfer, deren Princip darauf beruht, dafs man die gespannten Abgase zwingt, einen engen und langen Weg zu nehmen. Wo solche Vorrichtungen angewandt werden, da sind weite Ventile Luxus. Ganz dieselbe Dämpfung des Schalles kann man dann mit einem kleinen, engen Auslafsventil ohne weiteres erreichen. Schalldämpfer müssen nicht durch Drosselung, sondern durch A b k ü h l u n g der Verbrennungsprodukte wirken.

Mit den Verbrennungsprodukten entweichen durch das Auslafsventil erhebliche Mengen von Schmierölresten und, soweit Petroleum zur Anwendung kommt, auch Reste unverbrannten Petroleums. Das Innere des Auslafsventilgehäuses und das Auspuffrohr sind daher stark der Verschmutzung ausgesetzt. Ferner kann die Auslafsventilspindel nicht geschmiert werden, sie wird sehr heifs und ist bei längeren Stillständen des Motors dem Festrosten in der Führung ausgesetzt. Sowohl das Innere des Auslafsventilgehäuses wie die Ventilkegel bedürfen also steter sorgfältiger Beobachtung. Das Ventilgehäuse mufs oft geöffnet und der Ventilkegel nachgeschliffen werden. Die Öffnung des Gehäuses, das Herausheben des Ventilkegels und das Nachschleifen desselben mufs sich in kürzester Zeit bewerkstelligen lassen. Immer mufs die Schleiffläche im Gehäuse

---

[1]) Schon im Jahre 1895 hat der Verfasser in einem Artikel ›Über den Gebrauch des Indikators am Gasmotor‹, welcher im Journal für Gasbeleuchtung und Wasserversorgung erschienen ist, auf die Wichtigkeit hingewiesen, die Ventilöffnungen der Motoren ihren Umdrehungsgeschwindigkeiten richtig anzupassen.

so liegen, dafs man sie s e h e n und die Prüfung auf ein gleich-
mäfsiges »Tragen« der Dichtfläche bequem vornehmen kann.

Bei Konstruktion der Bewegungsteile für die Steuerung des
Auslafsventiles ist zu berücksichtigen, dafs beim Anheben des Ventiles erhebliche Drucke zu überwinden sind. Als Enddruck können
bei mittelgrofsen Motoren immerhin zwei Atmosphären angenommen
werden. Hierzu kommt noch der Druck der Auslafsventilfeder,
welcher so stark sein mufs, dafs das Auslafsventil in der Ansaugeperiode nicht angesaugt werden kann. Diesen Verhältnissen entsprechend sind die Stärken der Steuerwelle, der Steuerräder, der
Steuerhebel und der Gelenkzapfen zu wählen. Beim Anheben des
Ventiles müssen Seitendrücke auf die Ventilspindelführung sorgfältig
vermieden werden, andernfalls nutzt sich die Führung schnell ab,
es entstehen dort Nebenöffnungen, durch welche bei jedem Auspuff
ein Teil der Verbrennungsprodukte mit erheblichem Geräusch ins
Motorenlokal entweicht.

Das **Einlafsventil** der Benzin- und Petroleummotoren arbeitet
meistenteils selbstthätig, es soll der Saugwirkung des Arbeitskolbens
leicht folgen, mufs sich also ohne das geringste Hemmnis in seiner
Führung bewegen. Der Ventilkegel soll eine solide H u b b e g r e n z-
u n g haben; ist das nicht der Fall, so entweicht aus dem zu weit
aufgerissenen Ventil ein Teil der eben angesaugten Ladung, weil
der Schlufs des Ventiles noch nicht stattgefunden hat, während der
Kolben den Kompressionshub schon beginnt. Mit Rücksicht auf
den präcisen Schlufs des Einlafsventiles empfiehlt sich eine Steuerung desselben. Bei gröfseren und grofsen Motoren ist die Steuerung
unbedingt notwendig. Wo die Einlafsventile selbstthätig arbeiten,
müssen die Aufschlagflächen der Hubbegrenzung genügend grofs
gemacht werden. Die Spannmutter der Einlafsventilfeder als Anschlag auf die Kante der Ventilführung zu benutzen, sollte nur
dann gestattet sein, wenn sich im Innern des Ventilgehäuses ein
fester Anschlag nicht anbringen läfst; wenn irgend angängig, mufs
dann aber die Spannung der Einlafsventilfeder berichtigt werden
können, ohne gleichzeitig den Hub des Ventiles zu verstellen.

Neben dem Cylinder und den Ventilen ist das wichtigste Organ
der **Arbeitskolben.** Derselbe soll zur Bohrung des Arbeitscylinders
genau passen und sich dennoch leicht bewegen lassen; dies setzt
voraus, dafs auch der Arbeitscylinder genau rund gebohrt sei und von
einem Ende bis zum andern gleichen Durchmesser habe. An keiner
Stelle der Bohrung darf das Material des Arbeitscylinders ein poröses

oder schwammiges Aussehen zeigen, es soll überall gleichmäfsig gefärbt und tadellos glatt sein.

Der Kolben eines neuen, gut gearbeiteten Motors mufs bei kalter und bei betriebswarmer Maschine an allen Stellen seiner Bahn dicht halten. Setzt man einen nicht zu kleinen Motor bei voll eingerückter Kompression mit der Hand in Drehung, so darf die Masse des Schwungrades den Widerstand der Kompression nicht überwinden, vielmehr wird der Kolben von dem elastischen Luftpolster zurückgeworfen und treibt das Schwungrad zurück, bis der Kolben wiederum komprimierend auf das Luftpolster trifft und abermals zurückschnellt. Dies wiederholt sich verschiedene Male, und es gibt keine bessere Probe auf die Güte der Ausführung eines Motors, als wenn das Hin- und Herschwingen des Kolbens sich recht oft wiederholt.

Ist eine besondere Gradführung durch Kreuzkopf nicht vorhanden, so sollte der Kolben mindestens $1^1/_2$ Durchmesser zur Länge haben. Je länger der Kolben ist, um so länger hält er auch dicht.

Sollen **die Kolbenringe** ihren Zweck gut erfüllen, so mufs ihre Form so gewählt sein, dafs der Ring mit allen Teilen seines Umfanges gleichmäfsig stark gegen die Cylinderwand drückt. Nimmt man den Kolben eines längere Zeit im Betriebe befindlichen Motors heraus, so sollen die Ringe am ganzen Umfange gleichmäfsig blank abgeschliffen sein. Aufserdem müssen alle Ringe in ihren Nuten leicht beweglich vorgefunden werden; ein fest sitzender Ring wirkt nicht mehr als »Kolbenring«.

Die Spannung der Kolbenringe darf nicht zu stark sein, das würde zu schneller Abnutzung des Cylinders führen und für den Motor einen Hemmschuh abgeben. Der Querschnitt des Ringes mufs so gewählt werden, dafs man ihn ohne grofse Mühe auseinanderfedern und über den Kolben streifen kann.

Um dicht zu halten, hat jeder Kolbenring seine Nut seitlich genau auszufüllen, sein innerer Umfang darf den Grund nicht berühren, hier mufs Spiel sein. Nach längerem Gebrauch bekommen die Kolbenringe in ihren Nuten seitlich Spiel. Die Nuten müssen dann auf der Drehbank berichtigt und neue Kolbenringe für die nun breiteren Nuten angefertigt werden.

Je mehr sich die Ringe am Umfang abnutzen, um so weiter wird ihre Schnittfuge. Bei den verhältnismäfsig niedrigen Tourenzahlen, welche man noch vor zehn Jahren für Explosionsmotoren anwandte, machte sich die weit geöffnete Ringfuge schon als Undichtigkeit bemerkbar, und man führte aus diesem Grunde den Schnitt durch den Ring nicht in einer Linie, sondern, wie hier angedeutet ⌐▭ stufenförmig aus. Auf der wagerechten Strecke des Schnittes, welche dicht zusammengepaſst wurde, fand dann immer noch ein dichter Abschluſs statt, selbst wenn die senkrechten Strecken der Fuge schon weit auseinander klafften.

Mit Vergröſserung der Tourenzahl erwies sich dann aber dieser kostspielige Stufenschnitt der Kolbenringe als überflüssig. Verteilt man bei einfachem, winkligem Schnitt die Fugen nur gleichmäſsig über den Umfang des Kolbens, so finden die Verbrennungsprodukte keine Zeit, den engen Zickzackweg von einer Ringfuge zur andern zu durchlaufen.

Hindert man die Kolbenringe nicht, sich in ihren Nuten zu verdrehen, so findet sich beim Herausnehmen des Kolbens oft schon nach einer Arbeitszeit von wenigen Stunden, daſs regelmäſsig alle Schnittfugen der Ringe in einer Richtung liegen, auch dann, wenn man die Fugen vorher auf dem Umfang gleichmäſsig verteilt hatte. Durch diese hintereinander liegenden Schnittfugen würde eine Undichtigkeit entstehen, und muſs jeder einzelne Ring durch einen in der Schnittfuge angebrachten Stift in seiner Lage gesichert werden. Diese Kolbenringstifte müssen sehr sorgfältig in der Wand des Kolbens befestigt werden; einfaches Hineintreiben des Stiftes in ein genau passendes Loch

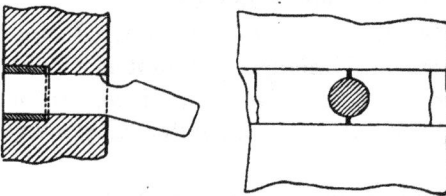

Fig. 12. Kolbenringstift.

genügt nicht, auch das Einschrauben bietet nicht genügende Sicherheit. Abgebrochene oder gelockerte Kolbenringstifte können viel Unheil anrichten, sie können Nuten in die Cylinderwand reiſsen, die ein Nachbohren nötig machen. Eine einfache und sichere Befestigung der Kolbenringstifte zeigt Fig. 12. Der gedrehte, schwach konische, lange Stift wird in die genau passende Bohrung fest eingetrieben und das im Innern des Kolbens lang herausragende Ende durch einen leichten Schlag etwas umgebogen.

Auch die in Fig. 13 dargestellte Konstruktion ist zu empfehlen. Hier werden die Löcher für die Kolbenringstifte vor dem Eindrehen der Ringnuten gebohrt; der besonders stark gehaltene Stift reicht nur mit einem kleinen Teil seines Umfanges in die Nut hinein und findet sicheren Halt in der Kolbenwand. Ein Lockerwerden dieses Stiftes, wie bei eingenieteten oder eingeschraubten Stiften, die ihren Stand in der Mitte der Nut haben, ist hier nicht zu befürchten.

Ein sehr beachtenswerter Konstruktionsteil bei den Motoren, welche besondere Gradführung durch Kreuzkopf nicht haben, ist der im Kolben sitzende **Dreh-** **zapfen** der Pleuelstange.

Dieser Zapfen wird sehr warm und ist seiner versteckten Lage wegen schwierig zu schmieren. Der Einrichtung für die sichere Zuführung des Schmieröles ist also be-

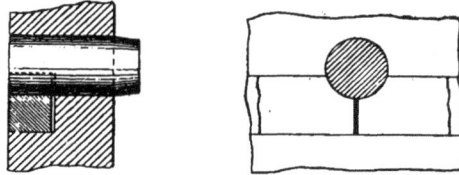

Fig. 13. Kolbenringstift.

sondere Sorgfalt zuzuwenden; auch soll der Zapfen große Abmessungen haben und von einem zweiteiligen nachstellbaren Lager umfaßt sein.

Die **Kurbelachse** der Benzin- und Petroleummotoren kann durch Stöße, welche infolge eintretender »Frühzündung« oder voraufgegangener Fehlzündung sehr heftig auftreten, stark beansprucht werden.

Das **Schwungrad** soll möglichst dicht am Lager sitzen. Zu schwache, ungenügend gelagerte Achsen oder solche, bei denen das Schwungrad mit der Riemscheibe zu weit vom Lager abliegt, erkennt man sofort an dem »Flattern« des Schwungrades.

Die Verdampfapparate der Benzin- und Petroleummotoren.

Für die leichtflüchtigen Kohlenwasserstoffe bis zum specifischen Gewicht von 0,7 genügt deren natürliche Verdunstungsfähigkeit, also ihr Verdampfungsvermögen bei Lufttemperatur, um mit der Luft Benzindampf-Luftgemische zu bilden, welche mit leuchtender Flamme verbrennen. Diesen günstigen Verhältnissen entsprechend, sind die Benzinverdampfapparate, für die sich die Bezeichnung »Karburatoren« eingebürgert hat, äußerst einfacher Konstruktion.

Der Karburator besteht für stationäre Motoren aus einem einfachen, starkwandigen Behälter, groß genug, daß neben dem Tagesbedarf an Benzin etwa noch ein Drittel des Raumes frei bleibt.

Es genügt, die Betriebsluft über den Flüssigkeitsspiegel fort oder durch das Benzin hindurch anzusaugen, um ihr ausreichenden Benzingehalt zu geben.

Je nach der herrschenden Lufttemperatur, je nach dem Flüchtigkeitsgrad des Benzins selbst ist die Benzindampfmenge, welche
die durch den Karburator geführte Luft aufzunehmen im stande
ist, verschieden. Bei einer Lufttemperatur von $+ 5^0$ an wird
schon mehr Benzindampf aufgenommen, wie zur Bildung guten Explosionsgemisches gehört, das Gemisch brennt schon mit leuchtender
Flamme. Um es in Ladungsgemisch umzuwandeln, muſs man ihm
durch eine regulierbare Öffnung weitere Luft zusetzen. Bei starkem
Frost kann die Luft anderseits aber auch so kalt sein, daſs sie zu wenig
Dämpfe mitführt, um gutes Explosionsgemisch zu bilden. Auch
für diesen Fall müssen also Einrichtungen vorhanden sein, mit
denen die Gemischbildung aufrecht erhalten werden kann. Man
versieht zu diesem Zweck das Karburatorgefäſs mit Doppelwan-
dungen und läſst durch die gebildeten Zwischenräume das vom
Motor abflieſsende warme Wasser oder die heiſsen Auspuffgase cirku-
lieren. Ein anderes Mittel, die Verdunstung des Benzins zu be-
leben und sie zu einer gleichmäſsigen zu machen, besteht darin,
daſs man die Betriebsluft mit Hilfe der Auspuffgase anwärmt und
sie dann durch den Karburator treten läſst.

Bei Motoren, welche mit ,Aussetzern‹ reguliert werden, entspricht die Arbeitsleistung der Zahl der Auspuffhübe, der Grad der
Anwärmung des Karburators durch die Auspuffgase also ebenfalls
der Beanspruchung des Motors. Da anderseits das Benzin durch
Verdunstung um so stärker abgekühlt wird, je mehr Ladungen
gebildet werden, so reguliert sich bei dieser Anwärmemethode die
Anwärmung des Benzins selbstthätig.

Weniger günstig liegen die Verhältnisse, wenn der Motor durch
Verlegung des Zündmomentes oder durch Änderung des Mischungsverhältnisses der Ladung reguliert wird. Hier folgt ein Auspuff
regelmäſsig dem andern, gleichgültig mit welcher Belastung der
Motor arbeitet, und die Temperatur der Auspuffgase der schwachen
oder spät entzündeten Ladungen ist nicht niedriger, sondern unter
Umständen sogar höher wie beim Vollgang. Die Anwärmung des
Benzins wird demnach hier mit abnehmender Leistung des Motors
nicht geringer, sondern stärker.

Wie schon im 2. Kapitel erwähnt, ist das Benzin ein Gemisch
verschieden flüchtiger Kohlenwasserstoffe, welche nicht gleichzeitig,
sondern nacheinander verdunsten, zuerst die leicht-, dann die schwerflüchtigen. Bei groſsem Inhalt der Karburators macht sich dies
deutlich bemerkbar, mit abnehmendem Benzinvorrat muſs man den

»Luftzusatzhahn« entsprechend dem geringeren Brennstoffgehalt der karburierten Luft mehr und mehr schliefsen.

Einige Motorenfabrikanten vermeiden diesen Mifsstand durch Verwendung kleiner Karburatorgefäfse; ein automatisch wirkendes Schwimmerventil erhält hier den Benzinspiegel in stets gleicher Höhe. Grade die Schwimmerventile haben aber auch ihre Schatten- seiten: eine Undichtigkeit des Ventiles, ein Klemmen des Schwimmers kann sehr unangenehme Folgen haben und das Gefäfs zum Über- laufen bringen.

Die »Rückschläge«, welche sich bei den Explosionsmotoren einstellen, wenn der Gasgehalt des Gemisches ein zu geringer ist und die Ladung zu langsam brennt, können bei den mit Karbura- toren arbeitenden Benzinmotoren unter Umständen die Veranlassung zu Feuersgefahr bilden.

Im Falle eines Rückschlages brennt nämlich die Flamme noch im Arbeitscylinder, während schon wieder neue Ladung angesaugt wird, und steht dann diese Flamme in direkter Verbindung mit dem Innern des Karburatorgefäfses. Unter normalen Verhältnissen be- findet sich zwar im Karburator und dem zugehörigen Verbindungs- rohr kein **Explosions**-Gemisch, die Möglichkeit, dafs sich solches dennoch dort bilden k a n n, ist aber nicht ausgeschlossen. Wenn nun auch durch Einschaltung eines »Kiestopfes« oder durch eine g e n ü g e n d e Anzahl von Drahtgazeschichten s i c h e r verhindert werden kann[1]), dafs sich die Entzündung bis ins Innere des Karbu- rators fortpflanzt, so kommt es doch in allen Fällen zu einer Druckbildung im Karburatorgefäfs, durch welche das Benzin aus dem Behälter herausgeschleudert werden kann. Hieraus folgt, dafs sowohl das Karburatorgefäfs, wie die zugehörigen Rohrleitungen genügend starkwandig sein müssen, um einen Druck, wie ihn der Rückschlag erzeugt (3—4 Atm.), aushalten zu können. Alle Lötungen am Karburator und zugehörenden Rohrverbindungen sollten mit Schlaglot ausgeführt werden, damit sie der Einwirkung von Flammen für einige Zeit widerstehen können.

Bei den **Verdampfapparaten der Petroleummotoren** hat man Brennstoffe zu verdampfen, die nicht mehr zu den »flüchtigen« gehören. Um Petroleum zu verdampfen, mufs man es mit s t a r k e r h i t z t e n Flächen in Berührung bringen.

---

[1]) Eine oder einige Lagen Drahtgaze hindern das Eindringen der Flamme in den Karburator nicht, die Druckbildung ist so plötzlich, dafs dünne Gaze- schichten durchschlagen werden.

Obgleich die Bezeichnung den Vorgang nicht richtig wiedergibt, ist es üblich geworden, die Verdampfapparate der Petroleummotoren »Vergaser« zu nennen. Wenn von der »Vergasung« eines Körpers die Rede ist, denkt man zunächst an eine chemische Zersetzung durch trockene Destillation. Um eine solche handelt es sich in den meisten Fällen nicht. Wenn auch bei stark erhitzten »Vergasern« ein Teil des Petroleums chemisch verändert wird, so kommen doch hauptsächlich nur Dämpfe in Betracht, die sich wieder zu Petroleum kondensieren können.

Bis vor nicht zu langer Zeit maß man der Form des Vergasers große Bedeutung bei, alle möglichen und unmöglichen Gestalten tauchten für denselben auf; hier war es ein Raum von großem, dort von verschwindend kleinem Inhalt, hier waren innen Rippen angebracht, dort außen. Hier sollte die Kugelform das einzig Richtige sein, dort der Kegel oder ein Zickzackrohr. Von diesem Vergaserkultus ist man einigermaßen abgekommen. Wie aus den im Kapitel 7 beschriebenen Petroleummotoren hervorgeht, bildet man den Vergaser jetzt als einen verhältnismäßig kleinen Raum aus, der in direkter Verbindung mit dem Verbrennungsraum steht. Durch ein kleines Luftventil am Vergaser läßt man beim Saughub die zur Zerstäubung und Nebelbildung nötige Luft treten, während die weiter erforderliche Luft durch ein besonderes größeres Ventil angesaugt wird.

Diese kleinen, direkt mit dem Verbrennungsraum verbundenen Vergaser wirken gleichzeitig als Zündrohr. Werden die Vergaser vor dem Lufteinlaßventil eingebaut, so ist natürlich ein besonderes Zündrohr erforderlich.

Die Heizlampen für das Glührohr und den Vergaser.

Die Erhitzung des Zünd-Glührohres für die Benzin- und Petroleummotoren, sowie die des »Vergasers« ist ein Erfordernis, dessen Bedeutung von den Konstrukteuren vielfach unterschätzt wird. Die Heizlampen bilden die schwache Seite der Benzin- und Petroleummotoren und sind in ihnen die Ursachen so mancher Betriebsstörungen zu suchen. So unvergleichlich einfach das Zünd-Glührohr ist und so zuverlässig es auch wirkt, die dazugehörigen Heizlampen können nicht Anspruch auf dieselben Vorzüge machen.

Um Heizflammen von der Temperatur zu erzeugen, wie sie für das Glührohr nötig sind, muß man Dampflampen verwenden.

Soweit Benzin zur Anwendung gelangt, bestehen diese Dampflampen der Hauptsache nach aus einem engen, in einer sehr feinen Öffnung endigenden Rohr, in das der Brennstoff unter Druck eingeführt wird. Entzündet man den aus der feinen Öffnung strömenden Brennstoff, so erwärmt sich das Rohr in der Nähe der feinen Öffnung und man bemerkt, daſs sehr bald an Stelle des flüssigen Brennstoffes Dampf ausströmt, der zuerst mit leuchtender Flamme brennt, dann aber bald höhere Spannung annimmt und nun zu einer nichtleuchtenden sehr heiſsen Flamme wird. In welcher Art dieser Vorgang zu stande kommt, ist leicht zu erklären. Sobald sich die Wandungen des Rohres durch Wärmeleitung von der Flamme her erhitzen, beginnt das Benzin im Rohr zu verdampfen, allmählich nehmen die Dämpfe Spannung an und werden, da sie aus der Öffnung nicht alle entweichen können, den Brennstoff von der Mündung nach dem Vorratsbehälter hin zurückdrängen; das flüssige Benzin wird also der Wärmewirkung entzogen und die Dampfentwickelung wird abnehmen; das Benzin kann sich dann der Ausströmungsöffnung wieder nähern und die Dampfbildung zunehmen. Es entsteht ein Hin- und Herschwanken der Flüssigkeit im Rohr, mit dem die Flamme bald anschwellen, bald herabsinken wird. Die nötige Stetigkeit erhält die Flamme erst dadurch, daſs man vor der Stelle, wo die Dampfbildung stattfindet, einen Leitungswiderstand in Form eines Dochtes oder eines Bündels feiner Drähte in das Rohr legt. Hierdurch wird das Schwanken der Flüssigkeitssäule im Rohr verhindert und die Flamme zu einer gleichmäſsig brennenden gemacht.

Bei den Benzindampflampen kann die erforderliche Wärmeleitung nach dem Brennerrohr schon erreicht werden, wenn man einen Teil der Flamme seitlich mit Wandungen umgibt, die in metallischer Verbindung mit dem Rohr stehen. Für Petroleum als Brennstoff hat man stärkere Wärmerückführung nötig; hier leitet man das Lampenrohr selbst ein- oder mehreremal über den Scheitel oder seitwärts an der Flamme vorbei.

Die Spannung des Brennstoffdampfes muſs so stark sein, daſs seine Ausströmungsgeschwindigkeit erheblich gröſser wie die Brenngeschwindigkeit wird. Die Flamme bildet sich dann erst in weiterem Abstand von der Ausströmungsöffnung, dort, wo Brenn- und Ausströmungsgeschwindigkeit gleich sind. Auf dem Wege von der Mündung bis zum Flammenursprung muſs der Dampfstrahl Gelegenheit haben, Luft mitzureiſsen und sich damit zu mischen; erst hierdurch entsteht eine nichtrußende Gemischflamme von genügender Temperatur.

Auf der Strecke zwischen Austrittsöffnung des Dampfes und dem Ursprung der Flamme mischt sich der Brennstoffdampf mit Luft. Da ein zu großer Luftgehalt des Brennstoffdampfes die Flammentemperatur erniedrigt und ein zu geringes Luftquantum die Verbrennung unvollkommen macht, so ist es nicht gleichgültig, wie lang die Strecke ist, auf welcher sich Dampf und Luft mischen. Eine Regulierbarkeit der ausströmenden Dampfmenge ist also geboten.

Die Farbe der Flamme ist nicht immer ein sicheres Kennzeichen für die Vollkommenheit der Verbrennung, das Material des Lampen- und Mischrohres trägt auch dazu bei, die Flamme zu färben. Den besten Anhalt für das Vorhandensein richtiger Mischung gibt immer die Temperatur der Flamme, welche man durch Hineinhalten eines nicht zu dünnen Eisendrahtes prüft. Hält man den Draht von oben senkrecht in die Flamme, so soll er an der Stelle, wo die höchste Temperatur in der Flamme herrscht, helle Weißglut zeigen.

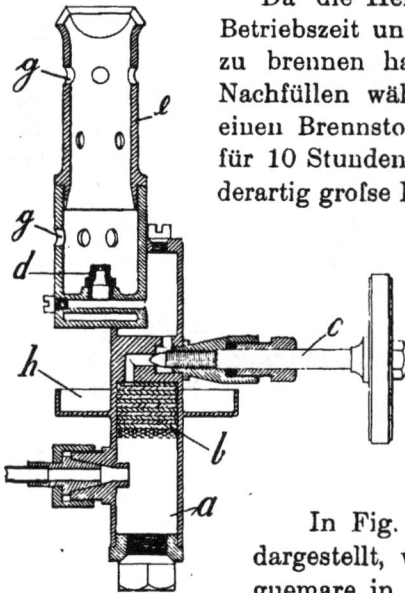

Fig. 14. Benzindampf-
lampe von Longuemare.

Da die Heizlampen der Motoren während der Betriebszeit ununterbrochen mit gleicher Stetigkeit zu brennen haben, so müssen sie entweder ein Nachfüllen während des Brennens gestatten, oder einen Brennstoffbehälter besitzen, der wenigstens für 10 Stunden ausreicht. Es empfiehlt sich nicht, derartig große Räume in gleicher Weise wie bei den Lötlampen durch den Brennstoffdampf selbst unter Druck zu halten, vielmehr bringt man hier den Behälter genügend hoch an, oder rüstet ihn mit einer von Hand oder vom Motor betriebenen Luftpumpe aus, welche über dem Brennstoffspiegel den nötigen Druck erzeugt.

In Fig. 14 ist eine neuere Benzinheizlampe dargestellt, wie sie von der Firma Vve L. Longuemare in Paris ausgeführt wird.

Fig. 15 zeigt den Zusammenhang des Benzinbehälters *A* mit der Handluftpumpe *B* und dem

Brenner *C*. Am Manometer *D* kann der im Behälter herrschende Druck stets kontrolliert werden. *E* ist ein Probierhahn, *F* die Füllschraube und *G* Ablafsschraube.

Fig. 14 zeigt den Brenner. *a* ist das Lampenrohr mit dem Docht *b*. *c* ist das Regulierventil für die Menge des ausströmenden Dampfes. Da die Ventilspindel sehr warm wird, so ist ihre Handhabe aus einem die Wärme schlecht leitenden Material hergestellt. *d* ist die Ausströmungsöffnung, darüber das Mischrohr *e* mit den Luftzuströmungen *g*, *h* ist ein Schälchen zur Aufnahme des Anwärmebrennnstoffes.

Die Firma Longuemare, welche Heizlampen mit Benzin- und Petroleumspeisung sowie Karburatoren als besondere Specialität baut, hat die Konstruktion dieser Apparate mit grofser Sorgfalt

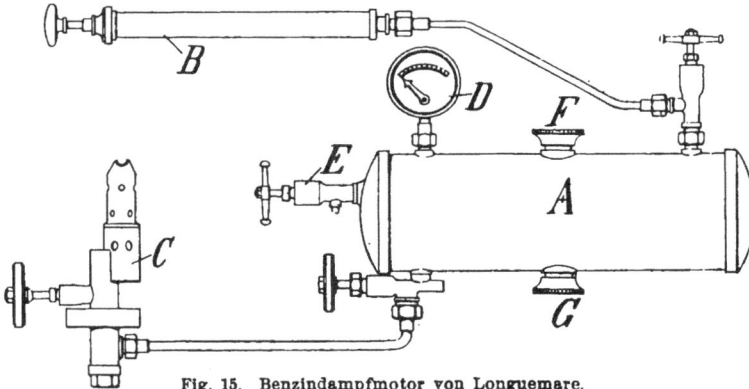

Fig. 15. Benzindampfmotor von Longuemare.

durchgeführt. Besonders anzuerkennen ist, dafs als Regulier- und Absperrorgane überall Ventile verwendet werden. Hähne, auch wenn sie grofse Dichtflächen haben, eignen sich nicht für Benzin. Die leichtflüchtigen Kohlenwasserstoffe lösen alle Schmiermaterialien, welche für Hähne in Frage kommen, sofort auf, die trockenen Hähne gehen schwer, setzen sich bald fest und kann man auf ein genaues Einstellen und dauerndes Dichthalten nicht rechnen. Für Petroleumheizlampen genügt die Wärmerückleitung durch das Lampenrohr nicht, hier mufs man, wie erwähnt, das zufliefsende Petroleum schon der direkten Einwirkung der Flamme aussetzen, um Dämpfe in genügender Menge und von ausreichender Spannung zu erzeugen. Dementsprechend ist auch die Temperatur, welcher das Lampenrohr der Petroleumlampe ausgesetzt ist, eine höhere wie bei den Benzinlampen, und hat man auf Verwendung möglichst feuerbeständiger Materialien zu achten. Lötungen mit Schlaglot widerstehen der Flamme nicht auf die Dauer, Kupfer und Messing sind auch nicht zu empfehlen. Feuerbeständiges, dichtes Gußeisen oder Nickel halten sich am besten. Aus ungeeignetem Material hergestellte Lampenrohre bergen eine große Feuersgefahr in sich: das Durchbrennen des Lampenrohres einer Kohlenwasserstofflampe ist gleichbedeutend mit einer Flammenbildung, die den ganzen Motor einhüllen und alles Brennbare im Motorenlokal entzünden kann. Absperrorgane dicht am Vorratsbehälter sind also für alle Heizlampen dringend erforderlich.

Eine sehr einfache, ganz aus dichtem, feuerbeständigem Gußeisen hergestellte Petroleumheizlampe, wie sie in ähnlicher Ausführung an den neuen Scheiblerschen Motoren zur Anwendung gelangt, ist in Fig. 16 dargestellt.

Das Petroleum tritt in den Stutzen a ein, steigt hoch und umkreist den von der Abhitze der Flamme stark erwärmten Rahmen $b\,b$ und tritt dann als Dampf aus der feinen Öffnung d aus. An dem Prallstift e breitet sich der entzündete Petroleumdampf aus, verbrennt mit

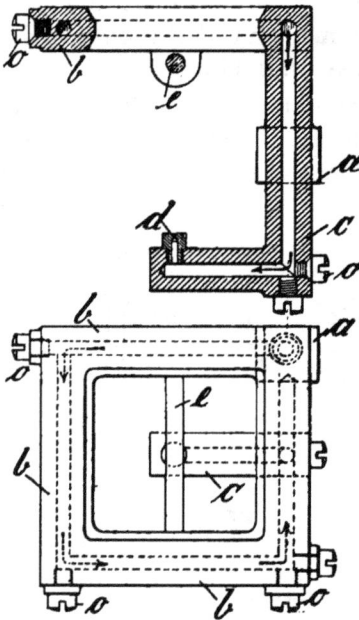

Fig. 16. Scheiblers Petroleumdampflampe.

ausgedehnter Flamme, so daß alle Teile des über der Lampe angebrachten Vergasers gleichmäßig erwärmt werden.

Die Schrauben o dienen dazu, die Anfänge der einzelnen Bohrungen zu verschließen.

Zuführungsapparate für Benzin und Petroleum.

Bei diesen Apparaten handelt es sich um Förderung sehr kleiner und dennoch genau bemessener Flüssigkeitsmengen. Soweit **Benzin** in Frage kommt, benutzt man die Saugwirkung des Arbeitskolbens, um den Brennstoff durch enge Öffnungen anzusaugen. Sollen in dieser Weise stets gleiche Flüssigkeitsmengen gefördert werden, so gehört dazu, daß auch die Druckverhältnisse, unter denen das Benzin

der Zerstäubungsöffnung zufliefst, so wenig wie möglich schwankend
sind. Um dieser Forderung zu genügen, bringt man entweder den
Vorratsbehälter so hoch an, dafs die Niveauunterschiede in diesem
verhältnismäfsig klein zur gesamten Druckhöhe ausfallen, oder
zwischen dem Vorratsbehälter und dem Zuführungsapparate wird
ein Zwischengefäfs mit Schwimmerventil eingeschaltet, welches den
Benzinspiegel auf gleicher Höhe erhält.

Bei hochbelegenem Vorratsbehälter wird der Zuführungsapparat
von einem mit Zerstäubeinrichtung versehenen Rückschlagventil

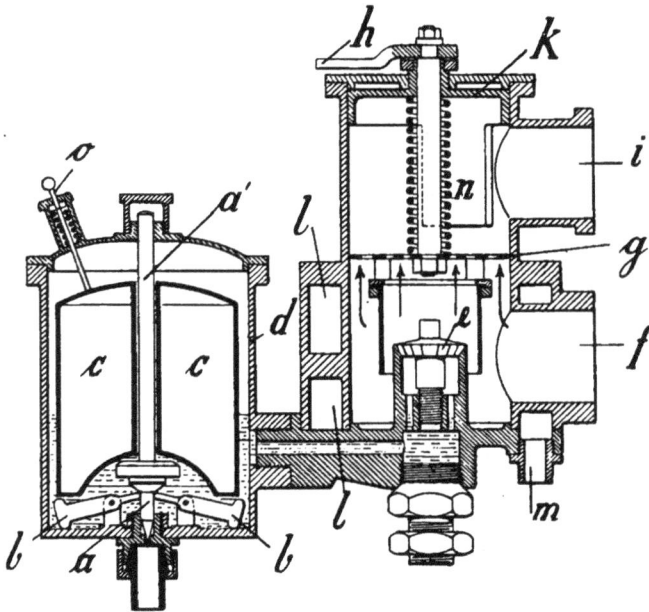

Fig. 17. Benzinzuführungsapparat von Longuemare.

gebildet. Die Saugwirkung des Kolbens mufs sicher ausreichen,
das Zuführungsventil anzusaugen. Sowohl beim langsamen Andrehen wie bei voller Umdrehungsgeschwindigkeit soll die Benzin-
einnahme sich über den ganzen Ladehub erstrecken. Hilfssauge-
kolben, welche zur Unterstützung dieses Zweckes angebracht sind,
leisten gute Dienste.

Von Longuemare wird nachstehend beschriebener, für Wagenmotoren bestimmter Benzinzuführungsapparat in den Handel gebracht; derselbe ist in Fig. 17 dargestellt. Charakteristisch ist hier
die sehr empfindliche Schwimmereinrichtung. Das Rückschlag-

ventil a wird durch Hebelgewichte bb fast ausbalanciert. Solange
das Benzin unter dem Normalstand steht, ruht der Schwimmer c
auf den Gewichten der Hebel b und das Ventil a wird geöffnet
erhalten, bis die Flüssigkeit so weit gestiegen ist, dafs sie den
Schwimmer von den Gewichten hebt. Die Gewichte können dann
dem durch a' beschwerten Ventil a nicht mehr das Gleichgewicht
halten, es sinkt auf seinen Sitz herab und sperrt die Benzinzufuhr
ab, bis so viel Benzin verbraucht ist, dafs der Schwimmer die Gewichte b wieder belastet.

Von dem Schwimmerbehälter d tritt das Benzin zu dem stets
offenen Zerstäuber; derselbe besteht aus dem Conus e, dessen Fläche
mit einer Anzahl feiner Nuten versehen ist. Beim Ansaugen spritzt
das Benzin aus den Nuten und wird von der gleichzeitig durch
Stutzen f eintretenden Luft zerstäubt. Über dem Zerstäuber ist eine
Siebplatte g angebracht, deren Durchlochung dem in der Mitte
aufsteigenden Gemisch und der daneben strömenden Luft eine bestimmte Richtung anweist. Durch Verdrehung der Siebplatte kann
man deren Durchlochung so stellen, dafs entweder der mittlere
Benzinluftstrom oder die diesen umgebende Beiluft gröfseren Widerstand findet.

Durch Drehen der Platte g mittels des Hebels h kann also die
Z u s a m m e n s e t z u n g des Gemisches verändert werden. Die M e n g e
des Gemisches wird durch Drosselung der Öffnung i reguliert, indem
man das mit dem Deckel k zusammenhängende Mantelstück n vor
i schiebt.

Um die Verdampfung des zerstäubten Gemisches zu beschleu-
nigen, ist der Zerstäuberraum mit einem Mantelraum l umgeben,
welcher von den Auspuffgasen, die mittels des Rohres m zugeleitet
werden, durchströmt wird. Da der Apparat für Wagenmotoren
benutzt wird und diese meist kleindimensionierten Maschinen beim
Ankurbeln nur eine schwache Saugwirkung ausüben, so ist eine
Vorrichtung o angebracht, mit der man kurz vor dem Anlassen
auf den Schwimmer drückt und etwas Benzin aus dem Zerstäuber
herauspressen kann; das Benzin sammelt sich vor dem Lufteintrittsstutzen an und reicht für einige Hübe zur Gemischbildung aus.
Der Motor kann damit anlaufen, und die gesteigerte Geschwindigkeit
des Arbeitskolbens genügt nun zum Ansaugen und Zerstäuben des
Benzins.

Für die mit **Petroleum** arbeitenden Motoren sind selbstthätige,
durch die Saugwirkung des Arbeitskolbens bethätigte Zuführungs-

apparate wenig im Gebrauch. Das Petroleum braucht zu seiner
Verdampfung Zeit, und es empfiehlt sich, dasselbe schon vor Eintritt des Saughubes, bezw. vor Eintritt der Gemischbildung in
den Vergaser zu fördern, damit die nachtretende Luft Petroleumdämpfe und nicht im Verdampfen begriffenes Petroleum antrifft. Die Saugperiode des Arbeitskolbens fällt dann also
nicht mit der Periode für die Förderung des Petroleums zusammen, es
gehört dazu eine besonders bethätigte Abmefs-
und Transportvorrichtung. Der geeignetste
Apparat für diesen Zweck ist die Kolben-
pumpe.

In Fig. 18 ist eine vielfach benutzte
Petroleum-Kolbenpumpe dargestellt. Von dem
hoch belegenen Behälter fliefst das Petroleum
in die Ausweitung R des Pumpencylinders.
In der gezeichneten Stellung des Kolbens A
kann sich die Pumpenkammer durch Bohrung k im Kolben mit Petroleum füllen; wird
der Kolben dann hochgedrückt, und ist die
Querbohrung bis in den dicht schliefsenden
Teil des Cylinders gestiegen, so ist jetzt das
in der Pumpenkammer über dem Kolben befindliche Petroleum von der Zuleitung abgeschlossen, das Druckventil V wird gehoben und
der Kolben drückt das Petroleum in den Vergaser. Durch Änderung des Pumpenkolben-
hubes kann das zur Gemischbildung gehörende

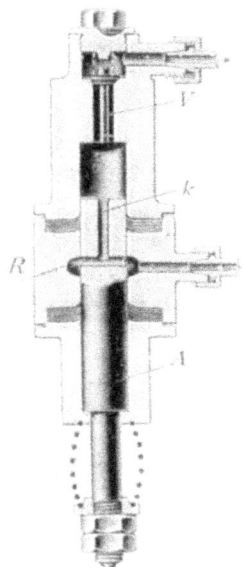

Fig. 18. Petroleum-
pumpe.

Petroleumquantum genau reguliert werden. Die Petroleumpumpen
müssen sehr genau ausgeführt werden, das Petroleum ist ein sehr dünnflüssiger Stoff, der Kolben mufs in ganzer Länge genau zur Cylinderbohrung passen und die Ventile vollkommen gut »tragende« Schleifflächen haben. Ist in der Pumpe eine geringe Undichtigkeit vorhanden,
so macht sich dies beim Anlassen sofort bemerkbar. Es mangelt dem
Gemisch an Petroleum, und die Zündungen bleiben aus. Der Wärter
mufs dann durch einige mit der Hand ausgeführte Pumpenhübe
einen Petroleumvorrat im Vergaser ansammeln, mit dem sich zündbares Gemisch bilden und das Anlaufen des Motors erfolgen kann.
Hat der Motor dann seine normale Geschwindigkeit einigermafsen
erreicht, so findet das Petroleum bei den jetzt schnell ausgeführten
Pumpenhüben nicht mehr Zeit, durch die Undichtigkeiten in gröfseren

Mengen zu entweichen. Es ist oft versucht worden, die Petroleum-
Kolbenpumpen durch andere Apparate zu ersetzen, eine dauernde
Verwendung derselben ist jedoch nicht zu verzeichnen.

Ein weiteres Zubehör der Benzin- und Petroleumzuführungs-
Apparate ist noch der Filter.

Der den feinen Offnungen der Zerstäuber, Heizlampen und den
Ventilen zuströmende Brennstoff muſs völlig frei von Unreinigkeiten
fester Natur sein, andernfalls führen Verstopfungen und Undichtigkeiten zu häufigen und schwer zu beseitigenden Betriebsstörungen.
Die Filter werden entweder durch dicke Filzplatten, welche auf
einem Siebboden des Vorratsbehälters liegen, ausgeführt, oder man
fertigt sie aus Drahtgaze, wie in Fig. 19 dargestellt. Das Petroleum
tritt hier von innen in den aus mehreren Drahtgazelagen gebildeten

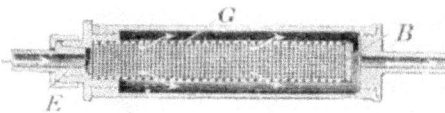

Fig. 19. Brennstofffilter.

Cylinder G, derselbe ist am
anderen Ende bei B ge-
schlossen, so daſs die Flüssigkeit durch die Seitenwan-
dungen nach auſsen treten
muſs und sich die Unreinig-
keiten im Innern ablagern. Das Gazerohr ist von einer festen
Hülse umgeben, von der das Petroleum dem Motor zufließt. Als
Strömungsrichtung für das Petroleum kann auch die von auſsen
nach dem Innern des Siebcylinders gewählt werden.

Die Geschwindigkeitsregulatoren.

Solange man glaubte, die Kompression von 3 Atmosphären
bei den Explosionsmotoren nicht überschreiten zu dürfen, galt die
Regel, daſs dort, wo es auf die Ökonomie des Betriebes und weniger
auf die Gleichmäſsigkeit des Ganges ankam, die Geschwindigkeitsregulierung durch Aussetzen der Ladung bewirkt werden müsse,
daſs Regulierungen durch Änderung der Ladungsmenge oder des
Mischungsverhältnisses nur dort am Platze wären, wo es allein auf
Gleichmäſsigkeit des Ganges ankommt.

Seitdem man bei den Gasmotoren die Kompression um mehr
als das Dreifache gesteigert hat, ist diese Regel hinfällig. Die
höhere Kompression verleiht den schwachen Gemischen eine erhöhte
Zündbarkeit und schnellere Verbrennung, so daſs man für kleine
Kraftäuſserungen des Motors, welche mit Benutzung geringer Ladungsmengen erzeugt werden, eine ebenso gute Ökonomie erreicht
wie mit »Aussetzregulierung«.

Diesen Fortschritt im Gasmotorenbau hat man sich auch bei den Benzinmotoren zu nutze gemacht; kann man hier die Kompression auch nur bis 6 Atmosphären steigern — von dem Banki-motor, der die höhere Kompression durch Wassereinspritzung ermöglicht, sei abgesehen —, so erreicht man auch damit schon gute Effekte, und es gibt mit Änderung der Ladungsstärke regulierte Benzinmotoren, die gute ökonomische Resultate liefern.

Mit Petroleum läßt sich nicht das gleiche erreichen, hier muß man schon bei 3 Atm Kompression Halt machen, außerdem bietet auch die Konstruktion von Zuführungsapparaten für veränderliche Mengen flüssigen Petroleums, welche dauernd gut arbeiten sollen, Schwierigkeiten.

Bei den Benzinmotoren kann man also nach Belieben die Regulierung durch Aussetzen oder Andern der Ladung bewirken, während bei Petroleummotoren, soweit die heute gebräuchlichen Konstruktionen in Frage kommen, nur die Aussetzregulierung ökonomisch und betriebssicher arbeitet.

Für die beiden Reguliermethoden ergeben sich folgende Ausführungsarten:

a) Regulierung durch Aussetzen der Ladung.

    1. Ausführungsart durch Aufheben der Brennstoffzufuhr allein und Beibehaltung der Kompressionsperiode.

    2. Durch Aufheben der Brennstoff- und Luftzufuhr, vermittelt durch Zuhalten des Auslaßventiles und Beibehaltung der Kompressionsperiode.

    3. Durch Aufheben der Brennstoff- und Luftzufuhr, vermittelt durch Aufhalten des Auslaßventiles und Fortfall der Kompressionsperiode.

b) Regulierung durch allmähliches Ändern der Ladung.

    1. Ausführungsart durch Ändern des Mischungsverhältnisses von Brennstoff und Luft mit Beibehaltung der normalen Rückstandmenge.

    2. Durch Änderung der Gemischmenge mit Beibehaltung des normalen Mischungsverhältnisses und der normalen Rückstandmenge.

    3. Durch Änderung der Gemischmenge mit Beibehaltung des normalen Mischungsverhältnisses und Änderung der Rückstandmenge.

c) Regulierung durch Verlegung des Zündmomentes.

d) Kombination der Methoden a und b, d. h. Regulierung durch Aussetzer mit allmählichen Übergängen durch Änderung des Mischungsverhältnisses.

An Ausführungsarten der Geschwindigkeitsregulierung bei den im Viertakt arbeitenden Benzin- und Petroleummotoren ist also kein Mangel.

Die mit Karburatoren arbeitenden stationären Benzinmotoren werden meistens durch Aussetzen der Ladung reguliert und zwar mit Aufheben der Brennstoffzufuhr und Beibehalten der Kompressionsperiode. Die Motoren sind dann so konstruiert, dafs sie ohne wesentliche Änderung auch als Gasmotoren benutzt werden können. Nach Art der allbekannten Deutzer Gasmotoren wird der das Benzingasventil bethätigende Daumen von einem Centrifugalregulator beiseite geschoben, wenn die normale Geschwindigkeit überschritten ist; die Brennstoffzufuhr bleibt aus, während die Luft nach wie vor angesaugt und komprimiert wird. Die für die Kompression der Luft aufgewandte Arbeit wird bei der Expansion nicht ganz wiedergewonnen, ein erheblicher Teil geht durch die erhöhte Kolbenreibung bei der Kompression verloren. Der Leergang bei dieser Ausführung kostet im günstigsten Fall $^1/_5$ des Vollganges. Will man ökonomischer arbeiten, so mufs man die nutzlose Kompression der Luft während der Leergänge vermeiden und durch Aufhalten des Auslafsventiles während der Kompressionsperiode der Luft den Austritt ins Freie gestatten.

Die zweite Ausführungsart der Regulierung durch »Aussetzer«, welche durch Zuhalten des Auslafsventiles bewirkt wird, ist wenig im Gebrauch. Versperrt man den Verbrennungsgasen durch Nichtöffnen des Auslafsventiles den Weg ins Freie, so werden die Gase im Cylinder komprimiert und expandieren wieder. Die Saugwirkung des Arbeitskolbens bezw. das Ansaugen neuer Ladung durch die selbstthätigen Einlafsventile fällt also fort. Vorausgesetzt wird dabei, dafs Kolben und Auslafsventil vollkommen dicht halten. Ist dies nicht der Fall, so verlieren sich die Verbrennungsprodukte bei wiederholten Leergängen durch die Undichtigkeiten, es werden dennoch geringe Mengen neuer Ladung angesaugt, die entweder unentzündet entweichen oder, falls es zur Zündung kommt, unbeabsichtigte Antriebe hervorrufen. Die arbeitraubende Kompression der heifsen Verbrennungsprodukte ist auch keine angenehme Zugabe.

Die dritte Ausführungsart der Regulierung durch »Aussetzer«, nach welcher die Ladungsaufnahme dadurch gehindert wird, dafs das Auslafsventil in geöffneter Stellung abgestützt, und Luft- und Brennstoffventil in geschlossener Stellung verbleiben, ist heute die am meisten gebräuchliche. Sie wurde zuerst Ende des Jahres 1885 in der Gasmotorenfabrik der Gebrüder Körting in Hannover ausgeführt. Da die Kompression so lange ausfällt, wie das Auslafsventil geöffnet erhalten wird, so beschränken sich die Arbeitsverluste während der Leergänge auf die Widerstände, welche das Hinausschieben und Zurücksaugen der Verbrennungsprodukte durch die Auslafsventilöffnung darbietet. Für den Leergang des Motors genügt bei dieser Regulierart $1/10$—$1/8$ des für den Vollgang nötigen Brennmateriales. Wohl zu beachten ist, dafs diese Regulierart nur dann gute Resultate liefert, wenn die Brennstoffzufuhr auch wirklich von Beginn bis Ende der Auslafsventilabstützung vollkommen aufgehoben ist. In dieser Beziehung finden sich sehr fehlerhafte Konstruktionen. Z. B. ist es nicht zulässig, das Brennstoffventil durch Einwirkung eines Centrifugalregulators, ganz ohne Zusammenhang mit der Steuerung des Auslafsventiles, allmählich zu schliefsen und zu öffnen. Ferner darf nicht vergessen werden, dafs durch Abstützen des offenen Auslafsventiles die Saugwirkung des Arbeitskolbens auf selbstthätige Einlafsventile für Luft und Brennstoff keineswegs ganz aufgehoben wird. Schliefsen die Ventile nicht dicht ab, so können bedeutende Verluste an Brennmaterial und Betriebsstörungen auftreten. Ferner darf der Regulator bei Bewegung der Klinke keine nennenswerten Widerstände finden. Die Klinke mufs im Zusammenhang mit der Steuerung rechtzeitig entlastet werden. In der Auslafsperiode — auch bei abgestütztem Ventil — mufs die Steuerung das Ventil jedesmal aus der Abstützstellung lüften, dann kann der Regulator die Klinke ohne Widerstand ein- und ausrücken und das Auslafsventil seiner Steuerung rechtzeitig übergeben werden.

Für eine solche Wirkung eignet sich der einfache, von der Auslafsventilsteuerung selbst bethätigte Pendelregulator viel besser wie ein Centrifugalregulator, dessen Thätigkeit ja mit der Auslafssteuerung in keinem direkten Zusammenhang steht, der seine Einwirkung ohne Rücksicht auf die Erhebungszeit des Ventiles ausübt. Die Zeiten, welche bei schnell laufenden Motoren für Ein- und Ausrücken der Abstützklinken übrig bleiben, sind sehr kurz; wird die Klinke nicht mit der nötigen Schnelligkeit in oder aus dem Bereich der Abstützlage gebracht, so »schnappt sie ab«, es kommt eine Zündung mehr oder weniger wie nötig.

Ein Regulator, welcher im Einklang mit der Steuerung arbeitet und mit beliebig grofser Verstellungskraft ausgerüstet werden kann, ist in Fig. 20 dargestellt. Er wird aus einem einfachen Centrifugalpendel gebildet, welches aber nur zur Zeit des erhobenen Auslafsventiles auf dessen Abstützklinke wirkt, sonst völlig frei schwingt und in dieser freien Zeit die Energie ansammelt, um die Abstützklinke mit der nötigen Schnelligkeit zu bewegen. *a* ist das Centrifugalpendel, welches durch die Feder *h* mit einstellbarer Kraft nach dem Mittelpunkt der Drehachse gezogen wird. Bei Überschreitung der normalen Umdrehungsgeschwindigkeit überwindet die in Pendel *a* angesammelte Centrifugalkraft die Federspannung. *a* schwingt in die punktierte Lage und trifft die Rolle des Abstütz-Winkelhebels *b c* genau zu der Zeit, wo sich das Auslafsventil in seiner höchsten Stellung befindet. Das Gewicht hält den Hebel *b c* so lange in der Stützstellung,

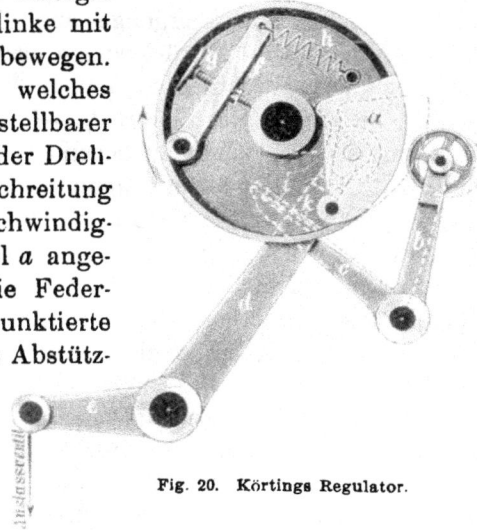

Fig. 20. Körtings Regulator.

bis der Auslafshebel *d c* vom Daumen frei gegeben wird und die Klinken *i k* sicher ineinander gefafst haben.

Für das Regulieren der Motoren durch Änderung der Ladungsmenge oder des Mischungsverhältnisses eignen sich am besten die bei den Dampfmaschinen gebräuchlichen Centrifugalregulatoren, hier sollen die die Regelung vermittelnden Organe nicht nur in den Endstellungen festgehalten werden, sondern auch befähigt sein, Zwischenstellungen zu behaupten, d. h. sich bei gleichmäfsigen Kraftentnahmen »einzustellen«.

Damit dies »Einstellen« eines Centrifugalregulators möglich wird, mufs ein geringer Unterschied in der Tourenzahl für den Vollgang und Leergang — der Ungleichförmigkeitsgrad — zugelassen werden. Je nach dem Verwendungszweck des Motors fordert man einen mehr oder weniger geringen Ungleichförmigkeitsgrad.

Das »Einstellungsvermögen« eines Centrifugalregulators kann nur dann zur Geltung kommen, wenn das Schwungrad genügend Masse besitzt. Auch der bestkonstruierte Regulator kann sich nicht einstellen, wenn das Schwungrad zu leicht ist und bei jedem Krafthub des im Viertakt arbeitenden Motors so beschleunigt wird, daſs der sich hieraus ergebende Ungleichförmigkeitsgrad gröſser ist wie der, für welchen der Regulator konstruiert wurde.

Für Wagenmotoren, bei denen es auf geringes Gewicht ankommt, kann man das Schwungrad nicht so schwer wie nötig machen, die Regulatoren müssen also auch für einen groſsen Ungleichförmigkeitsgrad konstruiert werden und der unregelmäſsige Gang mit in den Kauf genommen werden. Viele Wagenmotoren haben auch nur eine Handregulierung; ein automatisch wirkender Geschwindigkeitsregulator erhöht aber die Sicherheit des Betriebes wesentlich, und würde es sich empfehlen, an Wagenmotoren gleichzeitig automatische und Handregulierung anzubringen. Die erstere müſste erst für eine höhere Tourenzahl wie die, mit welcher gefahren wird, in Thätigkeit treten und wäre als eine Notregulierung zu betrachten, die nur dann zur Geltung kommt, wenn unerfahrene Führer den Wagen bedienen oder die Handregulierung versagt.

Regulierung durch allmähliches Ändern der Ladung ist hauptsächlich bei Benzinmotoren im Gebrauch, für Petroleummotoren findet sie sehr wenig Anwendung.

Die Ladung der Benzinmotoren setzt sich zusammen aus Brennstoffdampf, Luft und Verbrennungsrückständen; die Mengen dieser Bestandteile können zum Zweck der Regulierung einzeln oder zu mehreren geändert werden, und ergeben sich hieraus die schon angedeuteten verschiedenen Ausführungsformen der Reguliermethode mit Änderung der Ladung.

Verringert man nur die Brennstoffmenge, so ist es am unvorteilhaftesten, dies während des ganzen Saughubes, also durch Drosselung der Brennstoffeinführungsöffnung, vorzunehmen; die verkleinerte Brennstoffmenge verteilt sich nämlich dann gleichmäſsig über den ganzen Ansaugehub, und das Gemisch wird sehr bald so dünn, daſs der Verlauf der Verbrennung ungünstig und die Sicherheit der Zündung in Frage gestellt wird.

Günstiger gestalten sich die Verhältnisse, wenn die Verminderung der Brennstoffmenge in der Weise herbeigeführt wird, daſs man sie auf den letzten Teil des Hubes beschränkt; dann ist die Möglichkeit vorhanden, daſs die Zusammensetzung des Gemisches im Laderaum eine ungleichmäſsige wird und in der Nähe des Zündortes ein brennstoffreicheres, brenn- und zündfähigeres Gemisch stehen bleibt. Diese Ausführungsart ist vielfach im Gebrauch und kann mit einfachen Mitteln ausgeführt werden.

Am günstigsten liegen aber die Verhältnisse, wenn die Änderung der Ladung durch gleichzeitige Verringerung von Brennstoff und Luft bewirkt wird und zwar so, dafs das Mischungsverhältnis beider bestehen bleibt. Mit dieser Art der Ladungsänderung kann man auf regelmäfsige Zündungen und guten Verbrennungsverlauf bis auf den Leergang rechnen. Auch die Mittel für diese letzte Art der Regulierung sind sehr einfach; Hauptbedingung ist ein Mischventil, welches bei jeder Erhebung ein Gemisch von gleicher Zusammensetzung liefert; man hat nur nötig, den Hub des Mischventiles vom Regulator beeinflussen zu lassen oder zwischen Misch- und Einlafsventil ein entlastendes Drosselorgan einzufügen, so ist allen Anforderungen genügt.

Die Ausführungsart der Regulierung durch Änderung der Ladung, bei welcher die Rückstandmenge vermehrt und die Gemischmenge verringert wird, ist heute wohl nur noch sehr wenig im Gebrauch; sie wurde in der Weise ausgeführt, dafs der Schlufs des Auslafsventiles früher erfolgte und nicht alle Verbrennungsprodukte ins Freie treten konnten.

Alle Ausführungsarten der Reguliermethode durch Änderung der Ladungsmenge lassen sich mit der durch Aussetzen der Ladung kombinieren, und zwar in der Weise, dafs die Ladungsänderungen nicht bis zum völligen Leerlauf durchgeführt, sondern früher abgebrochen werden. Die Kombination hat den Zweck, den Brennstoffverlust und die Unregelmäfsigkeit im Gange, welche durch Fehlzündungen entstehen, zu vermeiden, sowie die schroffen Übergänge vom Vollgang zum Leergang und umgekehrt zu verwischen.

Zum Schlufs ist noch die Reguliermethode durch Verlegung des Zündmomentes zu erwähnen; sie zählt zu den am einfachsten durchzuführenden, aber auch zu den unökonomischten und wurde bisher nur als Handregulierung bei Wagenmotoren mit elektrischer Zündung ausgeführt.

Alle Reguliermethoden sollte man so zur Ausführung bringen, dafs sich die Umdrehungsgeschwindigkeit während des Ganges ändern läfst. Es gibt Betriebsarten, bei denen diese Einrichtung überhaupt nicht entbehrt werden kann.

Fünftes Kapitel.

Die Zündapparate der Benzin- und Petroleummotoren.

Die alten Flammenzündungen, welche früher für Gasmotoren allgemein im Gebrauch waren, sind für die Benzin- und
Petroleummotoren wenig oder garnicht zur Anwendung gelangt;
gaben diese Zündmethoden schon bei den Gasmotoren zu allerhand
Störungen Veranlassung, so waren sie für Benzin- und Petroleummotoren noch viel weniger zu brauchen. Zu einem wirklichen Aufschwung im Benzin- und Petroleummotorenbau kam es erst, nachdem die durch G. Daimler erfundene selbstthätige Glührohrzündung
im Jahre 1883 eingeführt wurde. Wenn nicht alles täuscht, so
wird aber auch diese Methode der Zündung früher oder später
ihre Bedeutung verlieren.

Die Fortschritte, welche auf dem Gebiete der Elektricität gemacht sind und ohne Frage in weiterer Zukunft noch gemacht
werden, lassen vermuten, dafs die elektrische Zündung die Glührohrzündung mehr und mehr verdrängen wird.

Gröfsere stationäre Benzinmotoren mit Glührohrzündung gibt
es z. B. schon jetzt nicht mehr. Die heute den Markt beherrschen-
den Motorfahrräder sind überhaupt nie mit Glührohrzündung
ausgerüstet gewesen. Trotzdem soll hier aber die Glührohrzündung
eingehend besprochen werden, denn sie hat den Motorenbau wesentlich gefördert und gehört zu den bemerkenswertesten Erfin-
dungen, welche in den letzten 25 Jahren auf dem Gebiete der
Explosionsmotoren gemacht worden sind. Mit ihr war an Stelle
des empfindlichsten und kompliziertesten Organes der Explosionsmotoren, der Flammenzündung, ein solches von gröfster Einfachheit
und unbedingter Zuverlässigkeit getreten.

Wie schon erwähnt, ist als Erfinder des selbstthätigen Zündrohres der im Jahre 1899 verstorbene Ingenieur G. Daimler zu bezeichnen.

Zwar war schon im Jahre 1879 von Leo Funk ein Patent auf
eine Zündmethode genommen, bei welcher ebenfalls ein glühendes
Rohr die Zündung einleitete; die Wirkung desselben war aber keine
selbstthätige, vielmehr wurde das Rohrinnere mit dem Laderaum
erst im Zündmoment durch einen gesteuerten Schieber in Verbindung
gesetzt. Das Charakteristische des selbstthätigen Zündrohres, die

dauernd offene Verbindung des Rohrinnern mit dem Laderaum
des Motors, fehlte dem Funkschen Patent. Trotzdem war aber auch
die Funksche Erfindung eine wertvolle zu nennen; sie ist zu Ende
der achtziger und Anfang der neunziger Jahre vielfach als »gesteuerte Glührohrzündung« ausgeführt worden, nicht allein um das
bis zum Jahre 1898 gültige Daimlersche Patent zu umgehen, sondern
vornehmlich zu dem Zweck, das Anlassen grofser Motoren zu ermöglichen, da man diese von Hand nicht in die nötige Geschwindigkeit versetzen konnte, um die selbstthätig rechtzeitige
Wirkung des Zündrohres herbeizuführen.

Die aufserordentliche Einfachheit des Daimlerschen Zündrohres ist die Ursache gewesen, dafs die Zündung von vielen
Fabrikanten lange vor Ab-
lauf des Patentes benutzt
worden ist, ohne dafs man
sich einer Patentverletzung
so recht bewufst war. Erst
in den letzten Jahren des
Bestehens seines Patentes
hat Daimler diesen Eingriffen
gegenüber seine Rechte geltend gemacht.

Fig. 21 stellt den Zu-
sammenhang des selbst-
thätigen Zündrohres mit
dem Motor dar. Das Rohr
ist in der Nähe des Ge-
mischeintrittes anzubringen,
also dort, wo nach beendig-

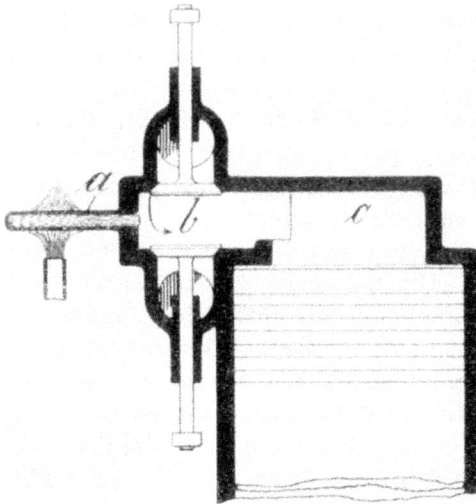

Fig. 21. Anordnung des selbstthätigen Zündrohres.

ter Ladungsaufnahme mit
Sicherheit auf das Vorhandensein zündbaren Gemisches gerechnet
werden kann. Die selbstthätige Wirkung des Rohres kommt in
folgender Weise zu stande: Durch die sackgassenartige Form
des Zündrohres a wird bewirkt, dafs sein Inhalt an der Einnahme
der neuen Ladung nicht teilnimmt. Während das frische Gemisch
in den Ventilraum b und den Laderaum einströmt, bleibt das
Innere des Zündrohres a mit Verbrennungsprodukten erfüllt; erst
während der Kompressionsperiode dringt das vor der Rohrmündung
im Laderaum lagernde »frische Gemisch« in das Innere des Rohres
und prefst die dort befindlichen Verbrennungsprodukte mehr und

mehr zusammen. Hat die Kompression einen gewissen Grad erreicht, so kommt das zündbare frische Gemisch an die Stelle des
Rohrinnern, welche in Glut gehalten wird, und kann sich hier entzünden. Man sollte nun meinen, daſs die Zündung sich jetzt unmittelbar nach rückwärts, durch das Rohr hindurch der Ladung
mitteile, daſs also die Zündung der Ladung in dem Moment erfolgen müsse, wo das frische Gemisch die Glühzone im Rohre erreicht; dem ist aber nicht so. Die Praxis ergibt, daſs die Zündung
erst bei beendigter Kompression oder kurz zuvor eintritt. Hierdurch kennzeichnet sich das Wesen des Daimlerschen Zündrohres.

Die volle Umdrehungsgeschwindigkeit vorausgesetzt, verharrt
das im Rohr entzündete Gemisch, bis es Zeit zum Zünden ist. Eine
Erklärung dieses Vorganges ergibt folgende Betrachtung:

Sobald sich das Gemisch im Zündrohr an der Glühzone entzündet hat, ist die entzündete Schicht der Einwirkung zweier Kräfte
unterworfen; die eine ist die Energie, mit welcher sich die Zündung
von Brennstoffteilchen zu Brennstoffteilchen nach rückwärts fort-
pflanzen will, die andere die Energie, mit welcher das frische Gemisch während der Kompressionsdauer des weiteren in das Rohr
hineingedrängt wird. Solange nun die Geschwindigkeit, mit der das
Gemisch in das Rohr eindringt, noch gröſser wie die Brenngeschwindigkeit ist, verbleibt die brennende Schicht im Rohr, erst
wenn sich der Arbeitskolben dem toten Punkt nähert und die
Schnelligkeit der Kompressionssteigerung abnimmt, beginnt die
brennende Schicht ihre Bewegung nach dem Laderaum zu und
leitet die Zündung dort ein.

Je nach der Länge des Zündrohres, je nach der Entfernung
des Glühortes vom Laderaum, wird letzterer früher oder später
erreicht und die Zündung seines Inhaltes vermittelt.

Vorausgesetzt für diese Wirkungsweise des Glührohres ist, daſs
sein Querschnitt eine gewisse Weite nicht überschreite, daſs das
Eindringen des Gemisches in das Zündrohr im vollen Querschnitt
gleichmäſsig erfolge. Ist das Rohr zu weit, so können sich Wirbel
und Gegenströmungen im Rohr bilden, der Beginn der Zündung
schwankt hin und her und die Motoren lassen sich schwer an, weil
die Zündungen bei langsam gedrehter Maschine meistens viel zu
früh kommen. Je enger der Querschnitt des Zündrohres gewählt
wird, um so regelmäſsiger erfolgt die Zündung zur rechten Zeit.
Die vorstehende Erklärung der Wirkungsweise des selbstthätigen
Zündrohres gewinnt an Deutlichkeit, wenn man beachtet, daſs

die Verbrennungsgeschwindigkeit dünner Gemische eine sehr geringe ist.

Nach den Versuchen von Malard & Le Chatelier hat das für »vollkommene Verbrennung« zusammengesetzte Gemisch aus Leucht- gas und Luft nur eine Brenngeschwindigkeit von 2,6 m in der Sekunde. Mit abnehmendem Gasgehalt nimmt die Brenngeschwindig- keit sehr schnell ab, so daß man bei Verwendung ganz dünner Gemische die im Rohr brennende Flamme als leuchtenden Schein langsam herniederschweben sieht, wenn der Versuch in Glasröhren angestellt wird.

Das in das Zündrohr gedrängte Gemisch verdünnt sich nun gleichfalls mit den im Rohr befindlichen Rückständen, bevor es an den Zündort gelangt, und erklärt sich so die geringe Brenngeschwin- digkeit, welche im Rohr herrschen muß, damit es in der beschriebenen Weise wirken kann.

Daß Störungen im gleichmäßigen, kolbenartigen Vordringen des Gemisches im Rohr die Rechtzeitigkeit der Wirkung beein- flussen, ist schon erwähnt. Aus diesem Grunde wirkt das stehend angeordnete Zündrohr besser wie das liegende, denn in letzterem werden sich, namentlich wenn es einen großen Querschnitt hat, leichter Gegenströmungen und Wirbel bilden können. Hinsichtlich der Abmessungen der Glührohre finden sich außerordentlich große Abweichungen.

Fig. 22 (siehe Seite 65) zeigt in natürlicher Größe das Zündrohr, mit welchem die ersten Benzinmotoren der Körtingschen Fabrik versehen waren.

Fig. 23 zeigt das Zündrohr, wie es jetzt von derselben Fabrik benutzt wird.

In Fig. 25 ist das größte in Porzellan ausgeführte Zündrohr dargestellt, welches der Verfasser zu Gesicht bekommen hat. Das- selbe wurde mittels einer Stichflamme nur auf einem Teil seines Umfanges erwärmt.

Fig. 24 zeigt die Abmessungen eines Zündrohres, wie es jetzt häufig benutzt wird.

Aus diesen verschiedenartigen Abmessungen der Zündrohre ist zu ersehen, was sich dieser Apparat gefallen läßt, wie unab- hängig er in seiner Wirkung ist, denn alle diese Rohre sind im praktischen Gebrauch.

Als Herstellungsmaterialien für Zündrohre sind im Gebrauch: das Porzellan, das Platin und das Nickel.

Das Porzellan hat die gute Eigenschaft, schnell die Glühhitze anzunehmen und zu bewahren; es widersteht den chemischen Einwirkungen der Heizflamme und ist billig. Dagegen ist es leicht zerbrechlich und zerspringt, wenn Wasser oder Öl von innen oder außen gegen die glühenden Wandungen spritzt. Die Porzellan-Zündröhrchen sind für stationäre Motoren allgemein im Gebrauch.

Das Platin ist widerstandsfähig gegen mechanische Einwirkungen, aber sehr teuer; es findet bei den Wagen- und Bootsmotoren Anwendung.

Nickel widersteht den Einwirkungen der Flamme nicht so lange wie Platin und ist weniger im Gebrauch.

Bei den Bemühungen, für den Wagen- und Fahrradbetrieb Motoren von möglichst geringem

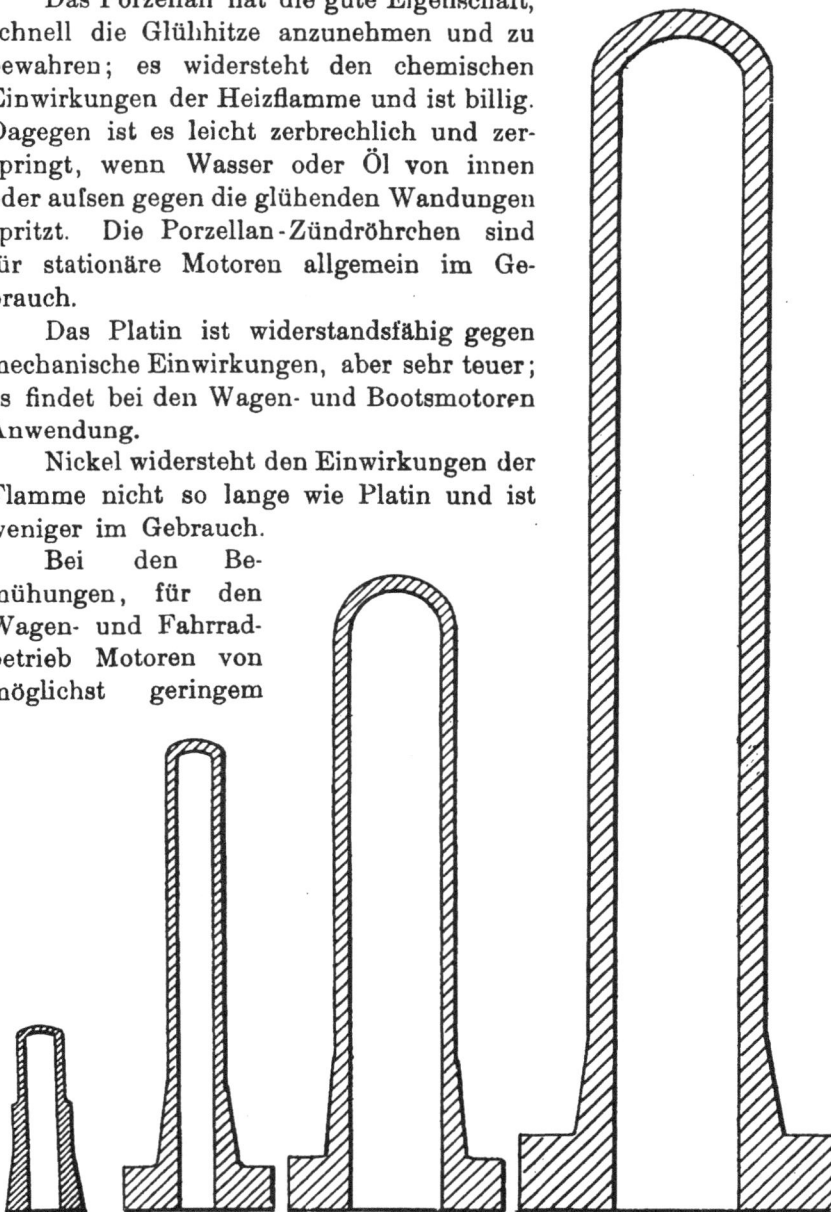

Fig. 22.
Körtings altes
Zündrohr.

Fig. 23.
Körtings neues
Zündrohr.

Fig. 24.
Vielfach benutzte
Zündrohrform.

Fig. 25.
Größtes Porzellan-
Zündrohr.

Gewicht zu bauen, ist man nach und nach zu immer gröfseren Umdrehungsgeschwindigkeiten übergegangen. Im Jahre 1894 beim Erscheinen der ersten Auflage dieses Werkes hielt man die mit 700 Umdrehungen pro Minute laufenden kleineren Daimler-Motoren schon für ein Wagstück; heute gibt es Fahrradmotoren, die mit 2000 Touren laufen.

Für solche Schnellläufer zeigte sich die Glührohrzündung als zu träge. Was für langsam laufende Motoren als wertvoll zu be-zeichnen war, das Verharren der Flamme im Zündrohr bis zur Beendigung der Kompression, das erwies sich bei schnelllaufenden als schädlich. Die Zündung verspätet sich so, dafs Zündrohre überhaupt nicht mehr verwendbar sind. Hier offenbarte die elek-trische Zündung ihre wertvollen Eigenschaften. Mit Leichtigkeit kann man bei ihr den Moment der Zündung verlegen und ihn genau so einstellen, wie er für die jeweilige Umdrehungsgeschwin-digkeit der vorteilhafteste ist.

Auch im Grofsmotorenbau erwies sich die Glührohr-zündung als nicht ganz den Anforderungen entsprechend. Je gröfser die Abmessungen des Laderaumes werden, um so mehr mufs der Zündmoment vor dem toten Punkt liegen, und das ist eine Forderung, die die Glührohrzündung nicht genügend erfüllt. Gröfsere und grofse Motoren sind also ebenfalls mit elektrischer Zündung auszurüsten.

Wie bekannt, wurde die elektrische Zündung schon von Lenoir, dem Erfinder und Erbauer des ersten betriebsfähigen Gasmotors, an seiner Maschine angewandt.

An und für sich hatte diese Zündung schon damals genügende Betriebssicherheit gezeigt und waren es nur die Unvollkommenheiten der zur Stromerzeugung und Funkenbildung dienenden Apparate gewesen, welche diese Zündmethode in Mifskredit brachten; sobald die Elektrotechnik in dieser Hinsicht Vollkommeneres bot, zeigten sich auch wieder Bestrebungen, den elektrischen Funken für Zün-dungszwecke dienstbar zu machen; bot er doch Gelegenheit, das Zündmittel an jedem Ort des Laderaumes, zu jeder beliebigen Zeit, ohne Verwendung von Schiebern, Ventilen oder anderen empfind-lichen Abschlufsorganen wirken zu lassen. Das sind Eigenschaften, die keine andere Zündmethode bieten kann.

Schon wenige Jahre nach Erfindung der Dynamomaschine sehen wir diesen neuen Stromerzeuger bei den alten Benzschen Gas- und Benzinmotoren im Gebrauch. Mittels einer Treibschnur wurde hier

eine kleine Dynamomaschine vom Schwungrad des Motors angetrieben, der erzeugte Strom einem Funkeninduktor zugeführt und
die hier gebildeten hochgespannten Ströme zum Zünden benutzt.

Wie in Fig. 26 angedeutet, trat der vom Induktor kommende
Strom von *a* aus durch die isolierende Porzellanhülse *g* in das Innere
des Laderaumes, übersprang als Funkenschar die Räume zwischen
den Spitzen *d e* und nahm seinen
Rückweg durch die leitenden Eisen-
wandungen und den Draht *b* zum
Induktor zurück.

Dynamo und Induktor waren
unausgesetzt in Thätigkeit, der
Strom cirkulierte also nicht nur
zur Zeit der Zündung. Solange
der Funke nicht im Innern des

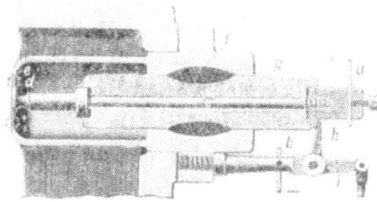

Fig. 26. Elektrische Zündvorrichtung
älterer Art.

Laderaumes bei *e d* überspringen sollte, mußte man ihm eine
andere Bahn schaffen; diese führte durch den Winkelhebel *h i*
nach der Rückleitung *b*. Kurz vor dem Zündmoment wurde der
Hebel *h* durch die Steuerung gehoben und der Funke sprang innen
über, sobald der Abstand des Hebels *h* von seiner leitenden Auflage
größer wie die Entfernung der Spitzen *d e* wurde.

Ein weiterer Schritt zur Vervollkommnung der elektrischen
Zündung war es, als man an Stelle der dauernd betriebenen Dynamomaschine einen magnetelektrischen Stromerzeugungsapparat setzte,
der nur im Moment der Zündung Strom erzeugte und dann gleich
von so hoher Spannung, daß der Induktionsapparat entbehrt
werden konnte.

Diese »magnetelektrischen Zündapparate« kamen zuerst bei
den Benzinmotoren der Deutzer Gasmotorenfabrik in Anwendung
und entstammten, soviel dem Verfasser bekannt ist, schon damals
der elektrotechnischen Fabrik von R. Bosch in Stuttgart.

Es kann wohl angenommen werden, daß die Glührohrzündung
bei den Benzinmotoren zu jener Zeit durch die elektrische Zündung
ersetzt wurde, um die Feuersgefahr, welche die offen brennende
Heizflamme mit sich brachte, zu beseitigen. Wollte man in diesem
Vorhaben konsequent sein, so mußte bei der elektrischen Zündung
auch jede äußere Funkenbildung vermieden werden; diese tritt
nämlich ein, wenn der Zündmechanismus nach Art der Fig. 26
ausgeführt wird; hier springt der Funken zuerst außen zwischen
dem sich hebenden Hebel *h* und seiner Auflage über, erst wenn

der Abstand des Hebels von seiner Auflage gröfser wie der der innen
liegenden Spitzen *d e* wird, verlegt sich die Funkenbildung nach
innen. Mit Anwendung der magnetelektrischen Zündung wurde
also auch der sogenannte Kontakthebel in das Innere des Laderaumes verlegt, damit war die Feuergefahr ganz ausgeschlossen,
eine neue Abdichtungsstelle — die der Kontakthebelspindel — war
allerdings mit in den Kauf zu nehmen.

Für Motoren, bei welchen die äufsere Funkenbildung keine
Gefahr bildet, könnte man es ruhig einmal wieder mit dem äufseren
Kontakthebel versuchen, die Dichtung der Kontakthebelspindel ist
dann vermieden und man hat in den äufsern Funken ein Kennzeichen, dafs der Strom cirkuliert.

Der magnetelektrische Apparat besteht aus einem kräftigen
Hufeisenmagneten, zwischen dessen Schenkeln ein mit einer Drahtspule umgebener I Anker drehbar gelagert ist. Jedesmal, wenn
bei der Drehung des Ankers die »Kraftlinien« des Magneten von den
Windungen der Spule geschnitten werden, entsteht in letzteren ein
elektrischer Strom, der um so stärker ist, je schneller die Drehbewegung des Ankers ausgeführt wird.

Führt man nun die Enden der Drahtspule als geschlossenen
Leiter durch den Laderaum des Motors, richtet die Drehbewegung
des Ankers so ein, dafs die Windungen seiner Spule im Zündmoment die meisten »Kraftlinien« des Magneten schneiden, und
unterbricht zu dieser Zeit auch die Leitung am Zündort, so kommt
es an der Unterbrechungsstelle zu einer kräftigen Funkenbildung,
welche die Entzündung der Ladung sicher einleitet. Bei Konstruktion der Steuerung für die Zündung sind also folgende Bedingungen
zu erfüllen :

Im Moment der Zündung müssen die Drahtwindungen des
Ankers die Kraftlinien des Magneten mit gröfster Geschwindigkeit
schneiden und gleichzeitig die Leitung am Zündort mit gröfster
Schnelligkeit unterbrochen werden. Die schnellen Bewegungen der
Zündorgane sollen nicht nur während der normalen Umdrehungsgeschwindigkeit, sondern auch bei den langsamen Drehungen des
Motors, wie sie beim »Anlassen« zur Ausführung kommen, vorhanden sein. Man kann die Zündung also nicht direkt von
der Steuerwelle des Motors aus betreiben, sondern die Steuer-
organe müssen unabhängige, gleichmäfsig schnelle Bewegungen
machen, zu deren Einleitung die Steuerwelle des Motors nur aus-
lösend wirkt.

Wie wir aus den Beschreibungen der einzelnen Benzinmotoren im sechsten Kapitel sehen werden, sind die schnellen unabhängigen Bewegungen der magnetelektrischen Zündorgane durch Federn bewirkt, die vor der Steuerung gespannt und im Zündmoment freigegeben werden.

Es kommen nicht volle Drehbewegungen, sondern nur Schwingungen um verhältnismäßig kleine Winkel zur Anwendung.

Da nur die Teile der Ankerbewegung stromerzeugend wirken, bei welchen die »Kraftlinien« des Magneten geschnitten werden, so genügt eine Schwingung des Ankers um 50°.

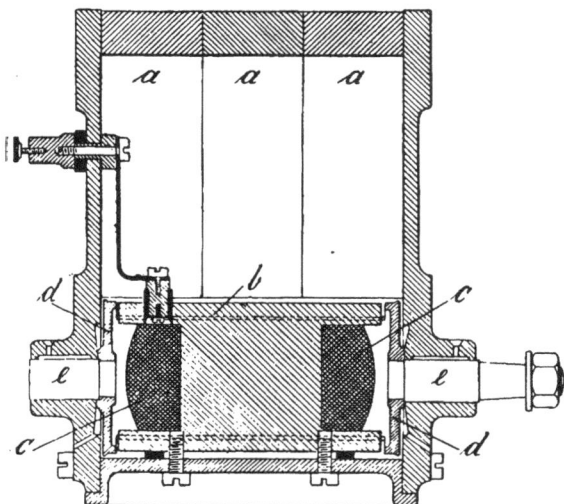 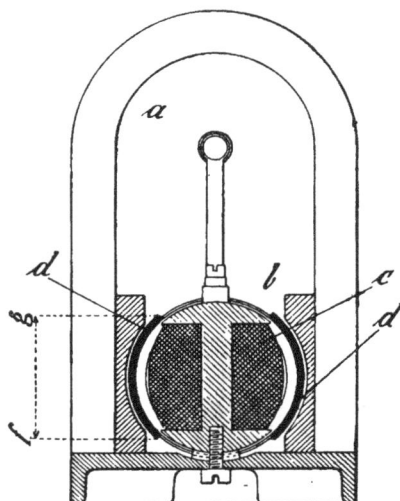

Fig. 27.   Fig. 27 a.

Magnetelektrischer Zündapparat von Bosch.

Störend bei den hin- und herschwingenden Bewegungen des Ankers wirkt dessen erhebliches Gewicht; Federn und Gelenke nützen sich stark ab.

Die Bemühungen, den magnetelektrischen Apparat in dieser Beziehung zu vervollkommnen, haben Bosch darauf geführt, nicht den schweren Anker, sondern leichte »Polschuhe« des Magneten zu bewegen.

In Fig. 27 und 27 a ist dieser verbesserte magnetelektrische Apparat dargestellt: *a* sind die Magnete, *b* ist der feststehende *I* Anker, *c c* die Drahtspule. *d d* sind die leichten Polschuhe, welche in schwingende Bewegung zu versetzen sind; sie werden aus einer

dünnwandigen Büchse gebildet, an deren Böden *d d* die Drehzapfen *e e* befestigt sind. Der Mantel der Büchse ist an gegenüber-
liegenden Seiten so weit ausgeschnitten, dafs nur die Streifen *f g*
übrig bleiben. Diese Streifen stellen die beweglichen Polschuhe
dar. Gewissermafsen sind hier also die Kraftlinien der bewegliche
Teil, während es sonst die Windungen der Ankerspule waren.

Das Gewicht der schwingenden Massen des Apparates ist durch
diese Konstruktion ganz erheblich vermindert, und gestalten sich
die Bedingungen für seinen Antrieb erheblich günstiger.

Wagenmotoren können mit der Kurbel so schnell angedreht
werden, dafs man davon absehen kann, die Schwingungen des
Apparates durch eine abschnellende Feder zu bewirken. Die Bewegung kann dann in direktem Zusammenhang mit der Steuerwelle
des Motors erfolgen.

Der Stillstand des Ankers mit seinen Wickelungen, die Aus-
schnitte der Polschuhbüchse im Verein mit ihrem kleinen Schwin-
gungswinkel ermöglichen bei dem neuen Boschschen Apparat direkte
Stromabnahme von dem Draht der Ankerspule, wie aus der Fig. 27
ersichtlich. Würde man den Anker oder die Polschuhe volle Drehungen
machen lassen, so müfste das Ende der
Ankerwickelung an den Drehzapfen geführt werden und der Strom durch ein
auf der Stirn des Zapfens schleifendes
Kontaktstück abgenommen werden.

Von besonderer Wichtigkeit bei der
magnetelektrischen Zündung ist die Art
der Einführung und Unterbrechung des
Stromes. In Fig. 28 ist eine Einrichtung
dargestellt, wie sie vielfach ausgeführt
wird.

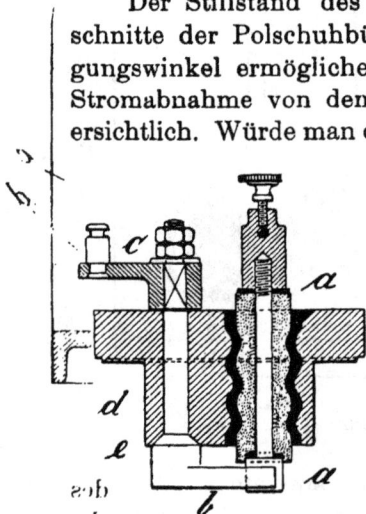

Fig. 28. Kontakthebelbewegung für
magnetelektrische Zündung.

Vom Apparat tritt der Strom durch
den isolierten »Kontaktstift« *a* in den
Laderaum, geht von hier auf den sich
gegen *a* lehnenden »Kontakthebel« *b* über und weiter durch die Metall-
wandungen des Motors nach dem Apparat zurück. Im Zündmoment
wird der Kontakthebel von aufsen durch eine gegen den Hebel *c*
stofsende Stange oder einen Schlaghebel von *a* »abgerissen«, so
dafs der in Cirkulation begriffene Strom als Funke überspringt.
Da der Strom seine gröfste Spannung hat, wenn die Ankerwickelung von der gröfsten Kraftlinienzahl durchschnitten wird,

so ist es von Wichtigkeit, daſs das Abreiſsen genau in diesem Moment und mit gröſster Schnelligkeit erfolge. Die Spindel *d* des Kontakthebels ist dichtend durch die Wandungen des Laderaumes zu führen. Da eine Stopfbüchse die leichte Beweglickeit der Spindel hindern würde, so führt man einen Schleifflächenabschluſs durch den konischen Ansatz *e* herbei, welcher durch den Druck im Laderaum dichtend auf seinen Sitz gepreſst wird.

Um den Stift *a* und Hebel *b* jederzeit schnell auf leitende Berührung kontrollieren zu können, sind dieselben in einem besonderen Stutzen gelagert, der durch Lösen seiner Befestigungsmuttern vom Laderaum entfernt werden kann.

Die Hebel *b* und *c* sind mit der Spindel *d* sehr solide und fest zu verbinden, andernfalls lockern sie sich durch die starken Stöſse der Stoſsstange oder des Abschlaghebels sehr bald. Wie bekannt, hat die Zündung des mit voller Umdrehungsgeschwindigkeit laufenden Motors erheblich früher zu erfolgen wie beim »Anlassen«. Das Zurückschnellen der Polschuhbüchse oder des Ankers sowie das Abschlagen des Kontakthebels muſs also zu verschiedenen Zeiten während des Ganges erfolgen können.

Dabei muſs gröſste Stromspannung und Abschlagen des Kontakthebels immer zur gleichen Zeit eintreten. Solange man Anker und Abschlagvorrichtung gemeinsam durch eine abschnellende Feder bewegt, trifft dies zu. Bewegt man dagegen den magnetelektrischen Apparat direkt von der Steuerwelle und ändert allein die Abschlagzeit für den Kontakthebel, so hat man die Funkenbildung nicht mehr zur Zeit der gröſsten Stromspannung, und man muſs sich darauf gefaſst machen, daſs Zündungen ausfallen, wenn das Abschlagen des Kontakthebels zu weit vorgelegt wird. Das Maſs der Verlegung des Zündmomentes ist abhängig von der Tourenzahl des Motors, von der Stärke des verwandten Gemisches, von der Konstruktion des Abschlagmechanismus und von der Gröſse des Motors. Je schneller der Motor läuft, je schwächer das Gemisch ist, je schwerer die bewegten Teile des Abschlagmechanismus sind und je gröſser der Motor ist, um so mehr ist die Zündung vorzulegen.

Als Isolierung für den Kontaktstift benutzte man früher allgemein Porzellan. Die Befestigung dieser Porzellanhülse im Zündstutzen ist für den Uneingeweihten nicht leicht auszuführen, die Hülsen können bei unvorsichtiger Behandlung Sprünge bekommen, die, falls sie in der Einbettung im Zündstutzen liegen, schwer aufzufinden sind. Bosch hat sich daher emaillierte Eisenstifte

schützen lassen; dieselben haben die in Fig. 29 dargestellte Form
und werden oben und unten mit Asbestscheiben gedichtet. Im
Notfall kann man einen metallenen Kontaktstift auch direkt mit
Asbestschnur isolieren. Der Motor darf dann aber nicht feuchter
Luft ausgesetzt sein. Der Asbest zieht die Feuchtigkeit sehr stark
an und wird dadurch leitend. Die Asbest-
isolierung ist also immer nur im Notfall zu verwenden.

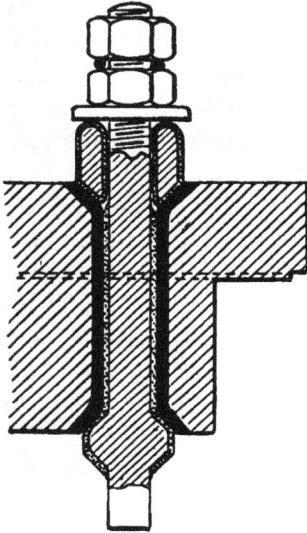

Bei größeren stationären Motoren
findet man häufig, daß die Abmessungen
des Zündmechanismus in gleichem Verhältnis mit den übrigen Konstruktionsteilen der Maschine vergrößert sind; das
ist nicht nur überflüssig, sondern sogar
schädlich, denn je stärker man die Kon-
takthebelspindeln, Abschlaghebel, Stoß-
stangen u. s. w. macht, um so träger
werden sie in ihren Bewegungen, um so
stärker müssen die Stöße werden, welche
beim Abreißen des Kontakthebels entstehen; die Isolierung, die Befestigung
der Hebel auf der Kontaktspindel und
die Dichtigkeit derselben im Zündstutzen
leiden hierdurch sehr.

Fig. 29. Emaillierter Kontaktstift
von Bosch.

Durch »Bergmanns Industriewerke« in Gaggenau wird in neuerer
Zeit für Wagenmotoren ein magnetelektrischer Apparat in den
Handel gebracht, bei dem die schwingende Bewegung aufgegeben
und an Stelle derselben volle Drehbewegung des Ankers eingeführt ist. Der Apparat kann für Viertaktmotoren direkt mit der
Steuerwelle, bei Zweitaktmotoren direkt mit der Kurbelachse ge-
kuppelt werden.

Funkenbildung von genügender Stärke tritt ein, wenn der
Apparat mindestens 30 Umdrehungen per Minute macht. Auch
für das Bestehenbleiben günstiger Spannungsverhältnisse in der
Stromerzeugung bei Verlegung des Zündmomentes ist bei diesem
Apparat gesorgt. Zwischen den Magnetschenkeln und dem beweglichen Anker sind verdrehbare Polschuhe angebracht, durch
deren Verstellung man die Zeit des Eintrittes stärkster Spannung
mit der verlegten Zeit für den Kontakthebelabschlag in Einklang
bringen kann. Werden die Mechanismen für die Bewegung der

Polschuhe mit denen für Verlegung des Abschlaghebels zweckentsprechend verbunden, so kann der Zündmoment durch einen Hebelgriff verlegt werden, ohne daſs die Stärke der Funkenbildung leidet.

Sechstes Kapitel.

Neuere stationäre Benzinmotoren.

Benzinmotor, gebaut von der Daimler-Motorengesellschaft in Cannstatt.

Der Motor arbeitet mit Karburator, Glührohrzündung und Regulierung durch Aussetzen der Ladung.

Die Konstruktion des in Fig. 30 dargestellten Karburators ist eine eigenartige. Damit das Sättigungsvermögen der Luft bei kalter und warmer Witterung stets gleich erhalten bleibe und auch schon beim Anlassen die gleichmäſsige Temperatur besitze, wird die Luft vor ihrem Eintritt in den Karburator angewärmt und zwar dadurch, daſs sie durch eine Ummantelung des Auspuffrohres und über die Heizflamme für das Zündrohr geleitet wird. Die von der Luft zu durchstreichende Benzinschicht hat immer dieselbe Höhe. Wie aus der Fig. ersichtlich, ist das Lufteinführungsrohr teleskopartig ausgebildet; mit seinem beweglichen Teil c ist es in der trichterartigen Öffnung T des Schwimmers K befestigt. Da letzterer immer bis zu bestimmter Tiefe in das Benzin eintaucht, so sammelt sich in T eine Flüssigkeitsmenge von stets gleicher Höhe an, und die Luft hat beim Durchstreichen derselben immer den gleichen Druck zu überwinden. Bei dem mit voller Geschwindigkeit laufenden Motor dringt die Luft mit groſser Energie durch die siebartigen Durchbrechungen o in das Benzin, reiſst einen Teil desselben in flüssiger Form mit sich und wirft es gegen die Fangschirme d und e, von wo die noch nicht voll gesättigte Luft die Flüssigkeit in Dampfform mitnimmt.

Diese Absonderung flüssigen Benzins vom Gesamtvorrat an den Fangschirmen bewirkt, daſs fast alle Bestandteile desselben, die leicht und schwererflüchtigen, gleichzeitig zur Verdampfung herangezogen werden. Die Drahtgazeschicht n und ein Sicherheitsventil am Motor, welches zwischen Benzinverdampfer und Einlaſsventil eingeschaltet ist, verhindern bei etwaigen »Rückschlägen« ein Eindringen der Flamme in das Innere des Benzinraumes.

In Fig. 31 und 32 ist der Motor dargestellt, er ist als vertikale Kapselmaschine gebaut. Ein- und Auslaſsventil sind in demselben

Gehäuse übereinander liegend angebracht. In dem zwischen beiden Ventilköpfen verbleibenden Raum mündet das Zündrohr Z Fig. 32.

Die mit Benzindämpfen gesättigte Luft strömt vom Karburator durch Rohr T Fig. 31 nach dem Gemisch-Regulierhahn S, wo von außen so viel Luft zugeführt wird, wie zur Bildung guten Explosionsgemisches gehört.

Die Einregulierung erfolgt nach jedem Anlassen, so daß allen Änderungen des Mischungsverhältnisses, welche sich aus Temperaturwechsel und Feuchtigkeitsgehalt der Luft und Schwankungen in der Benzinqualität ergeben, sofort Rechnung getragen werden kann. Über dem Einlaßventil ist das bereits erwähnte Sicherheitsventil R Fig. 32 mit schwacher Federbelastung angeordnet, aus dem die etwa noch flammenden Verbrennungsprodukte sofort ins Freie entweichen können, falls eine vorzeitige Entzündung der Ladung bei geöffnetem Einlaßventil eintreten sollte.

Die Geschwindigkeitsregulierung erfolgt durch periodisches Aufhalten des Auslaßventiles und damit zusammenhängendem Ausfallen des Ansaugens neuer Ladung. Der in der Riemscheibe untergebrachte Centrifugal-Regulator K (Fig. 32) stößt bei Überschreitung der normalen Geschwindigkeit mittels der Stange g Fig. 31 die Klinke f vor und stützt das Auslaßventil in gehobener Stellung ab. Zu den Zeiten, wo sich sonst das Auslaßventil öffnet, lüftet der

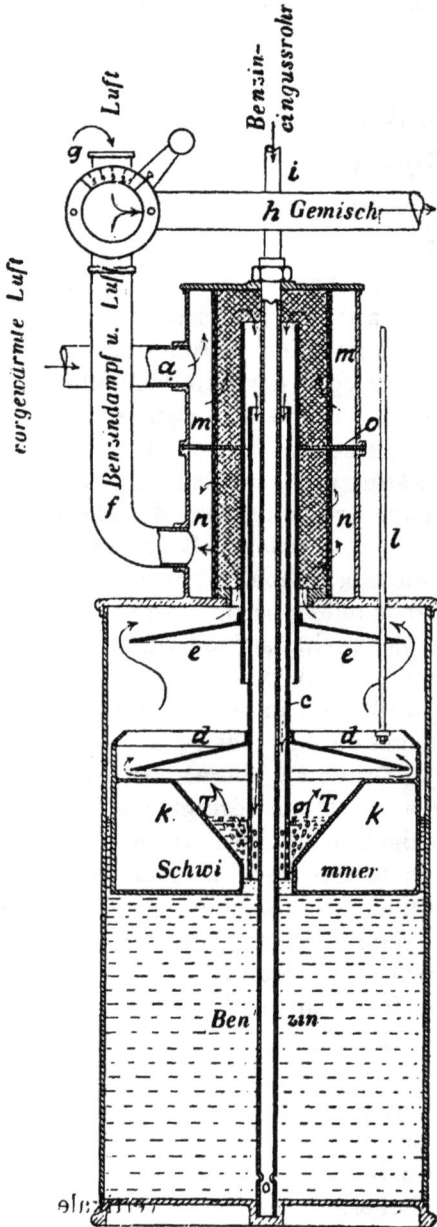

Fig. 30. Detailirter Benzin-Verdampfapparat.

Benzin

Benzinvorrath
f. d. Lampe

Luft

Auspuff

kalte Luft

L

warme Luft

S

Gemisch

T

Gemisch-
Regulierung

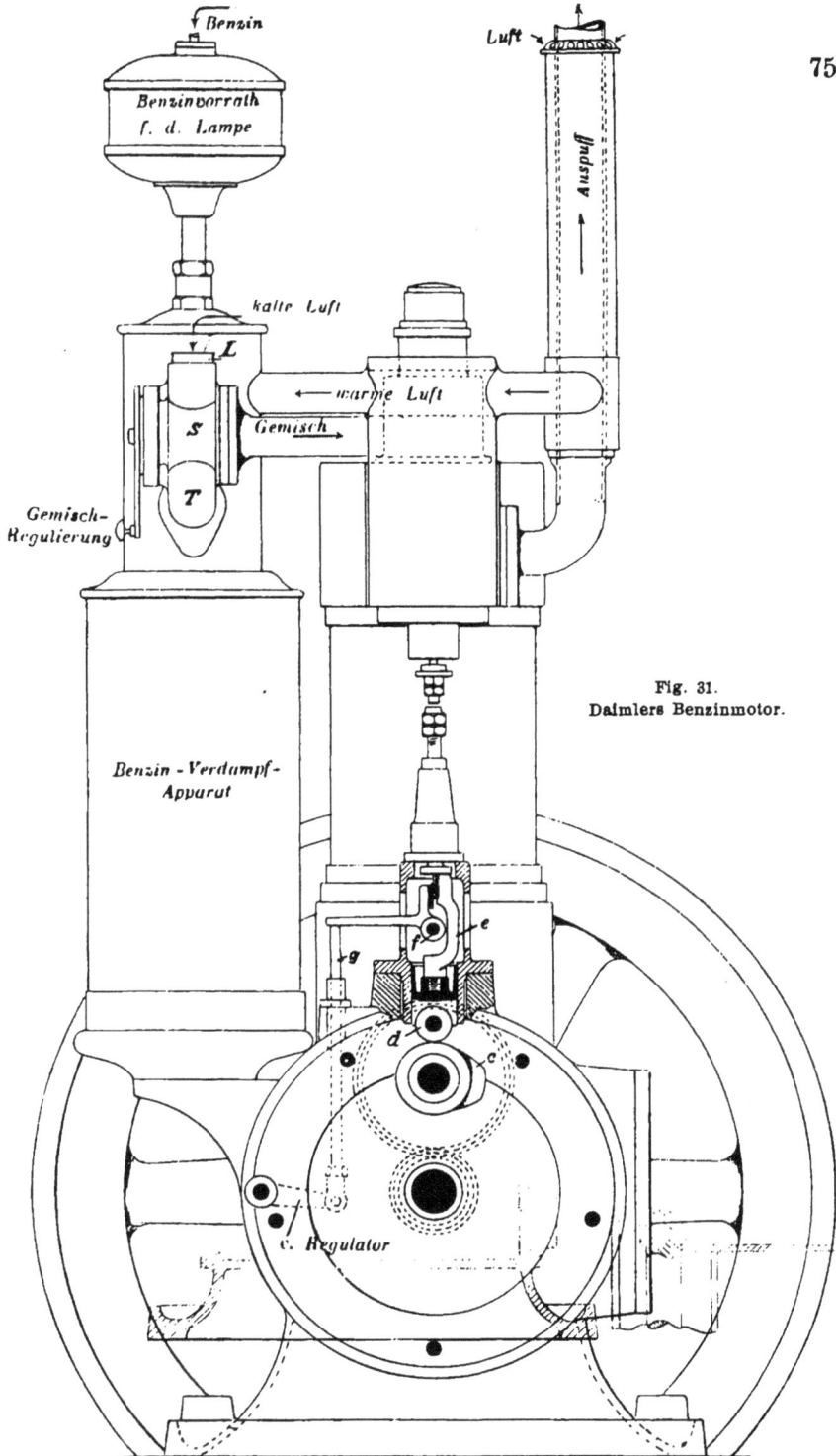

Fig. 31.
Daimlers Benzinmotor.

Benzin - Verdampf-
Apparat

e

f

g

d

c

c. Regulator

Fig. 32.
Daimlers Benzinmotor.

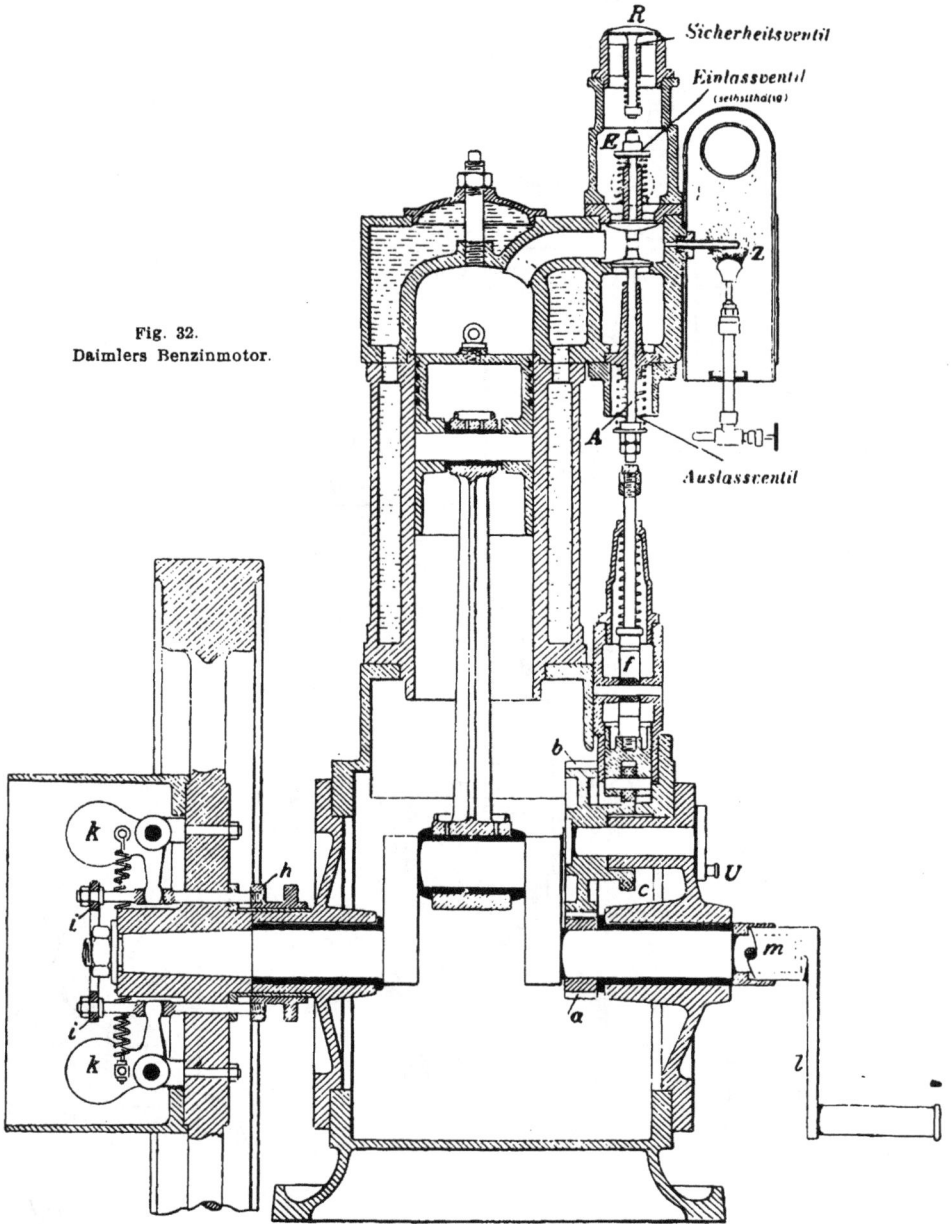

Daumen *c* das Ventilgestänge etwas, bringt es also aufser Berührung mit der Klinke *f*. Während dieser Lüftung ist der Regulator frei und läfst, falls die Geschwindigkeit wieder normal ist, die Klinke *f* zurückfallen; damit kommt das Auslafsventil von neuem in Thätigkeit, und neue Ladung und neue Kraftantriebe erfolgen.

Von weiterem Interesse an diesem Motor ist eine einfache Einrichtung, durch welche die bis dahin übliche, unbequeme Manier des Anlassens, den Schwungradkranz unter fortwährendem
Nachgreifen in Bewegung zu
setzen, zum ersten Male beseitigt wurde.

Auf dem freien Ende der
Kurbelwelle ist eine Handkurbel *l* so befestigt, dafs mit
ihr der Motor bequem in
schnelle Drehung versetzt
werden kann. Die Kurbel
setzt sich aber sofort aufser
fester Verbindung mit der
Welle, wenn der Motor in
Thätigkeit tritt und sich
schneller dreht, wie man mit
der Hand nachfolgen kann.

Wie aus Fig. 32 ersicht-
lich, ist die Nabe der Kurbel
auf der Stirnseite mit Schalt-
zähnen versehen, welche beim
Drehen hinter den Stift *m*
fassen und die Kurbelwelle
mitnehmen. Eilt dann der
Motor beim Anlaufen vor, so
wird die Kurbel vom Stift *m*
an den schrägen Flächen der
Schaltzähne zurückgeschoben,

Fig. 32a. Daimlers Benzinmotor.

aufser Eingriff mit *m* gebracht und kann unbehindert abgezogen werden.

Heute findet sich die »Anlafskurbel« an jedem Wagen- und Bootsmotor, selbst stationäre Motoren können damit sehr bequem angelassen werden,

In Fig. 32a ist ein Daimler-Motor in seiner neuesten Gestalt dargestellt.

Preise und Hauptdimensionen

von stationären Daimler-Motoren, mit Benzin, Petroleum, Spiritus, Gas und Acetylen arbeitend.

Eincylinder-Motoren, schnell laufend.

Nominelle Pferde-stärken		$\frac{1}{2}$	1	2	3	4	6	8	10	12	14	16	18
Preis des kompletten Motors . . . Mk.		850	1050	1325	1650	2000	2480	2900	3275	3600	3900	4250	4500
Umdrehungen pro Minute		540	540	540	480	480	480	420	420	420	360	360	360
Durchmesser d. Riemscheibe . . . mm		150	180	200	240	280	300	350	400	450	500	550	600
Breite der Riemscheibe . . . mm		140	160	180	200	220	240	260	260	280	280	300	300
Äufsere Raumdimensionen des ganzen Motors	Länge mm	580	650	740	800	830	960	1100	1150	1200	1250	1300	1300
	Breite »	580	600	700	800	850	925	1050	1100	1150	1200	1260	1260
	Höhe »	1050	1200	1360	1470	1600	1760	1950	2050	2150	2200	2250	2300
Gewicht des kompl. Motors . . . kg		180	235	310	400	500	700	1050	1200	1380	1650	1750	1870

Stationäre Eincylinder-Motoren, langsam laufend.

Nominelle Pferde-stärken		$\frac{1}{2}$	1	2	3	4	6	8	10	12
Preis des kompletten Motors . . . Mk.		950	1180	1485	1850	2275	2800	3285	3750	4150
Umdrehungen pro Min.		320	320	320	300	300	270	270	250	250
Durchmesser der Riemscheibe . . . mm		220	250	300	350	400	450	500	550	600
Breite d. Riemscheibe »		140	160	180	200	220	240	260	280	300
Äufsere Raumdimensionen des ganzen Motors	Länge mm	630	720	780	810	940	1080	1180	1300	1320
	Breite »	620	725	825	870	950	1100	1200	1280	1300
	Höhe »	1180	1400	1500	1620	1780	2000	2200	2320	2360
Gewicht des kompletten Motors . . . . kg		270	360	450	550	750	1100	1450	1750	2000

Stationäre Zweicylinder - Motoren, schnell laufend.

Nominelle Pferde-stärken		4	6	8	10	12	16	20	25
Preis des kompletten Motors . . . . Mk.		2600	3200	3900	4500	5200	6000	7000	8000
Durchmesser der Riem-scheibe . . . mm		200	250	300	350	400	450	500	600
Breite d. Riemscheibe »		160	180	200	220	260	300	300	300
Äufsere Raum-dimensionen des ganzen Motors	Länge mm	650	800	900	1000	1100	1250	1350	1450
	Breite »	560	700	844	925	1000	1100	1200	1300
	Höhe »	1000	1250	1450	1550	1650	1800	2000	2200
Gewicht des kompletten Motors . . . . kg		270	380	520	670	850	1190	1530	2120

Benzinmotor der Gasmotorenfabrik Deutz.

Der Motor wird in zwei Konstruktionen ausgeführt, entweder mit Karburator oder mit direkter Benzineinspritzung. Beide Arten arbeiten mit elektrischer Zündung, die Funkenbildung erfolgt nur im Innern des Cylinders.

Der Karburator ist in Fig. 33 und 34 dargestellt. *A* ist der Behälter zur Aufnahme des Benzins. Rohr *C* steht mit der äufseren Luft in Verbindung und endigt am Boden des Behälters *A* in einer Brause. Durch Raum *F*, Gehäuse *G* und Rohr *D* steht der Apparat mit dem Motor in Verbindung.

Beim Ansaugen des Arbeitskolbens macht sich das im Cylinder gebildete Vakuum auch im Behälter *A* geltend und veranlaßt die äußere Luft, den Druck der Flüssigkeitssäule zu überwinden, aus der Brause auszutreten und in feiner Verteilung die Benzinschicht zu durchstreichen, wie in Fig. 33 angedeutet. Die Luft ist dann derart mit Benzindämpfen gesättigt, dafs dies Gemisch mit leuchtender Flamme brennt. Um ein explosibles Gemisch zu erzeugen, wie es für den Motorenbetrieb geeignet ist, mufs man weitere Luft zusetzen; dies geschieht von dem Rohr *Q* Fig. 35 aus. Die Menge der zuzusetzenden Luft ist durch Hahn *B* regulierbar.

Wie bei den Gasmotoren, so kann es auch bei Benzinmotoren vorkommen, daß sich das soeben eintretende Gemisch an den noch brennenden Resten der voraufgegangenen Ladung entzündet, namentlich dann, wenn das Gemisch zu viel Luft enthält und zu langsam brennt. Die entzündeten Gase fahren dann mit mehr oder weniger starkem Knall durch das noch offene Einlafsventil heraus. Diese unter dem Namen »Durchschlag oder Rückschlag« bekannte Erscheinung könnte bei den mit Benzin-Verdampfungsapparaten arbeitenden Motoren zu einer unerwünschten Druckbildung im Benzinbehälter Veranlassung geben und ein Teil des Benzinvorrates aus dem Luftrohr herausgeschleudert werden, oder Flammenbildung im Innern des Benzinbehälters eintreten.

Um diese Vorkommnisse unmöglich zu machen, sind folgende Einrichtungen getroffen: Erstens ist die Rückschlagklappe *G* Fig. 33 angeordnet, welche sich bei jeder Überdruckbildung im Rohr *D* sofort schliefst; zweitens ist die Sicherheitsklappe *H* vorhanden, durch welche vorkommenden Falls die Verbrennungsprodukte der vorzeitig entzünde-

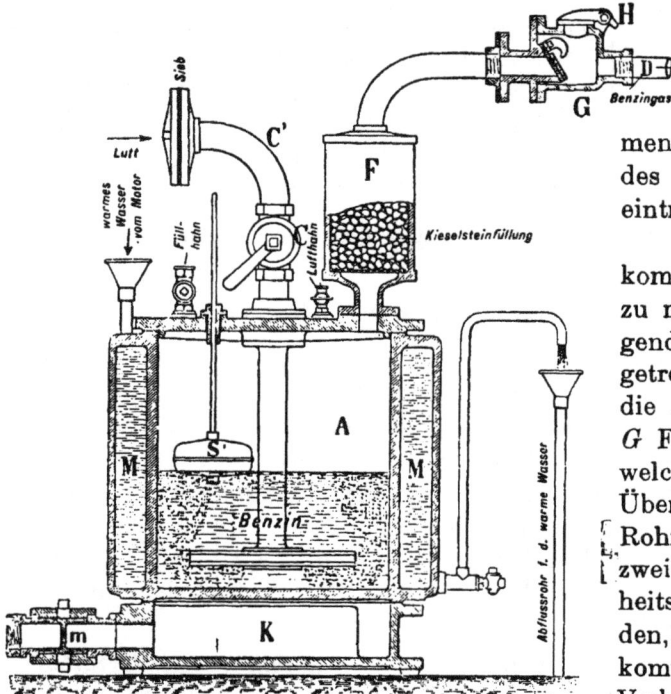
Fig. 33. Benzin-Verdampfapparat (Deutz).

ten Ladung entweichen können, ohne in den Benzinbehälter zu gelangen; drittens ist noch in das Verbindungsrohr des Motors mit dem Verdampfapparat der Behälter *F* eingeschaltet, welcher mit kleinen Kieselsteinen gefüllt ist, die ein weiteres Zurückbrennen der Flamme nach dem Benzinbehälter hin völlig unmöglich machen. Die Kieselsteinfüllung hat aufserdem noch den Zweck, mechanisch mitgerissenes flüssiges Benzin zurückzuhalten. Schliefslich ist die Mündung des Luftrohres *C* noch mit Drahtsieben überdeckt. Offene Flammen, welche zufällig in die Nähe von *C* gelangen sollten, können also nicht in das Innere des Benzinbehälters hineinschlagen.

Etwa auftretende Undichtigkeiten an der Benzinleitung können leicht Feuers- oder Explosionsgefahr herbeiführen. Die Entzündung des Benzins oder seiner Dämpfe kann in solchen Fällen durch die eigene Zündflamme des Motors, falls diese offen brennt, oder bei elektrischer Zündung, falls die Funkenbildung auch aufserhalb des Motors eintritt, herbeigeführt werden.

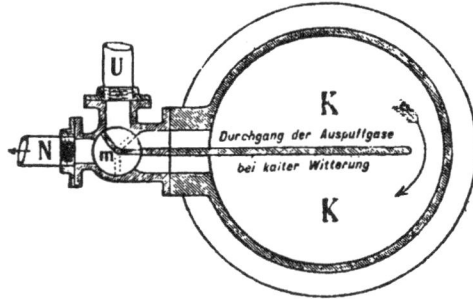

Fig. 34. Benzin-Verdampfapparat (Deutz).

Auch diese Gefahr ist bei dem Deutzer Benzinmotor beseitigt. Er ist mit einer elektrischen Zündvorrichtung ausgerüstet, bei welcher die Funkenbildung nur im Innern des Cylinders stattfindet.[1]

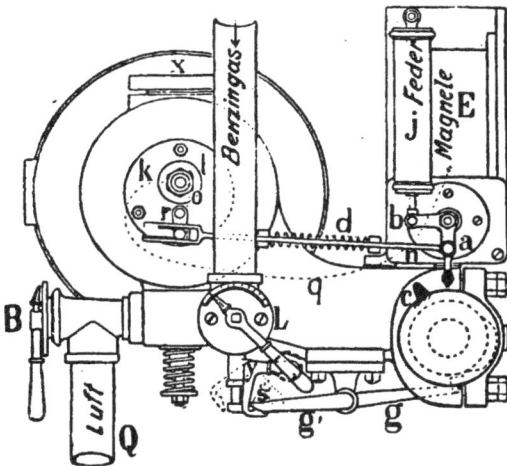

Fig. 35. Deutzer Benzinmotor (hintere Ansicht).

Der Strom für die elektrische Zündung nimmt folgenden Weg: vom magnetelektrischen Apparat, wie durch eine punktierte Linie angedeutet, nach der Klemmschraube l Fig. 35 und 36, von hier durch den isolierten Stift S in das Innere des Cylinders, dann durch den sich an S lehnenden Kontakthebel O, durch das leitende Material des Motors hindurch nach dem magnetelektrischen Apparat zurück.

Im Moment der Stromerzeugung wird der Kontakthebel durch die Steuerung vom Stift S um ein Geringes abgeschlagen und bilden sich zwischen dem Stift S und dem früheren Auflagepunkt des

---

[1] Nach Wissen des Verfassers war die Deutzer Gasmotorenfabrik die erste, welche magnetelektrische Zündapparate, die ja heute auch bei vielen Gasmotoren angebracht sind, anwendete. Bis dahin hatte man sich mit kleinen, vom Motor bewegten Dynamomaschinen geplagt.

Hebels in schneller Folge Funken, welche die Zündung bewirken.
Als Maſs für die Oscillation des Ankers reicht ein Winkel von 50⁰
aus; die Bewegung des Ankers wird dadurch veranlaſst, daſs der an
der Steuerwelle befestigte Daumen *c* gegen den Arm *α* des Winkelhebels *α b* stöſst, ihn eine Strecke Wegs mitnimmt und dann abschnappen läſst. Hierdurch schnellt die in der Büchse *J* liegende
Feder den Anker mit groſser Geschwindigkeit zurück. Durch
den Hebel *a* wird
gleichzeitig auch der
Kontakthebel *O* ver-
mittelst der Zug-
stange *d* und des He-
bels *r* bewegt, so daſs
zur Zeit der Stromer-
zeugung auch der Kon-
takthebel vom Stift *S*
abgeschlagen wird und
Funkenbildung statt-
findet.

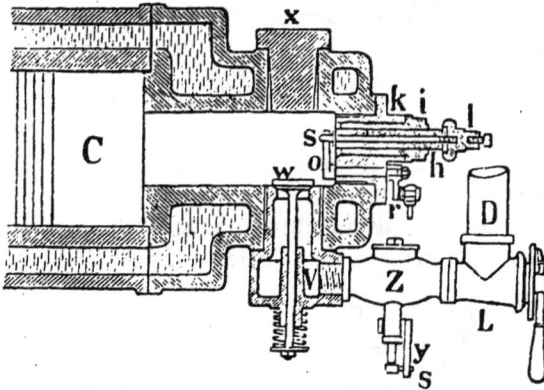

Fig. 36. Deutzer Benzinmotor (Längsschnitt d. d. Laderaum.)

Im Kapitel über
Zündvorrichtungen
sind der magnetelektrische Apparat und verschiedene Arten seiner
Verwendung bereits besprochen.

Es erübrigt nun noch, einiger Verhaltungsmaſsregeln für die
Handhabung dieses Benzinmotors zu gedenken.

Beim Anlassen des Motors sind die Rohre und Kanäle, welche
die Benzindämpfe zu durchströmen haben, kalt, es schlägt sich also
ein Teil der letzteren an den Wandungen nieder, und man wird
durch den Lufthahn *B* vorerst weniger Luft zuzuführen haben;
haben die Teile des Motors dann Betriebswärme angenommen, so
muſs der Luftzuschuſs auf das richtige Maſs gebracht werden.

Für das Anlassen und für die betriebswarme, im Gange befindliche Maschine gehören also verschiedene Stellungen des Luft-
hahnes *B*.

Nach vorgenommener Füllung des Benzinbehälters gelangen zuerst die leichtflüchtigen und später allmählich schwerer flüchtige
Bestandteile des Benzins zur Verdampfung; in beiden Fällen werden
sich Gemische von verschiedenen Verbrennungseigenschaften bilden,
falls der Luftzuschuſshahn immer dieselbe Stellung behält. Damit
der Motor andauernd gleich günstig arbeite, wird man also von Zeit

zu Zeit die Luftzufuhr entsprechend dem Stand des Benzins nach-zustellen haben. Je mehr das Benzin an Verdampfungsfähigkeit verliert, um so weniger Luft wird man zuführen müssen. Soll der

Fig. 37. Deutzer Benzinmotor mit Verdampfapparat arbeitend.

Motor nach längerem Stillstand wieder in Benutzung genommen werden, so empfiehlt sich, den Behälter ganz mit frischem Benzin zu füllen.

Um den Benzinverdampfapparat zu allen Jahreszeiten in gleich mäfsiger Temperatur zu erhalten, ist derselbe mit einem Wasser-

6 *

mantel M umgeben, welcher von dem abfliefsenden Kühlwasser des Motors durchströmt und gleichmäfsig warm erhalten werden kann.

Endlich ist noch einer Einrichtung zu gedenken, mittels welcher man auch die Auspuffgase unter den Benzinbehälter leiten und bei strenger Kälte gleich zu Anfang des Betriebes dem Benzin Wärme zuführen kann. Der Benzinbehälter A (Fig. 33 u. 34) ist zu dem Zweck mit einem Doppelboden ausgerüstet, welcher durch den Wechsel m mit dem Auspuffrohr in Verbindung gebracht werden kann. Wie durch einen Pfeil angedeutet, umspülen dann die heifsen Gase den Boden.

In Fig. 37 ist ein Deutzer Benzinmotor mit Geradführung des Kolbens durch gesonderten, aufserhalb des Cylinders liegenden Kreuzkopf dargestellt.

Die Preise und Hauptdimensionen dieser Motoren sind folgende:

Ottos Benzinmotor mit Kreuzkopfführung Modell K₁.

Maschinengröfse in PS.	1	2	3	4	6	8	10	12	14	16
Preis des Motors einschliefslich Verpackung ab Fabrik Mk.	1400	1700	2000	2400	3150	3550	4200	4500	4950	5400
Preis des Benzinapparates . . Mk.	260	260	260	260	300	300	330	330	400	400
Preis d. gufseisernen Fundamentblockes Mk.	100	125	145	170	180	200	240	260	280	300
Preis d. Steinschrauben für Quadersteinfundament . . . Mk.	8	10	10	15	15	20	20	25	25	30
Preis d. Ankers f. Ziegelsteinfundament Mk.	15	20	20	25	25	40	45	50	55	60
Umdrehungszahl in der Minute . . .	250	250	250	240	240	220	200	200	200	200
Durchmesser d. Riemscheiben . . . m	0,200	0,300	0,350	0,400	0,500	0,600	0,700	0,850	0,950	1,000
Breite d. Riemscheiben m	0,150	0,170	0,210	0,250	0,290	0,310	0,350	0,350	0,370	0,370
Riemenbreite . . ＞	0,070	0,080	0,100	0,120	0,140	0,150	0,170	0,170	0,180	0,180

Ottos Benzinmotor mit Kreuzkopfführung Modell K₂.

Maschinengröfse in PS.	1	2	3	4	6	8	10	12	14	16
Ungefähres Gewicht d. Motors										
netto . . . kg	500	700	890	1100	1450	2100	2800	2900	3300	3500
brutto . . ⟩	610	860	1100	1380	1750	2500	3100	3200	3800	4000
Ungefähres Gewicht d. Benzinapparates										
netto . . . kg	330	330	330	330	340	340	390	390	570	570
brutto . . ⟩	400	400	400	400	410	410	470	470	690	690

Unter der Marke E_3 baut die Fabrik auch Benzinmotoren ohne gesonderte Kreuzkopfführung; die Preise stellen sich dann, wie aus nachstehender Liste ersichtlich, etwas billiger.

Ottos Benzinmotor ohne gesonderte Kreuzkopfführung Modell E₃.

Maschinengröfse in PS.	1	2	3	4	6	8	10	12	14	16	20	25	30
Preis des Motors einschliefslich Verpackung ab Fabrik . . Mk.	1200	1500	1800	2200	2850	3200	3800	4100	4550	5000	5700	6450	7200

Preise der Benzinapparate und sonstigen Nebenteile weichen wenig von denen der Marke K₂ ab.

Als Betriebskraft für elektrische Beleuchtungsanlagen werden die Motoren K_2 und E_3 mit Regulierung für veränderliche Gasladung versehen. Sie erhalten aufserdem ein schweres Schwungrad mit Wellenverlängerung und Aufsenlager oder 2 schwere Schwungräder, und erhöht sich der Preis dementsprechend.

In neuerer Zeit baut die Deutzer Gasmotorenfabrik auch Motoren mit Benzineinspritzung. An Stelle des Karburators tritt dann ein Benzinbehälter, aus welchem eine kleine Benzinpumpe das für jeden einzelnen Hub erforderliche Benzinquantum entnimmt und in den Einlafskanal des Motors spritzt.

Diese Maschine ist in Fig. 38 dargestellt.

Die Preise dieser Motoren, welche die Marke E_4 führen, sind folgende:

Maschinengröße in PS.	1	2	3	4	6	8	10	12	14	16	·20	25	30
Preis des Motors einschliefslich Verpackung ab Fabrik . `. Mk.	1350	1650	2000	2350	3100	3450	4100	4400	4900	5350	6100	7000	7800

Im übrigen weichen Preise, Umdrehungszahlen, Abmessungen und Gewichte wenig von denen der Marke E_3 ab.

Fig. 38. Deutzer Benzinmotor mit Einspritzung arbeitend.

Für Kräfte von 35—100 PS. liefert die Deutzer Gasmotoren-fabrik Benzinmotoren mit Karburator nach der in Fig. 39 in äufserer Ansicht dargestellten Konstruktion.

Die Preise, Umdrehungszahlen und Gewichte dieser Motoren, welche die Marke G_6 Serie II führen, sind aus folgenden Listen zu entnehmen.

Fig. 39. Deutzer Benzinmotor für größere Leistungen (bis 100 PS).

Maschinengröfse in PS.	35	40	50	60	70	80
Preis des Motors einschl. Verpackung ab Fabrik (mit 2 Schwungrädern ohne Aufsenlager) . . . . Mk.	8 000	9 000	10 000	11 000	12 000	13 000
Mehrpreis für Wellenverlängerung und Aufsenlager . . . . . Mk.	500	550	650	700	900	1 000
Preis des Benzinapparates . . »	800	800	1 200	1 200	1 600	1 600
Anker und Ankerplatten für Ziegelsteinfundament . . . . . Mk.	130	140	150	180	—	—
Umdrehungszahl in der Minute . .	190	190	190	190	180	180
Ungefähres Gewicht des Motors netto . . . . . . kg	7 000	9 000	9 600	11 000	13 000	14 000
brutto . . . . . »	7 800	10 000	10 600	12 100	14 500	15 500
Ungefähres Gewicht des Benzinapparates netto . . . . . . kg	1 200	1 200	1 800	1 800	2 400	2 400
brutto . . . . . »	1 440	1 440	2 200	2 200	2 900	2 900

Für elektrischen Lichtbetrieb erhöhen sich die Preise.

Benzinmotoren der Motorenfabrik von Gebr. Körting in Körtingsdorf bei Hannover.

Der Motor arbeitet mit Benzineinspritzung, die Zündung wird durch einen magnetelektrischen Apparat bewirkt, und die Geschwindigkeitsregulierung erfolgt durch Änderung der Ladungsmenge ohne Änderung der Zusammensetzung des Gemisches.

Die Art der Brennstoffeinführung ermöglicht, dafs der Motor ohne weiteres mit Benzin, Petroleum, Solaröl und Spiritus arbeiten kann. Legt man Gewicht auf geringsten Brennstoffverbrauch, so gehört aber für jeden der Brennstoffe ein besonderer Kompressionsgrad. Benzin und Spiritus vertragen eine Kompression bis $5\frac{1}{2}$ Atm.; für Solaröl und Petroleum darf man nicht über $3\frac{1}{2}$ Atm. gehen, ohne Gefahr zu laufen, dafs durch »Vorentzündung« des Brennstoffes starke Stöfse im Motor entstehen.

Wie aus den Fig. 40—44 ersichtlich, ist der Motor horizontaler Bauart, die Ausbildung des Maschinengestelles, die Cylinderbefestigung und Ventilanordnung entspricht der auf den Körtingschen Werken üblichen bewährten Bauart für Gasmotoren.

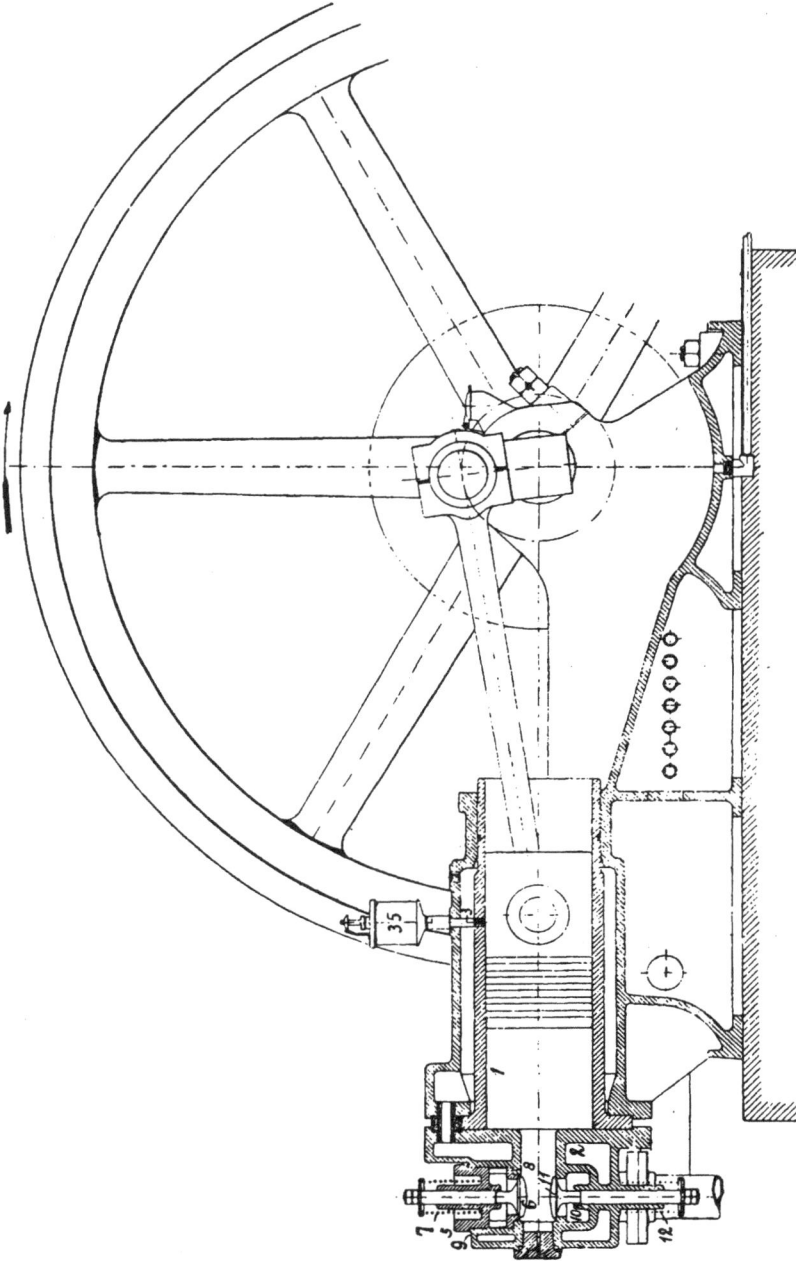

Fig. 40. Körtings Benzinmotor.

Das Maschinengestell bildet mit dem starkwandigen Wassermantel ein Gufsstück. Bis zur Mitte versenkt, ruht der Wassermantel fast in ganzer Länge auf den Schenkeln des Gestelles. Durch
diese Bauart wird nicht nur eine vollkommen sichere und feste
Verbindung des Cylinders mit dem Maschinengestell geschaffen,
sondern es liegen auch für leichte Bearbeitung und genaue Montage
günstigste Bedingungen vor. Der Cylindereinsatz (1) wird von hinten
in den Wassermantel geschoben, er bildet ein einfaches, schlichtes
Gufsstück mit gleichmäfsigen Wandstärken, wie es für die Erzielung
eines dichten Gusses erforderlich ist. Das hintere Ende des
Cylindereinsatzes ist mit einem kräftigen Flansch versehen, welcher
zwischen Cylinderdeckel und Wassermantelflansch dicht verschraubt
ist. Vorn ist der Wassermantel zu einer langen Auflage für den
Cylinder ausgebildet, welche durch einen Gummiring wasserdicht
abgeschlossen wird. Bei solcher Befestigung des Cylindereinsatzes
in dem Wassermantel ist die Möglichkeit gegeben, dafs sich der
erstere in der Länge unbehindert ausdehnen und zusammenziehen
kann.

Seitdem höhere Kompressionen wie 4 Atmosphären zur Anwendung gelangen, ist man davon abgegangen, die sogenannte
»Kanalwirkung« zur Erhöhung der Verbrennungsgeschwindigkeit
heranzuziehen. Mit Vergröfserung der Kompression wird auch die
Menge der zurückbleibenden Verbrennungsprodukte geringer, das
Gemisch verdünnt sich weniger durch die Verbrennungsprodukte,
und die Verbrennungsgeschwindigkeit der Ladung ist an und für
sich schon grofs genug; aufserdem sind noch die Abmessungen des
Verbrennungsraumes kleiner geworden, die Verbrennung kann ihn
also schneller durcheilen.

Mit diesen günstigeren Bedingungen für die Verbrennung ist
noch der Vorteil verbunden, dafs durch Erhöhung der Kompression
der Verbrennungsraum kleiner und die Wärmeabführung durch das
Kühlwasser geringer wird.

Der Verbrennungsraum bildet mit den Ein- und Auslafsventil-
gehäusen ein Gufsstück. Das Einlafsventil (6) liegt, wie Fig. 42
zeigt, mit dem Auslafsventil (11) in einer Achse. Um den Auslafs-
ventilkegel herausnehmen zu können, mufs das Einlafsventilgehäuse
entfernt werden; letzteres bildet also den Deckel für das Auslafsventil. Ein gemeinsamer Wassermantel umgibt den Verbrennungsraum und die Ventileinsätze, Rohre stellen an mehreren Stellen
die Verbindung mit dem Wassermantel des Arbeitscylinders her.

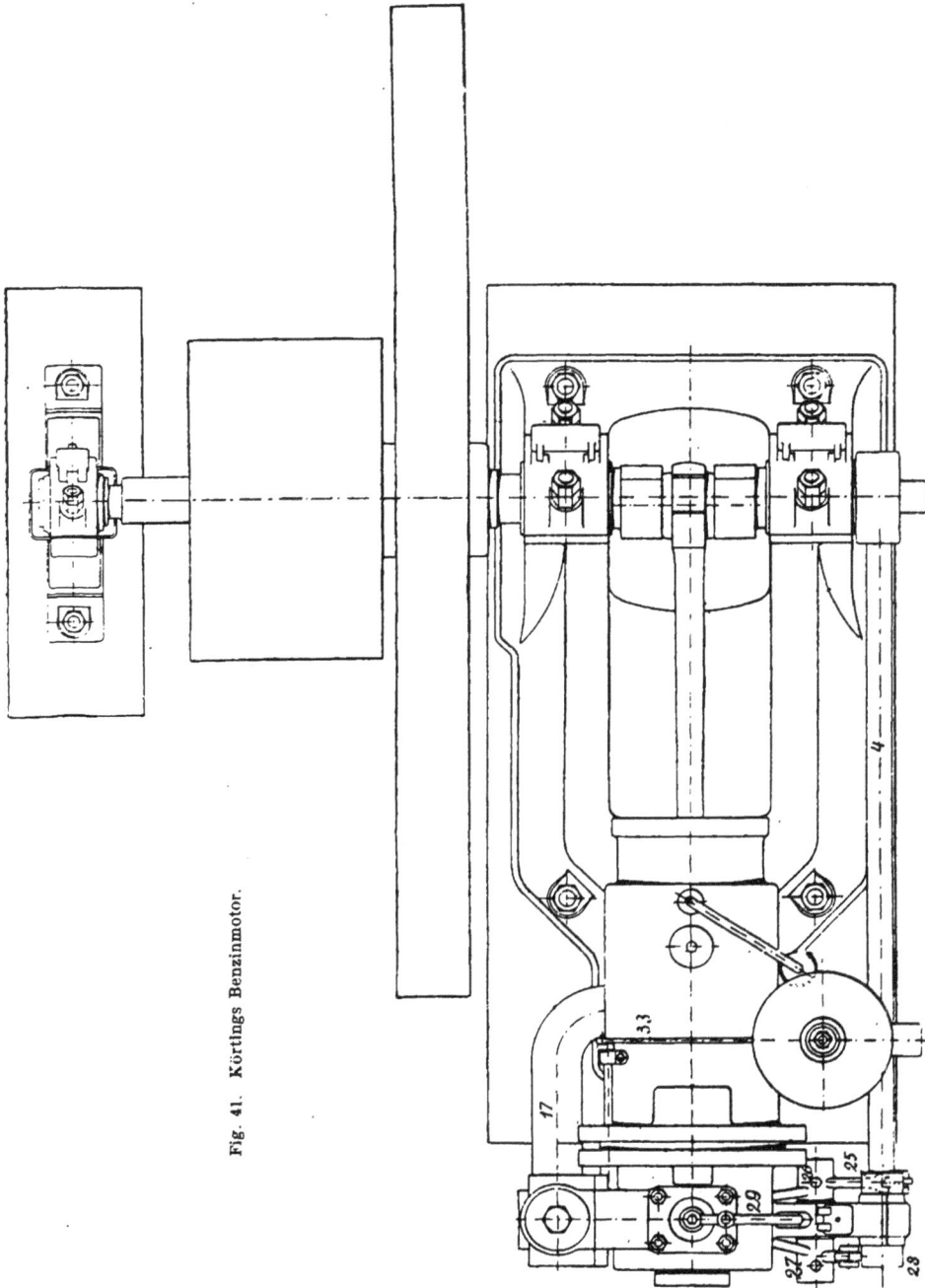

Fig. 41. Körtings Benzinmotor.

In Fig. 43 ist der für die B e n z i n e i n f ü h r u n g und Mischung
dienende Apparat in gröfserem Mafsstab dargestellt.

Das Benzin strömt, von einem etwa 2 m hoch belegenen Behälter kommend, in das Rohr a, breitet sich, wenn durch die Saugwirkung das mit dem Mischapparat verbundene Nadelventil b gehoben wird, auf dem Teller c gleichmäfsig aus und tritt durch den

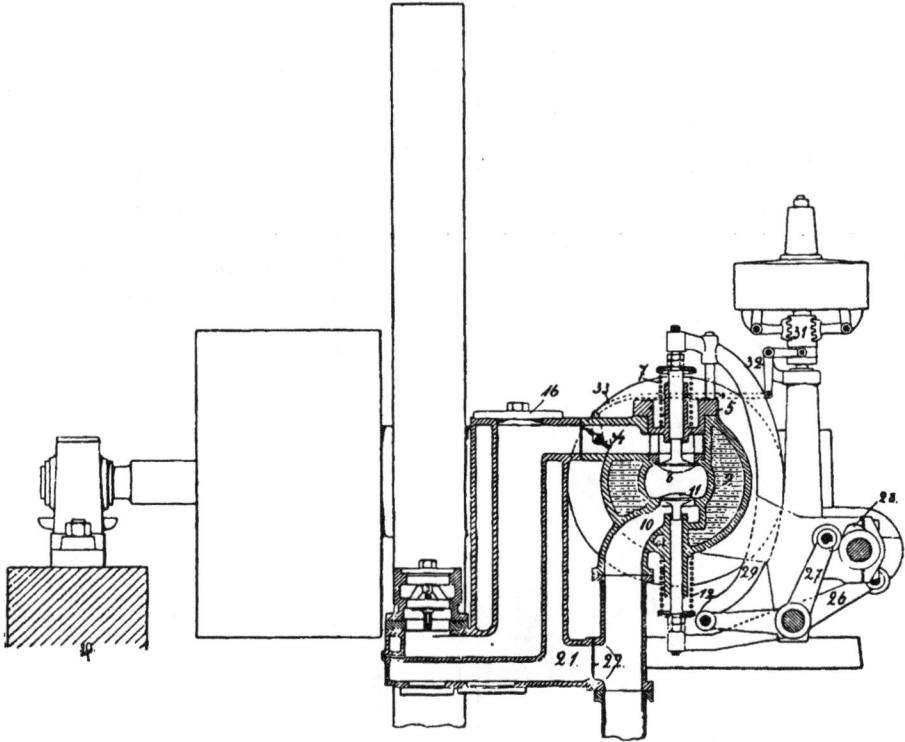

Fig. 42. Körtings Benzinmotor.

sehr engen Ringspalt r als Flüssigkeitsschleier aus. Fest verbunden
mit dem Benzinventil ist der Ringschieber d, der bei ruhendem
Apparat mit seiner Kante d' die Tellerkante eben berührt. Ein
ventilartiger Abschlufs für die Luft findet an dieser Stelle also nicht
statt. Der Mischapparat ist in gehobener Stellung gezeichnet, und
aus den Pfeilen für Luft- und Benzinströmung ist leicht verständlich,
dafs die Luft bei ihrem Eintritt in den Einströmkanal den Benzin-
schleier energisch zerstäuben mufs. Aus der Anordnung des Ringschiebers d und des Benzinventiles b wird ersichtlich, dafs sich

dieselben behufs Eröffnung dem eintretenden Luftstrom entgegen
bewegen müssen; um dies zu ermöglichen, ist der Kolben f mit
beiden Organen durch Rippen e fest verbunden. Kanal g
setzt die obere Fläche des Kolbens f mit dem Arbeitscylinder in
Verbindung, so daß bei Eintritt der Saugperiode Ansaugen des
Kolbens f und mit ihm Heben des Mischorganes erfolgt.

Die Anwendung des Kol-
bens mit seiner gelinden Reibung
hat auch zur Folge, daß Öffnung
und Abschluß für Luft und
Benzin stetig erfolgen, während
die mit Schleifflächen dichten-
den Kegelventile beim Ansaugen
auf ihrem Sitz vibrieren und
hierdurch die Gemischbildung
ungünstig beeinflussen.

Der Winkel für die Spitze
des Benzinventiles b ist so zu
bemessen, daß bei dem durch
den Anschlag h begrenzten Hub

Fig. 43. Körtings Brennstoffmischventil.

die frei werdende Benzinöffnung immer noch kleiner als der Querschnitt
des Benzin-Zuflußrohres a bleibt. Nur dann kann sich während
des ganzen Hubes gleichartiges Gemisch bilden; würde während
der Eröffnung des Mischorganes die Benzinöffnung größer werden
wie der Querschnitt von a, so könnte für diese Periode der Erhebung ein Gemisch von richtiger Zusammensetzung nicht mehr entstehen, weil trotz größerer Öffnung des Benzinventiles b, also auch
des Luftschiebers, nicht mehr Benzin austreten kann, wie dem Rohr-
querschnitt entspricht.

Die Zündung wird durch einen magnetelektrischen Zündapparat
bewirkt, dessen Antrieb in Fig. 44 ersichtlich gemacht ist.

Am hinteren Stirnende der Steuerwelle ist die Scheibe 14 mit
dem Anschlagstück 1 angebracht, welch letzteres den auf der Ankerwelle 11 sitzenden Winkelhebel 2 bei Drehung der Steuerwelle zur
Seite schiebt und damit die im Gehäuse 10 liegende Spiralfeder
spannt. Das Anschlagstück 1 ist so gesetzt, daß es den Winkelhebel
kurz vor Beginn des Arbeitshubes freigibt und die Spiralfeder den
Anker zu dieser Zeit mit großer Geschwindigkeit zurückschnellt.
Mit dem Hebel 2 ist die Stoßstange 7 verbunden, welche vor Beendigung der Ankerbewegung gegen den Hebel 13 stößt und den

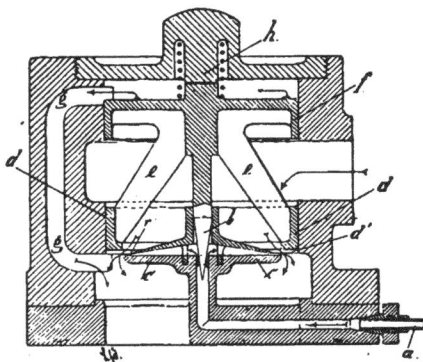

Kontakthebel 6 im Innern des Cylinders (Fig. 45) von seiner isolierten Auflage abhebt und das Überspringen des elektrischen
Funkens von 5 nach 6 vermittelt.

Der im Apparat erzeugte Strom wird dem Motor durch den
Draht 4 zugeführt und nimmt seinen Weg durch die Metallteile
der Maschine nach dem Apparat zurück.

Schon bei Benutzung der alten Flammenzündungen hatte man
erkannt, dafs der Zündmoment vor dem Beginn des Arbeitshubes

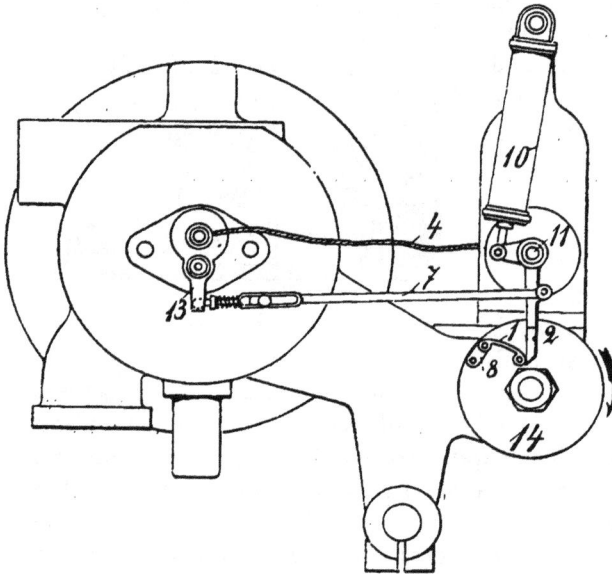

Fig. 44.

Fig. 45.

Elektrische Zündvorrichtung des Körtingschen Benzinmotors.

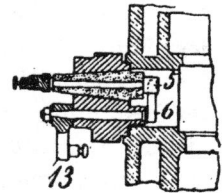

liegen müsse, dafs es für die Kraftentwickelung von Nutzen sei,
wenn die Verbrennung selbst einen möglichst kleinen Teil des
Arbeitshubes in Anspruch nehme. Auch später bei der Glührohrzündung ist man bemüht gewesen, namentlich bei schnelllaufenden
Motoren den Eintritt der Zündung durch Heranrücken der Glühzone
an den Verbrennungsraum möglichst früh erfolgen zu lassen. Bei
den elektrischen Zündungen ist es aber geradezu eine Notwendigkeit,
den Zündmoment zurückzulegen, weil das Zündgebiet — der
Entwickelungsraum der Verbrennung — ein sehr kleiner ist und eben
nur die Gröfse des elektrischen Funkens besitzt. Je schneller der
Motor laufen soll, je gröfser er ist, um so früher mufs man den

Funken überspringen lassen, damit die Verbrennung für die Krafterzeugung den günstigsten Verlauf nimmt.

Für die langsam gedrehte Maschine würde nun bei so weit
vorgelegtem Zündmoment die Druckentwickelung eine verfrühte sein,
der Motor würde beim Andrehen verkehrt herum angetrieben werden.
Es ist also eine Einrichtung erforderlich, mittels welcher man den
Zündmoment für das Anlassen später erfolgen lassen kann.

Beim vorliegenden Motor ist dies dadurch ermöglicht, dafs man
den Teil des Anschlagstückes, welcher mit 8 bezeichnet ist, zum
Abnehmen eingerichtet hat. Mit aufgesetztem Teil 8 schnellt
der Hebel 2 später ab und die Zündung erfolgt später wie bei
entferntem Teil 8. Für das Anlassen hat man also 8 aufzusetzen,
nach Erreichung der normalen Umdrehungsgeschwindigkeit dagegen
abzuziehen.

Wie Fig. 40 und 41 zeigen, erfolgt der Antrieb der Steuerwelle 4 durch Schraubenräder. Durch Daumen 25 in Verbindung
mit Hebel 26 wird das Auslafsventil 11, durch Daumen 28 und
Hebel 27 das Einlafsventil 6 bewegt. Um vom Hebel 27 aus den
Druck auf das obenliegende Einlafsventil zu übertragen, dient die
gekröpfte Zugstange 29; damit die Einlafsventilspindel keinen
Seitendruck erhält, ist die Zugstange oben besonders geführt. Wie
üblich, ist auch hier an der Auslafsventilsteuerung eine Einrichtung
zur Verminderung des Kompressionswiderstandes beim Anlassen
angebracht. Ein zweiter Daumen hebt das Auslafsventil auch während der Kompressionsperiode, so dafs ein Teil der Ladung entweichen kann und der Widerstand beim Andrehen herabgemindert
wird. Nachdem sich der Motor in Gang gesetzt hat, schiebt man die
Laufrolle des Auslafsventilhebels zur Seite, so dafs jetzt nur noch der
eigentliche Auslafsdaumen getroffen wird und der Motor fortan mit
voller Kompression arbeitet. Durch eine Sperrfeder wird die Rolle
des Auslafsventilhebels in der einen oder anderen Lage gesichert.

Die Regulierung erfolgt an den Körtingschen Motoren
durch Veränderung der Ladungsmenge, ohne dafs die Zusammensetzung des Gemisches sich wesentlich ändert. Als alleiniges Organ
für diesen Zweck dient die im Einlafskanal, zwischen dem Mischapparat und dem Einlafsventil liegende Drosselklappe 34 (Fig. 42),
welche vom Regulator beeinflufst wird. Nimmt der Motor gröfsere
Umdrehungsgeschwindigkeit an, so beginnt der Regulator die
Drosselklappe zu schliefsen, das Ansaugevakuum im Cylinder wird
ein gröfseres, die Menge der angesaugten Ladung also eine geringere.

Die Zusammensetzung des Gemisches ändert sich dabei nicht, denn
der Mischapparat sorgt stets für das richtige Mischungsverhältnis,
gleichgültig, mit welcher Intensität und bis zu welcher Höhe der
Mischapparat beim Ansaugen gehoben wird. Gestaltung und Lage
des Verbrennungsraumes bringen es mit sich, daß das Gemisch in
der Nähe des Zündortes rein erhalten bleibt und eine wesentliche
Verdünnung durch Verbrennungsrückstände hier nicht stattfindet.

Diese außerordentlich einfache Regulierung ermöglicht nicht
nur die größte Gleichmäßigkeit bei allen Graden der Kraftabnahme,
sondern es ist auch der Brennmaterialverbrauch für kleine Kraftäußerung und den Leergang ein sehr guter.

Figur 46 zeigt die Gesamtansicht des Körtingschen Benzinmotors.

Aus nachstehender Tabelle sind Preise, Gewichte und Hauptabmessungen der Motoren zu entnehmen.

Die vorstehend beschriebene, die Marke M führende Konstruktion ist hauptsächlich für Motoren von größerer Kraftleistung bestimmt. Speciell für das Kleingewerbe, also in den Größen von
$1/_2$ bis 6 PS, wird von derselben Firma in neuester Zeit ein
besonders einfacher, dauerhafter und billiger Benzinmotor in den
Handel gebracht; derselbe führt die Marke M A und wird ebenfalls zur Beschreibung gelangen.

Fig. 46. Körtings Benzinmotor.

Preisliste der liegenden M-Motoren von 2—30 PS.

Pferdestärken	2	3	4	6	8	10	12	14	16	20	25	30
Preis des Gasmotors für Gewerbebetrieb . . Mk.	1800	2050	2300	2600	3200	3500	4350	5000	5350	6400	6900	7800
» für elektrischen Betrieb . . »	1900	2150	2400	2750	3325	3700	4550	5200	5550	6600	7200	8400
Mehrpreis für elektrische Zündung . . »	100	120	120	150	150	175	175	200	200	300	400	500
Einrichtung f. Benzin- oder Spiritusbetrieb . . »	225	225	225	225	225	225	225	225	225	—	—	—
Angenäherte Gewichte der Gasmotoren f. Gewerbebetrieb netto kg	630	870	950	1200	1250	1320	1750	2300	2700	3360	4300	5000
» brutto »	880	1170	1310	1600	1700	1730	2200	2700	3200	4040	5000	5900
f. elektr. Betrieb netto »	750	920	1060	1300	1500	1600	2050	2600	3100	4000	5300	6500
» brutto »	1000	1220	1420	1700	1950	2050	2500	3000	3600	4700	6000	7400
Normale Umdrehungszahl in der Minute . »	260	260	240	240	220	220	200	200	200	190	190	170
Angenäherte Länge der Motoren . mm	1540	1670	1820	1970	2185	2440	2700	2870	3075	3300	3460	3760
» Breite »	740	805	945	1025	1595	1716	1940	2035	2110	2250	2350	2440
» Höhe »	1400	1450	1500	1570	1695	1860	1930	2000	2050	2130	2130	2240
Durchmesser des Schwungrades für Gewerbebetrieb »	1020	1220	1320	1440	1740	1800	2070	2290	2290	2420	2430	2640
für elektr. Betrieb »	1220	1320	1440	1540	1850	1960	2160	2390	2390	2530	2580	2760
Durchm. der normalen Riemenscheibe . »	400	400	500	500	600	600	800	800	800	1000	1000	1200
Breite »	200	260	260	260	300	350	360	410	470	470	550	640
» des Riemens »	70	90	100	120	140	165	165	190	220	220	260	300
Preis eines gußeisernen Sockels . . Mk.	100	120	150	180	—	—	—	—	—	—	—	—
Gewicht » . . kg	200	215	255	270	—	—	—	—	—	—	—	—
Preis d. Fundamentanker u. Schrauben Mk.	15	15	18	20	30	36	44	45	48	60	85	30

Benzinmotor der Motorenfabrik
von Gebr. Körting in Körtingsdorf bei Hannover.
Marke M. A.
(Fig. 47, 48 und 49.)

Der Motor arbeitet mit Benzineinspritzung, Zündung durch Glührohr, Regulierung durch Änderung der Gemischmenge ohne Änderung des Mischungsverhältnisses.

Die Zahl der Einzelteile des Motors ist auf das geringste Maſs beschränkt; nur das Auslaſsventil wird gesteuert.

Die vordere Hälfte *B* des in der Mitte quergeteilten Wassermantels ist mit dem Maschinenrahmen *A* zu einem Guſsstück vereint, die hintere Hälfte *B'* bildet mit den Ventilgehäusen *C* und dem Arbeitscylinder *D* ein weiteres Guſsstück. Die Hauptteile der Maschine, Rahmen, Wassermantel, Arbeitscylinder und Ventilgehäuse, finden sich also in zwei Guſsstücken vereint, beide sind durch kräftige Flanschen an den Wassermantelteilen verbunden.

Der weit aus der hinteren Wassermantelhälfte *B'* herausragende Arbeitscylinder *D* reicht durch die vordere Mantelhälfte *B* hindurch, findet hier eine lange sichere Auflage und vermittelt durch einen umgelegten Dichtungsring den wasserdichten Abschluſs des Wasserraumes.

Wie bei dem bereits beschriebenen Motor der Körtingschen Fabrik, so sind auch hier nach dem Verbrennungsraume führende Kanäle vermieden. Ein- und Auslaſsventile liegen mit ihren Köpfen direkt im Verbrennungsraume, so daſs sie Teile der Wandungen des letzteren bilden.

Während das Auslaſsventilgehäuse mit in den Cylinderboden eingegossen ist, bildet das Einlaſsventilgehäuse einen gesonderten, in den Cylinder eingesetzten Teil *E*, nach dessen Entfernung man den Auslaſsventilkegel *F* bequem herausheben und die Sitzfläche besichtigen kann.

Wie schon erwähnt, wird bei dem Motor einzig und allein das Auslaſsventil gesteuert. Einlaſsventil, Mischapparat und Glührohrzündung arbeiten selbstthätig. Auch die sonst übliche lange Steuerwelle ist vermieden, ein langer zweiarmiger Hebel *G* geht direkt von der kurzen, auf der Zeichnung nicht sichtbaren Steuerwelle zum Auslaſsventil. Die »Kompressionsentlastung« für das Andrehen

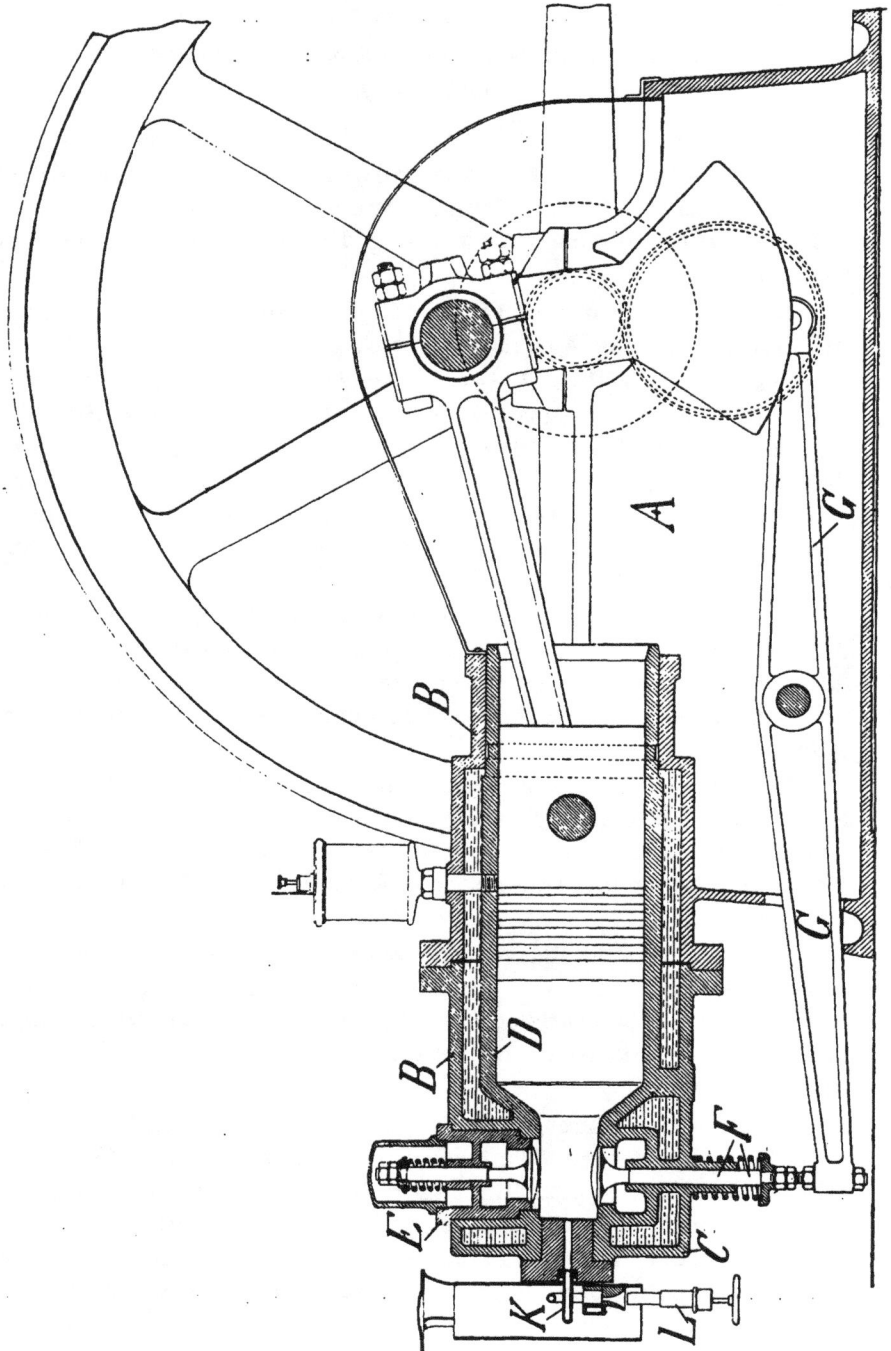

Fig. 47. Körtings Benzinmotor für die Kleingewerbe.

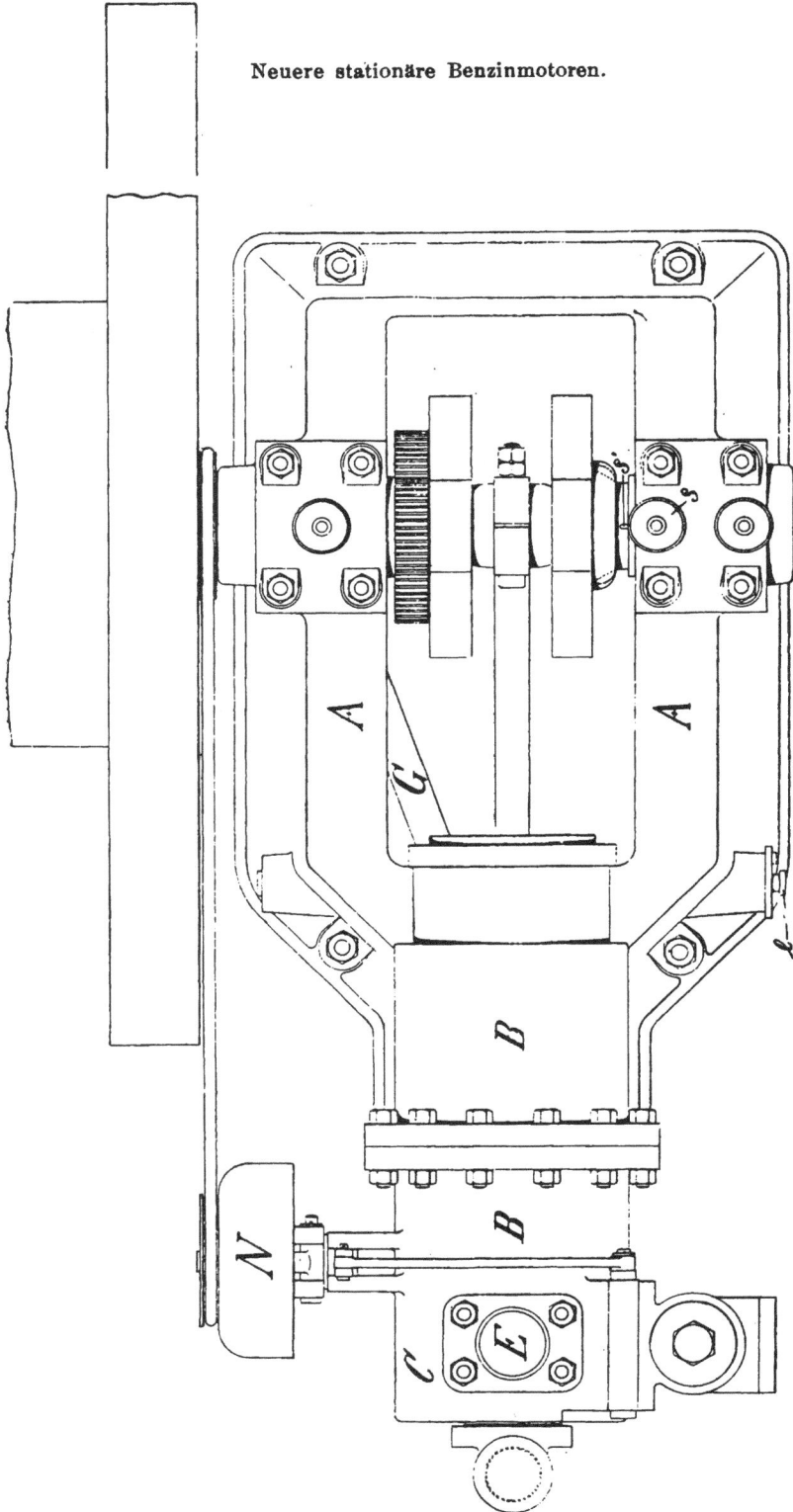

Fig. 48. Körtings Benzinmotor für das Kleingewerbe.

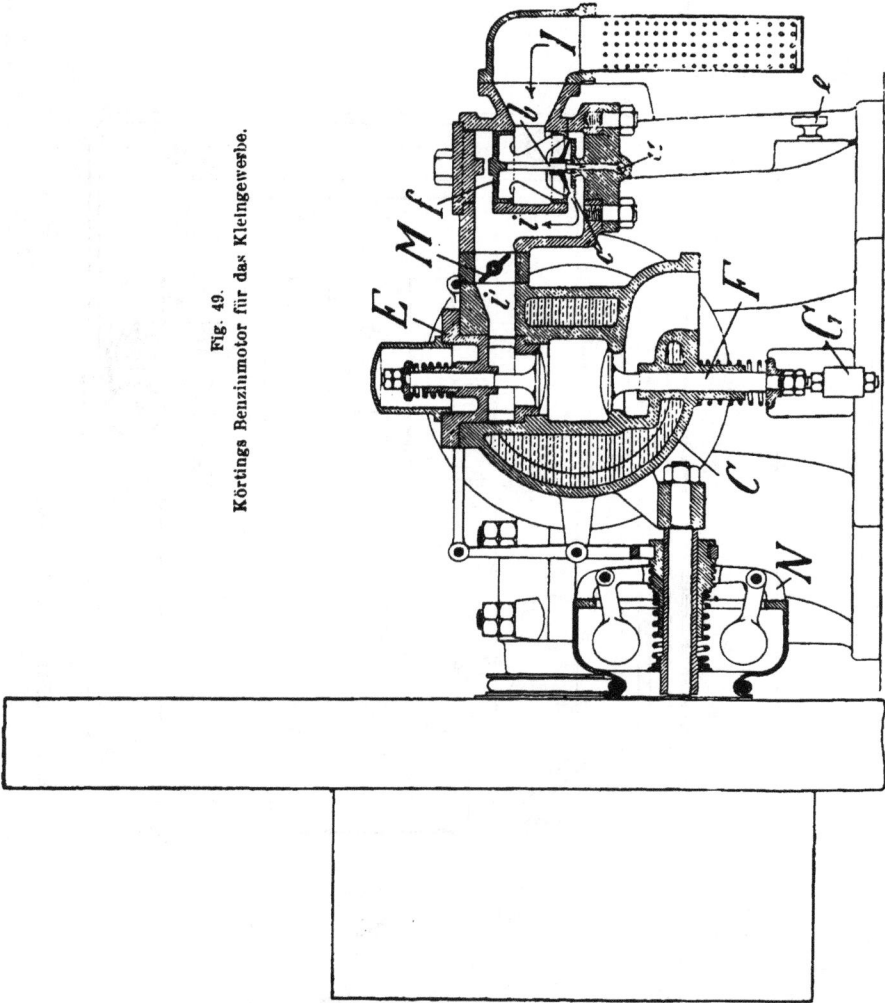

Fig. 49.
Körtings Benzinmotor für das Kleingewerbe.

des Motors wird in sehr einfacher Weise dadurch bewirkt, dafs man den Auslafshebel mit seiner Achse an der Handhabe e um ein Geringes zur Seite schiebt; die Hebelrolle wird dann auch von dem seitwärts vom Auslafsdaumen sitzenden Entlastungsdaumen getroffen, ein Teil der Ladung kann während der Kompression ins Freie entweichen, und der Widerstand beim Andrehen wird vermindert.

Hat der Motor die normale Geschwindigkeit erreicht, so wird der Auslafshebel wieder vorgezogen und in seine Stellung geführt.

Zur Benzineinführung und Mischung des Benzinstaubes mit Luft dient der im Gehäuse *H* befindliche Apparat; derselbe stimmt mit den bereits in Fig. 43 dargestellten Konstruktionen vollständig überein.

Die Zündung erfolgt durch das Zündrohr *K*, welches durch eine Benzindampflampe erhitzt wird.

Die Regulierung der Umdrehungsgeschwindigkeit des Motors wird ebenso wie bei dem bereits beschriebenen Körtingschen Motor durch die Drosselklappe *M* vermittelt. Sobald die normale Geschwindigkeit überschritten wird, beginnt der mittels einer Schnur von der Kurbelachse aus angetriebene Regulator *N* die Drossel-klappe zu schließen, die Eintrittsöffnung für das Gemisch verengt sich, und es gelangt um so weniger Gemisch in den Cylinder, je mehr die Drosselklappe geschlossen wird.

Kurbel, Kurbelzapfen und Pleuelstangenkopf sind durch Gegengewichte ausbalanciert, die Schmierung der Kurbelzapfen erfolgt vom Schmiergefäß *s* aus, das Öl tropft durch Röhrchen *s'* auf den punktierten konischen Ansatz der Achse, wird durch Einwirkung der Centrilfugalkraft an den Kurbelarm getrieben und tritt von hier durch eine Bohrung an die Gleitfläche des Kurbelzapfens.

Fig. 50 zeigt den Motor in der Gesamtansicht; die Preise, Gewichte und Hauptabmessungen sind aus nachstehender Tabelle zu ersehen.

Fig. 50. Körtings Benzinmotor für das Kleingewerbe.

Preisliste von Körtings M-A-Motoren.

Normale Leistung in Pferdestärken	Abmessungen			Riemenscheiben			Motoren für Gewerbebetrieb				Motoren für elektrischen Betrieb				Sockel	
	Länge	Breite	Höhe	Umdrehungen in der Min.	Durchmesser	Breite	Gewicht		Preis		Gewicht		Preis		Gewicht	Preis
	mm	mm	mm		mm	mm	netto kg	brutto kg	Gas betr. Mk.	Benzin Mk.	netto kg	brutto kg	Gas betr. Mk.	Benzin Mk.	kg	Mk.
½	1000	580	1050	350	170	110	300	350	850	900						
1	1100	600	1100	350	250	160	350	425	1000	1050	370	445	1020	1070	100	110
2	1350	800	1300	350	250	160	475	575	1200	1275	520	620	1225	1300	140	135
3	1500	850	1400	350	400	200	600	730	1400	1500	660	790	1435	1535	170	160
4	1700	1000	1500	325	400	200	740	890	1600	1700	830	980	1675	1775	215	175
6	1800	1100	1600	300	500	260	1000	1200	2000	2100	1110	1310	2100	2250	265	200

In den Preis einbegriffen sind:

1 Auspufftopf, 1 Satz Schraubenschlüssel, 2 Ölkannen, 6 Porzellanhütchen mit 10 Asbestscheibchen, 6 Asbestringe für den Ventildeckel, 7 Reservefedern.

Ferner { beim Gasmotor 1 Gummibeutel und 1 Brenner.
         » Benzinmotor 2 Benzingefäße mit 10 m Kupferrohr und 1 Brenner mit Halter und Düse.

Benzinmotor der Motorenfabrik „Werdau" A.-G. in Werdau i. S.

Der Motor arbeitet mit Karburator, magnet-elektrischer Zündung und Regulierung durch Aussetzen der Benzin-Gas-Zuführung.

Der Karburator ist in Fig. 51 dargestellt. Der Motor saugt einen Teil der Betriebsluft durch das Benzin im Behälter B hin-

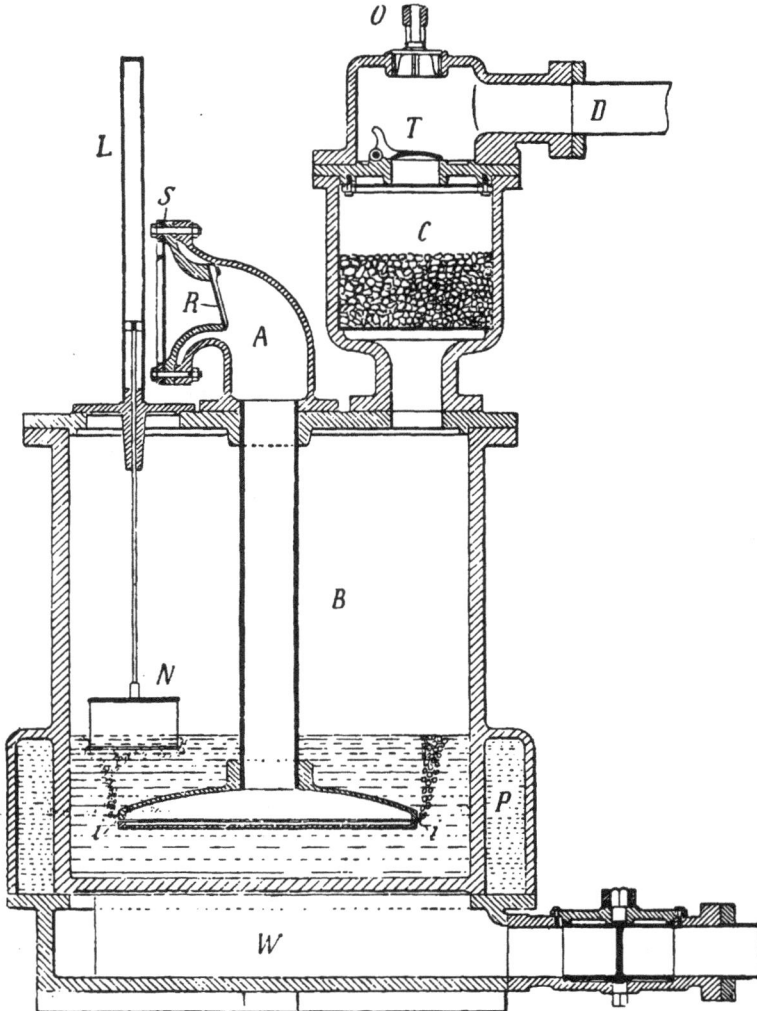

Fig. 51. Benzinverdampfapparat der Motorenfabrik Werdau.

durch. Im Lufteintrittstutzen A ist die Rückschlagklappe R angebracht, welche das Herausspritzen von Benzin verhindert, falls es im Behälter zu einer Druckbildung kommen sollte. Mehrere Lagen Drahtgaze S vor der Öffnung des Lufteintritts-Stutzens schützen das Innere des Benzinbehälters gegen die Einwirkung offener Flammen, welche zufällig in ihre Nähe gelangen sollten.

Die Luft tritt aus dem engen Ringspalt i in grofsem Umkreis aus, durchstreicht die Benzinschicht in feiner Zerteilung und sättigt sich voll mit Benzindämpfen. Während der Saugperiode des Motors öffnet die Steuerung das Benzin-Gasventil a, Fig. 52 und 53. Das

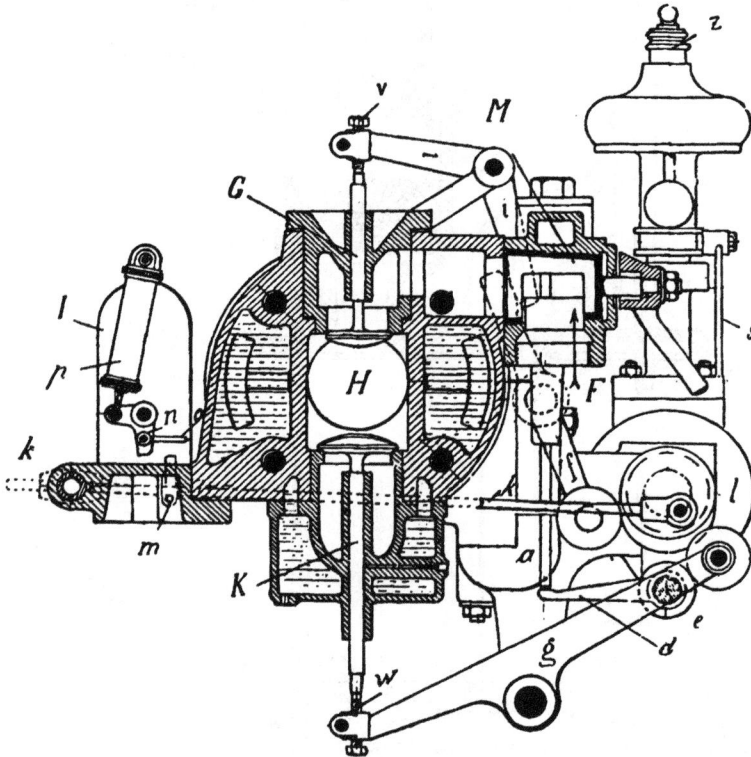

Fig. 52. Benzinmotor der Motorenfabrik Werdau.

Benzin-Gas tritt durch den Kiestopf C, Rückschlagklappe T und Rohrleitung D in den Mischhahn M, wo ihm durch den Luftstutzen F soviel Luft zugeführt wird, wie zur Bildung eines guten Explosionsgemisches nötig ist.

Die Bewegung des Benzin-Gasventiles a vermittelt der Daumen

b durch die mit den Hebeln *c* und *d*, Fig. 52 und 53, ausgerüstete Welle *e*.

Durch das von der Steuerung bethätigte Einlaßventil *G* tritt das Gemisch in den Verbrennungsraum *H*. Der magnet-elektrische Apparat *I*, Fig. 52, ist auf der der Steuerwelle entgegengesetzten Seite angebracht, die Bewegung des Ankers vermittelt die Zugstange *k*, welche von der Kurbel *l* angetrieben wird. Der Stellring *m* auf der Zugstange faßt hinter den Winkelhebel *n*, zieht ihn

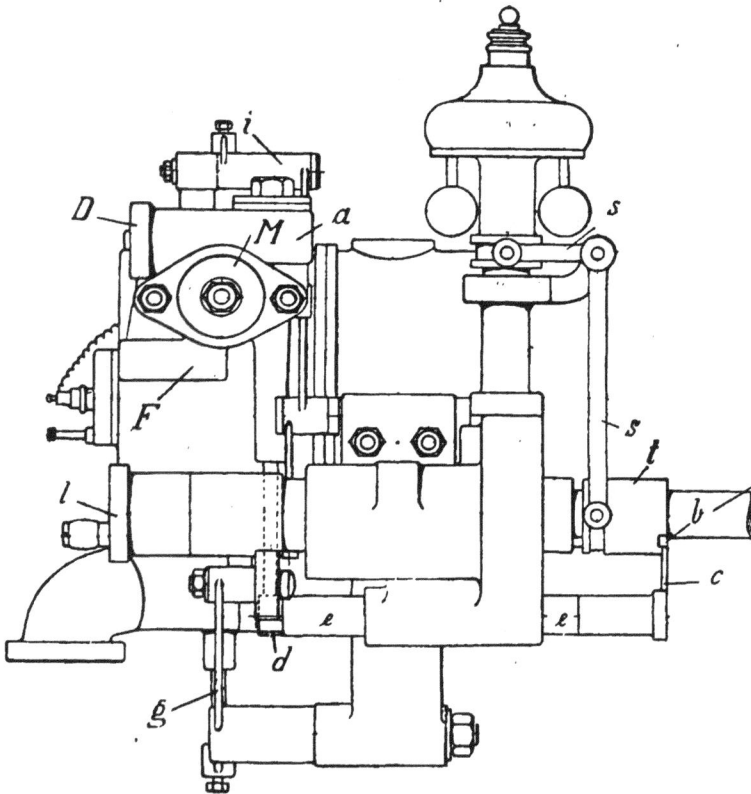

Fig. 53. Benzinmotor der Motorenfabrik Werdau.

mit und spannt dadurch die Feder in der Hülse *p*. Sobald *m* den Hebel *n* freigibt, schnellt die Feder zurück, und der Anker wird in die zur Stromerzeugung nötige schnelle Schwingung versetzt. Am Winkelhebel *n* ist auch die den Kontakthebel *r* auslösende dünne Zugstange *o* angelenkt, so daß Stromerzeugung und Kontakthebelbewegung zusammenfallen.

Ein- und Ausströmungskanäle, Ventilräume im Zusammenhang mit dem Verbrennungsraum sind vermieden, die Köpfe des
Einlafsventiles *G* und des Auslafsventiles *K* bilden einen
Teil der Wandungen des Raumes. Um das Auslafsventil heraus-
zunehmen, mufs das Einlafsventilgehäuse entfernt werden.

Die Bewegung des Auslafsventiles vermittelt Hebel *g*, Fig. 52,
die des Einlafsventiles die Hebel *f* und *i*. Ein- und Auslafshebel sind an ihren Enden, dort, wo sie auf die Ventilspindeln
drücken, mit Druckstiften *v* und *w* versehen, Klemmschrauben
in den geschlitzten Hebelenden sichern die Druckstifte in ihrer
Lage. Der Beginn und die Dauer der Ventilerhebungen lassen
sich mit den Druckstiften genau einstellen; ebenso kann die
Steuerung bei etwaiger Abnutzung jederzeit leicht berichtigt
werden.

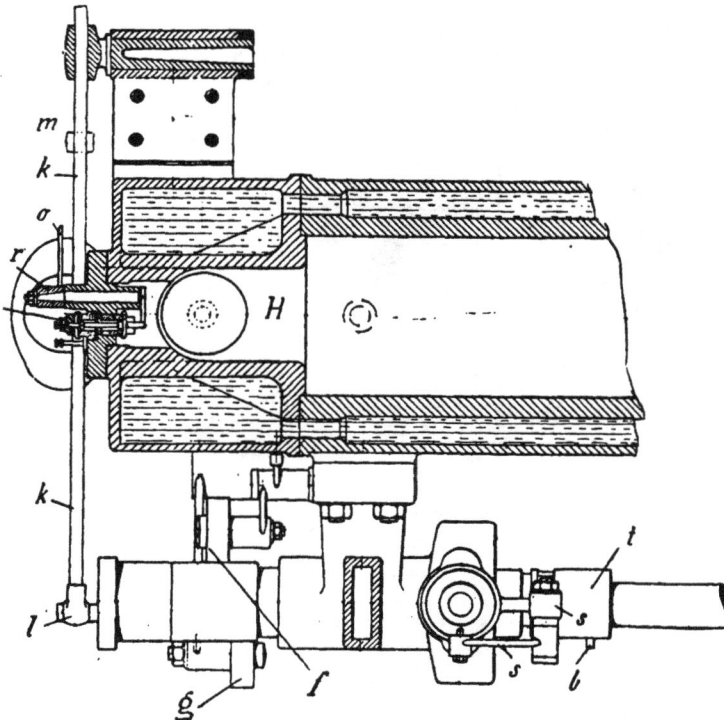

Fig. 54. Benzinmotor der Motorenfabrik Werdau.

Die Geschwindigkeitsregulierung erfolgt durch Aussetzen der
Benzin-Gaszufuhr, indem der Regulator mittels des Winkelhebels *s s*, Fig. 53 und 54, die Muffe *t* und mit ihr den

Daumen *b* zur Seite schiebt, so daſs der Hebel *c* nicht getroffen und das Gasventil nicht geöffnet wird. Durch mehr oder weniger starkes Anziehen der Stellmutter *Z* läſst sich die Belastung des Regulators und damit die Umdrehungsgeschwindigkeit des Motors variieren.

Kurbel und Steuerwellenlager sind mit Ringschmierung ausgerüstet, für das Kurbelzapfenlager ist Centrifugalschmierung vorgesehen, wie die Gesamtansicht 55 zeigt, in welcher der Motor für den Betrieb mit Gas dargestellt ist.

Preise, Hauptabmessungen und Gewichte des Werdauer Benzinmotors sind aus nachstehender Tabelle ersichtlich.

Fig. 55. Motor der Motorenfabrik Werdau.

Stärke in effektiven Pferdekräften	1	2	3	4	5	6	8	10	12	14	16	20	25	30
Preis ab Fabrik einschliefsl. Fundament-schrauben und Benzinapparat　Mk	1250	1650	1950	2325	2625	3100	3625	4250	4775	5250	5650	6500	7250	7900
										mit 2 Schwungrädern				
Durchmesser der Riemscheiben　mm	250	250	300	350	400	550	600	650	700	nach besonderer Vereinbarung				
Breite (für fest und lose) . . . »	200	210	230	250	260	280	300	320	340					
Umdrehungszahl pro Minute. . »	250	250	250	240	240	240	240	230	230	230	220	220	210	210

Für elektrische Beleuchtung erhält der Motor zwei Schwungräder, wovon das eine als Riemscheibe dient. — Für elektrischen Lichtbetrieb werden beide Schwungräder als Riemscheibe ausgebildet.

	1	2	3	4	5	6	8	10	12	14	16	20	25	30
Mehrpreis für zweites Schwungrad　Mk.	100	120	130	140	160	180	200	240	280	—	—	—	—	—
» » zwei besonders schwere Schwungräder . . . . . .　Mk.	—	—	—	—	—	—	—	—	—	120	130	150	200	275
Durchmesser der Schwungräder　mm	80	80	85	95	100	105	110	110	115	115	120	120	125	130
Breite der gewöhnlichen　';	100	100	110	120	125	130	140	150	160	165	170	180	190	200
» » besond. schweren »	—	—	—	—	—	—	—	—	—	—	—	—	—	200
Gewicht des Motors, unverpackt ca. kg	925	1100	1150	1400	1600	2100	2150	2350	2450	3000	3500	5200	6000	7200

Annähernde Mafse, welche zur Aufstellung nötig sind.

	1	2	3	4	5	6	8	10	12	14	16	20	25	30
Gesamtlänge des Motors . . . mm	1700	1770	1820	2050	2100	2310	2350	2400	2550	2940	3050	3230	3320	3400
Gesamtbreite » » »	750	850	900	1060	1120	1150	1200	1340	1400	1620	1680	1800	1850	2000
Höhe bis Oberkante Schwungrad　»	1200	1300	1400	1600	1700	1800	1850	1900	1900	2000	2000	2100	2100	2150
											2 Stück Benzinapparate			
Benzinapparat { Durchmesser　»	450	450	450	450	450	650	650	680	680	680	650	650	680	680
Benzinapparat { Höhe . . . . »	950	950	950	950	950	1050	1050	1400	1400	1400	1050	1050	1400	1400

60 pferdiger Benzinmotor der Motoren- und Motorfahrzeugfabrik von Moritz Hille in Dresden-Löbtau.

Der Motor arbeitet mit Karburator, Zündung durch magnet-elektrischen Apparat, Regulierung durch Aussetzen der Ladung. Falls hoher Gleichförmigkeitsgrad gewünscht wird, kann die Regulierung auch durch Änderung der Ladungsmenge mit gleichzeitiger Änderung des Gasgehaltes bewirkt werden.

Maschinenrahmen, Arbeitscylinder, Wassermantel, Cylinderboden und Ventilgehäuse bilden getrennte Gußstücke.

Der Arbeitscylinder A, Fig. 56, ruht vorn mit einem Verstärkungsring im Maschinenrahmen B, nahe der Mitte und am Ende im Wassermantel auf.

Um der ungleichen Ausdehnung von Arbeitscylinder und Wassermantel Rechnung zu tragen, sind beide nur hinten mit ihren Flanschen fest verbunden, in seinen übrigen Auflagestellen, im Wassermantel und Maschinenrahmen, kann sich der Arbeitscylinder unbehindert ausdehnen und verkürzen; ein elastischer Dichtungsring E sorgt für wasserdichten Abschluß an diesem Ende. Der Verbrennungsraum F ist mit dem Auslaßventilgehäuse aus einem Stück gegossen, das Einlaßventilgehäuse bildet ein besonderes Gußstück. Beide Ventilgehäuse und ebenso der Cylinderdeckel D sind mit reichlichen Wassermänteln umgeben, die an geeigneten Orten mit dem Cylinder-Wassermantel in Verbindung stehen.

Auslaßventil H und Einlaßventil G liegen auch hier mit ihren Köpfen unmittelbar im Arbeitscylinder.

Der Hillesche Motor besitzt nicht die sonst übliche lange Steuerwelle, auf welcher die Daumen zur Bewegung der einzelnen Ventile angebracht sind, sondern es sind für die Steuerung der Ventile besondere Gestänge vorhanden, welche von der kurzen Welle I des großen Steuerrades angetrieben werden.

Daumen a, Hebel b, Zugstange c in Verbindung mit dem Winkelhebel d bilden das Gestänge für das Auslaßventil; mit dem Kurbelzapfen e, der Schubstange f und dem Winkelhebel g werden das Einlaßventil und die elektrische Zündung in Thätigkeit versetzt; der punktierte Daumen h, Winkelhebel i, punktierte Zugstange k und Winkelhebel l bilden den Bewegungsmechanismus für das Gasventil M. Die Zugstange c für das Auslaßventil liegt

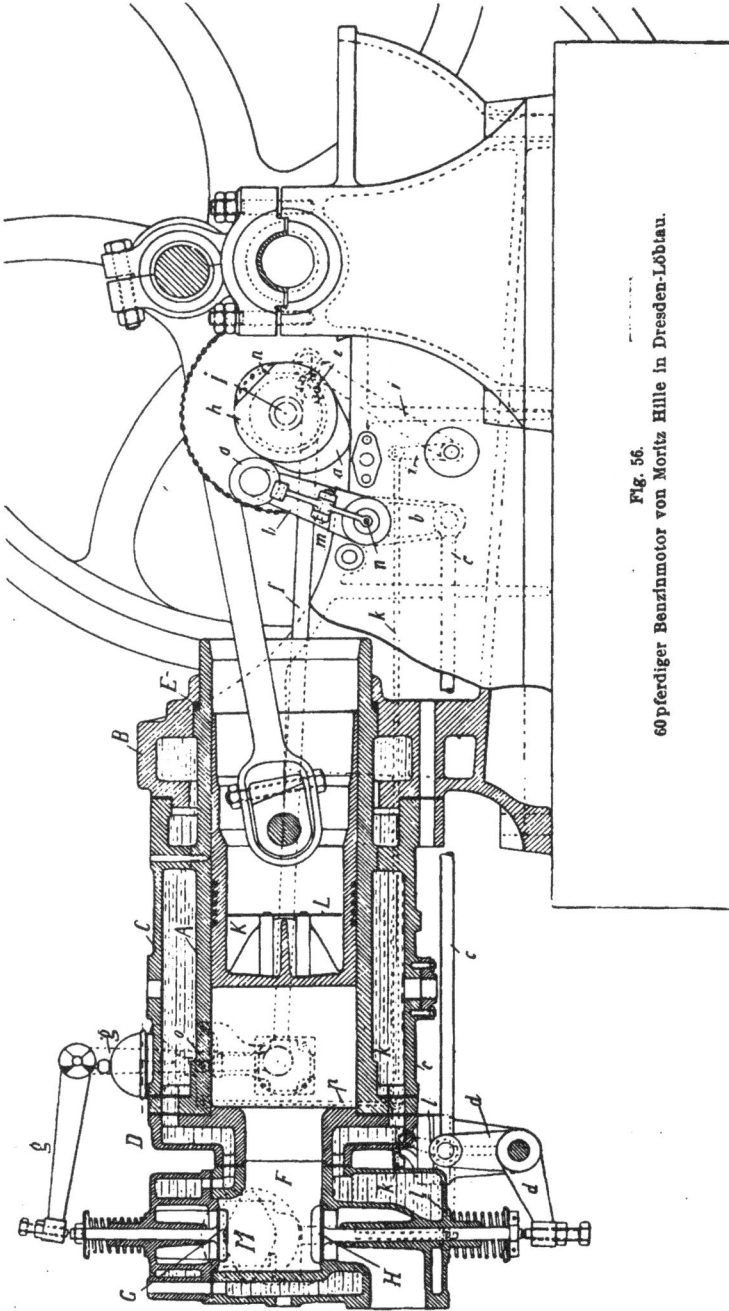

Fig. 56.

60pferdiger Benzinmotor von Moritz Hille in Dresden-Löbtau.

innerhalb des Maschinenrahmens und tritt durch die hintere Stirn-
wand desselben hindurch.

Die gleichzeitige Benutzung des Hebels *g* für Bewegung des
Einlaſsventiles und des Zündapparates kommt in der Weise
zustande, daſs die Naben der Hebel *g* und *g'* nach Art einer Klauen-
kuppelung ineinandergreifen. Die Klauen haben soviel Luft ineinander, daſs Hebel *g* während der Kompressions- und Auspuffperiode

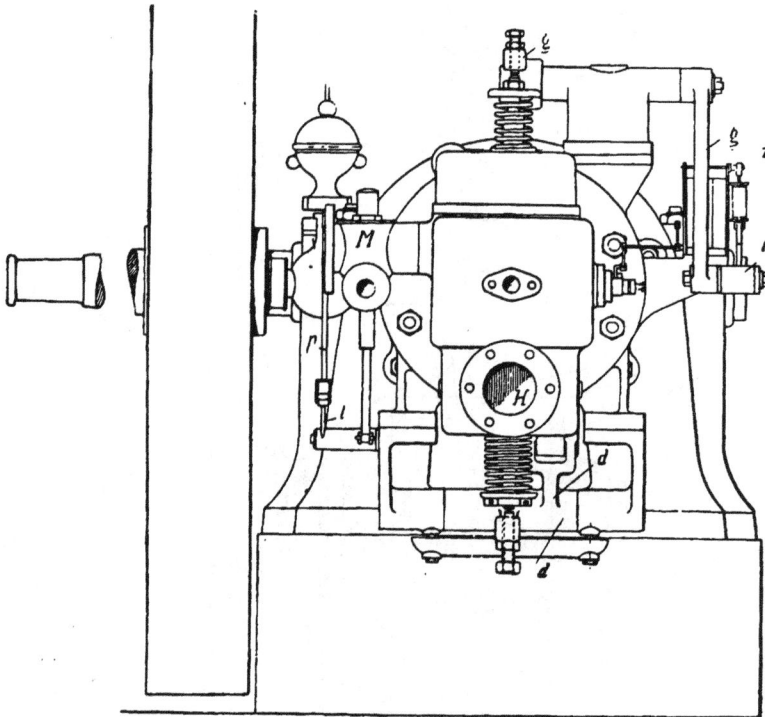

Fig. 57.   60pferdiger Benzinmotor von Moritz Hille in Dresden-Löbtau.

den Hebel *g'* nicht mitnimmt, sondern nur in der Saugperiode
niederdrückt. Die mittleren Partien des Ausschlages von *g*, bei
welchen er die gröſste Geschwindigkeit annimmt, liegen also in der
Zündperiode und sind so bestens für die Bethätigung des Zündapparates zu verwerten.

Die Abstellvorrichtung der Kompression zur Erleichterung des Anlassens ist in eigenartiger Weise ausgebildet. Der
Auslaſsdaumen trägt den üblichen schmalen Aufsatz zur Eröffnung
des Auslaſsventiles während der Kompressionsperiode, die Rolle *o*

am Auslafshebel ist in einem solchen Spielraum verschiebbar, dafs
je nach Bedarf nur der eine oder beide Daumen die Rolle treffen;
eigentümlich ist nun die Einrichtung, mittels welcher die Verschiebung der Rolle während des Betriebes bewirkt werden kann.

Auf der flachen Seite des Auslafshebels b ist ein doppelarmiger
Hebel m gelagert, welcher mit dem einen Arm die Auslafsrolle
gabelartig umfafst, während der andere Arm mit einer Zugstange
in Verbindung steht, die durch die durchbohrte Achse n des
Hebels b geht. Die Zugstange nimmt also nicht an den schwingenden Bewegungen des Hebels Teil und kann bequem und ohne Gefahr während des Betriebes gehandhabt werden.

Der Regulator wird durch einen Riemen angetrieben und
beeinflufst das Benzin-Gasventil dadurch, dafs er mit dem Hebel o
und der Stange p die Zugstange k hebt und senkt; wie ersichtlich,
ist Zugstange k mit dem Gasventilhebel l nicht fest verbunden,
sondern stöfst nur mit ihrem punktiert schraffierten Kopfe k' gegen
eine Schneide am Gasventilhebel l. Der Zugstangenkopf hat mehrere
übereinander liegende Einschnitte, welche so gelegt sind, dafs sie
beim Auftreffen auf den Ventilhebel diesem einen immer kleiner
werdenden Ausschlag erteilen und das Benzin-Gasventil für immer
kürzer werdende Zeiten öffnen. Ein volles Einnehmen und volles
Aussetzen der Ladung findet also nie in unmittelbarer Folge statt.
Es liegen vielmehr immer Ladungen mit geringem Gasgehalt und
schwächerer Druckentwicklung dazwischen, welche starke Schwankungen in der Umdrehungsgeschwindigkeit nicht aufkommen lassen.

Für Motoren, bei denen zwecks gröfster Gleichmäfsigkeit des
Ganges die Regulierung mit variabler Ladung erfolgt, ist an
Stelle des einfachen Benzin-Gasventiles ein entlastetes Doppelsitz-
ventil für die Luftzuführung mit anhängendem Gasventilkegel angeordnet.

Der Boden des Kolbens wird durch hohe Rippen K versteift,
welche auch zur Abführung der Wärme dienen. Am Ende der
Rippen ist ein Blechschild L angebracht, welcher verhindert, dafs
das abtropfende Schmieröl von dem im Kolben liegenden Pleuel-
stangenzapfen gegen den sehr heifsen Kolbenboden spritzt und dort
verdampft. Die Luft im Motorenlokal wird durch diese Mafsregel
frei von Öldämpfen erhalten.

Ferner sind, wie sich das für grofse Motoren immer empfiehlt,
die Kolbenringe besonders weit entfernt vom Boden angebracht;
man verhindert dadurch das Festbrennen der hinteren Kolbenringe,

8 *

die eigentlichen Trag- und Arbeitsflächen des Kolbens sind der
Erhitzung weniger ausgesetzt und ihre Schmierung ist sicherer zu
bewerkstelligen. Das hintere ringfreie Kolbenende wird von vornherein um ein geringes kleiner wie der Cylinderdurchmesser gedreht,
der Ausdehnung des Kolbenbodens ist Raum geschaffen und das
sonst übliche »Nachhelfen« am Kolben kann ganz unterbleiben.

Zur Erzeugung des Benzindampf-Luftgemisches wird ein Teil der
Betriebsluft in bekannter Weise durch einen gröfseren Benzinvorrat
hindurch angesaugt. Ein Kiestopf, mehrere Rückschlagsventile und

Fig. 58. Benzinmotor von Moritz Hille in Dresden-Löbtau.

Drahtgaze-Einlagen schliefsen auch hier jede Feuers- und Explosionsgefahr aus.

Der Hillesche Benzinmotor kann ohne wesentliche Abänderung
auch für den Betrieb mit Leuchtgas und Generatorgas verwendet
werden.

In Fig. 58 ist die Gesamtansicht eines Hilleschen Motors mit
dem Karburator dargestellt. Die Preise, Hauptabmessungen und
Gewichte der Hilleschen Motoren sind aus nachstehender Tabelle
ersichtlich.

Stärke in effektiven Pferdekräften	1	2	3	4	5	6	8	10	12	16	20	25	30	35	40	50
Preis ab Fabrik mit Gaserzeuger u. Fundamentschrauben Mk.	1400	1650	2000	2400	2900	3300	3800	4200	5000	6200	7200	7700	8200	8900	10000	10700
Wellenverlängerung und Aufsenlager . . . . . . Mk.									350	350	350	350	400	420	420	500
Durchmesser der Riemscheiben mm	250	300	350	400	450	500	600	700								
Breite (für feste und lose) Riemscheiben . . . . . mm	150	170	200	250	270	290	310	350	nach	besonderer	Vereinbarung					
Umdrehungszahl per Minute .	240	230	230	220	210	200	190	190	190	180	180	180	180	»	180	170
Mehrpreis f. d. zweite Schwungrad, falls der Motor für elektr. Beleuchtungsanlage benutzt wird . . . . . Mk.										»		»	»	»		
Durchmesser des Schwungrades . . . . . mm	100	120	130	140	160	180	200	240	240	250	300	350	450	550	600	750
Breite der besonders schweren Schwungräder . . . mm	75	90	100	110	120	140	140	170	180	190	200	200	200	220	240	260
Ungefähres Gewicht unverpackt ca. kg	750	850	1200	1250	1750	1800	2750	2900	4370	5290	5980	6240	7440	8640	7050	12500
Ungefähres Gewicht verpackt ca. kg	950	1050	1450	1500	2050	2150	3100	3250	5520	6440	7130	7440	8760	10060	13500	14375
Gesamtlänge des Motors mm	1400	1650	1700	2000	2100	2400	2800	3000	4000	4500	5000	5300	5600	6000	6200	6500
Gesamtbreite » »	750	850	850	1050	1100	1250	1450	1600	2300	2400	2700	3000	3200	3500	3700	3800
Höhe des Motors » »	1100	1200	1300	1400	1600	1700	1800	1800	1800	2000	2000	2100	2100	2300	2300	2300

Benzin- und Petrolin-Motor
der Adamschen Motorenfabrik in Friedrichsdorf (Mähren).
Bureau Wien IX, Schwarzspanierstr. 18.

Der Motor arbeitet mit Einspritzung, Zündung elektrisch, Regulierung durch Aussetzen der Ladung oder, falls große Gleichförmigkeit des Ganges gefordert wird, mit veränderlicher Ladungsmenge und Änderung des Mischungsverhältnisses. Durch Anfeuchtung der Betriebsluft wird erreicht, den Kompressionsdruck auf sechs Atmosphären steigern zu können.

Die Maschine ist für die Verwendung schwerer flüchtiger Brennstoffe wie Benzin eingerichtet, und können Erdöldestillate bis zum spezifischen Gewicht 0,740 benutzt werden. Der hauptsächlich verwendete Brennstoff führt den Namen »Petrolin«, spezifisches Gewicht 0,72—0,74. Dasselbe ist nicht so feuergefährlich wie Benzin und verbreitet nicht den unangenehmen Geruch wie Petroleum, es genießt in Österreich und Deutschland für Krafterzeugungszwecke Steuerfreiheit, sein Preis ist geringer wie der des Benzins und des Petroleums.

Die Konstruktion der Maschine ist aus den Fig. 59 bis 65 ersichtlich. Maschinenrahmen C, Arbeitscylinder A, Wassermantel B, Cylinderdeckel D mit Auslaßventilgehäuse und das Einlaßventilgehäuse E bilden getrennte Gußstücke, so daß diese Teile leicht ausgewechselt werden können. Der Arbeitscylinder A ist ein schlichtes Gußstück mit gleichmäßigen Wandstärken, selbst der sonst übliche Befestigungsflansch ist hier vermieden, ein wenig vorspringender Rand a ist zwischen Cylinderdeckel und Wassermantel eingeklemmt und gibt dem Cylinder hier den nötigen Widerhalt; vorn findet der Cylinder Führung und Auflage im Maschinenrahmen C. Ein zwischen Wassermantel B und Maschinenrahmen C gelegter Gummiring b vermittelt hier den wasserdichten Abschluß und gestattet dem Cylinder freie Ausdehnung.

Auslaßventil F und Einlaßventil G liegen, wie üblich, mit den Köpfen im Verbrennungsraume H. Parallel zur Cylinderachse liegt die durch Schraubenräder angetriebene Steuerwelle I, sie dient zur Übertragung der Bewegung auf das Ein- und Auslaßventil, auf den Regulator und die elektrische Zündung.

Das Auslaſs-
ventil wird durch
einen Doppelhebel
von der Steuerwelle
aus gesteuert, das
in Fig. 59 sicht-
bare Ende *c* dieses
Hebels ist zur Auf-
nahme der kurzen
Spiralfeder *e* und
des Federstiftes *f*
ausgebildet. Die
Feder schafft eine
dauernde Anlage
des Stiftes *f* an die
Ventilspindel und
ermöglicht einen
sanften geräusch-
losen Anhub des
Ventiles.

Die Steuerung
des Einlaſsventiles
wird durch den
Daumen *g*, die
Druckstange *h* (Fig.
61) und den doppel-
armigen Hebel *i i*
vermittelt. Die Bil-
dung und Einnahme
des Gemisches voll-
zieht sich in folgen-
der Weise: Sobald
das Einlaſsventil
durch die Steuerung
geöffnet wird, äus-
sert sich die Saug-
wirkung des Arbeits-
kolbens auch auf
den davorliegenden
selbstthätigen Misch-

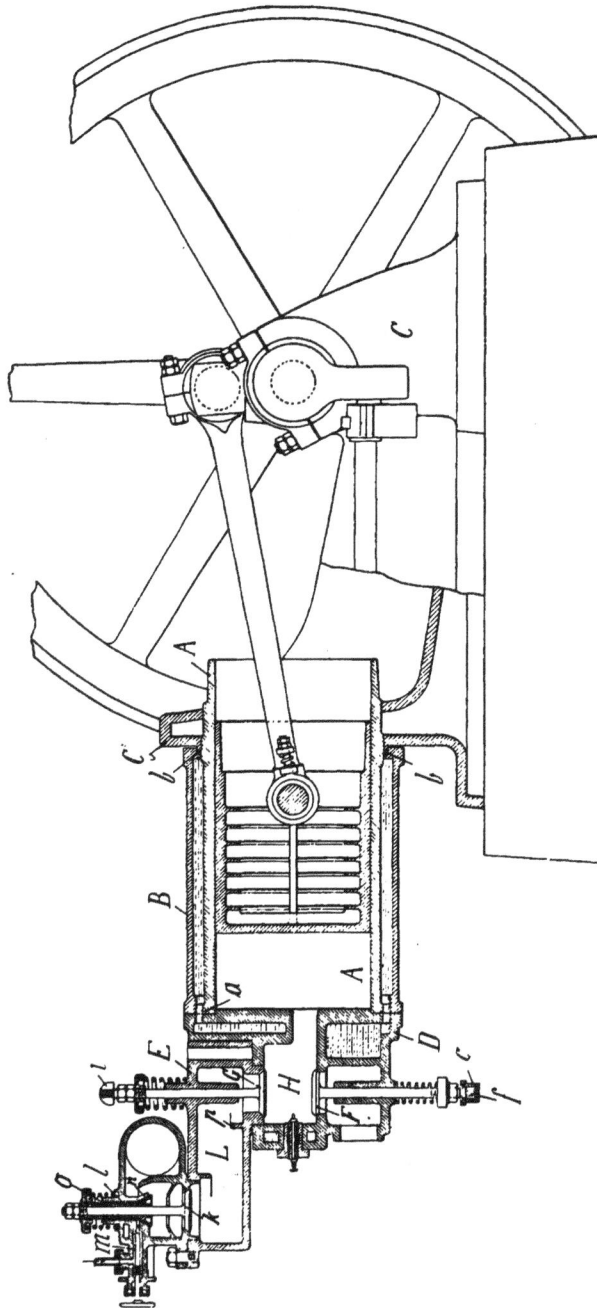

Fig. 59 Adams Benzinmotor.

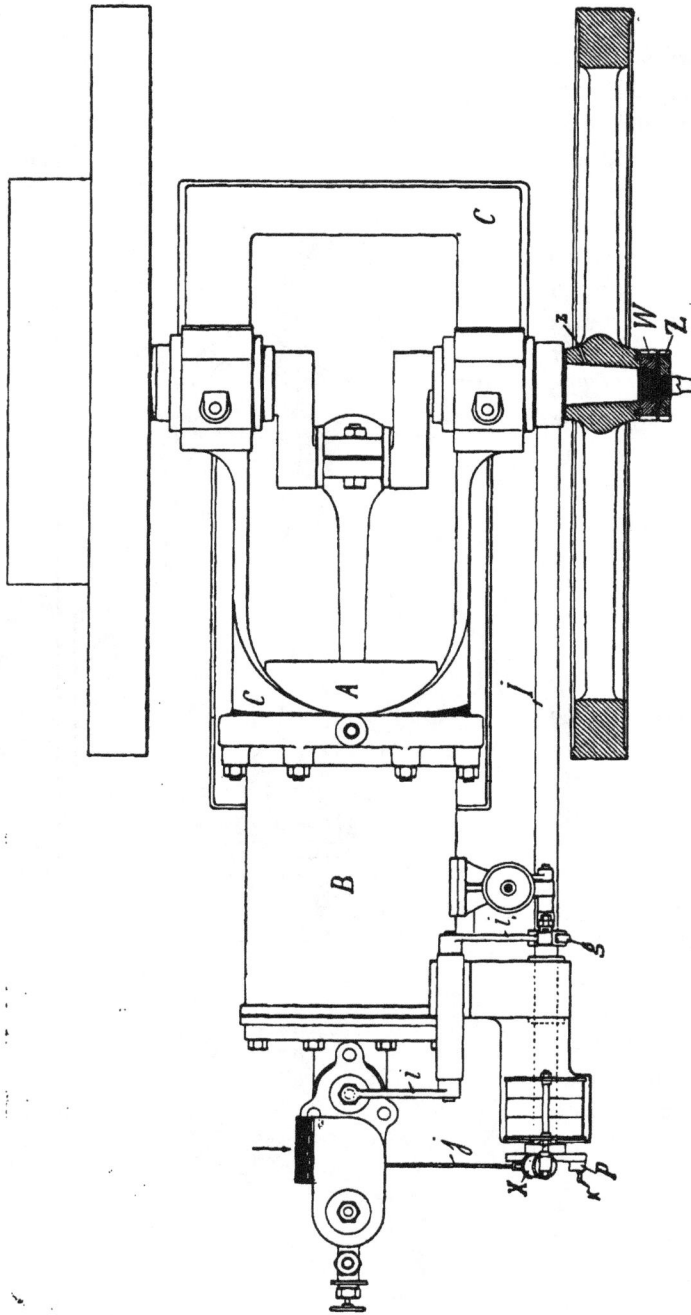

Fig. 60. Adams Benzinmotor.

apparat, welcher aus Luftventil K und Brennstoffventil l, Fig. 59, gebildet wird. Beide Ventile öffnen und schliefsen sich gleichzeitig. Die hohle Spindel des Brennstoffventiles bildet die Führung für die Luftventilspindel.

Die Schleiffläche des Brennstoffventiles l ist besonders breit gehalten und in der Mitte mit einer eingedrehten Nut n versehen. Der durch das Nadelventil m ein-regulierte Brennstoff ist also schon vor der Ansaugeperiode gleich-mäfsig auf der Ventilkegelfläche verteilt, so dafs beim Ansaugen der Ventile $k\,l$ sofort Zerstäubung des Brennstoffes und Gemischbildung eintritt. Das Benzin ver-läfst den Ventilkegel als Flüssigkeitsschleier, welcher durch die vom Umfang des Ventiles her und durch die Nuten o in der Ventil-führung nachtretende Luft energisch zer-stäubt wird.

Zwischen dem Mischapparat $l\,k$ und dem Einlafsventil G ist eine Raumerweiterung L angebracht, in welcher etwa nicht genügend zerstäubte Brennstoffteilchen niederfallen können; die Brücke p verhindert, dafs

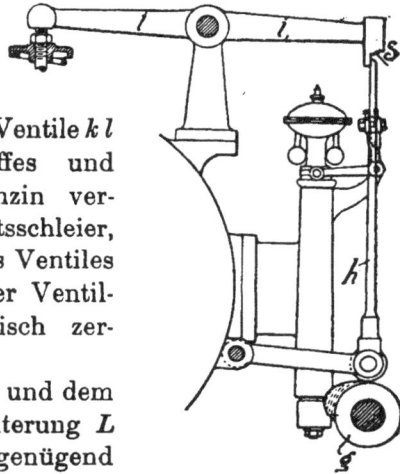

Fig. 61.
Adams Benzinmotor.

diese flüssigen Reste mit in den Arbeitscylinder gelangen.

Die Raumerweiterung L bietet aufserdem die Möglichkeit, mittels einer kleinen Hand-pumpe, welche hier angeschlossen ist, unab-hängig von der Bewegung des Motors, Gemisch pumpen zu können, es in einem gesonderten Behälter unter Druck aufzuspeichern und dann zum Anlassen des Motors zu benutzen.

Je nachdem die Geschwindigkeitsregulie-rung des Motors durch Aussetzen der Ladung oder durch Verändern der Ladungsmenge be-wirkt werden soll, wird ein Pendelregulator oder ein Centrifugalregulator verwendet. Der

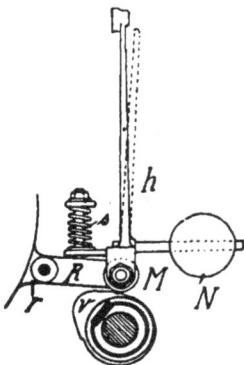

Fig. 62. Pendelregulator zu
Adams Benzinmotor.

Pendelregulator ist auf Fig. 62 dargestellt, das Anheben des Einlafsventiles G vermittelt hier die Stofsstange h, mit welcher das Pendel N verbunden ist. Stofsstange und Pendel sind

gelenkig mit dem Hebelarm *R* verbunden, letzterer hat bei *r*
seinen festen Drehpunkt und läuft am andern Ende mit einer Rolle
auf dem Daumen *v* der Steuerwelle. Die Spiralfeder *s* dient dazu,
für Stofsstange und Pendel eine Ruhelage zu schaffen. So lange
der Motor seine normale Geschwindigkeit nicht überschreitet, reicht
die Spannung der Feder *s* aus, der lebendigen Kraft des Pendels *N*
das Gleichgewicht zu halten, die Stofsstange bleibt in ihrer Ruhelage und trifft regelmäfsig den Einlafsventilhebel *i i*, Fig. 61. Vergröfsert sich die Drehgeschwindigkeit des Motors, so wächst die
lebendige Kraft des Pendelgewichtes, die Feder *s* gibt nach, die
Stofsstange kommt aus ihrer Richtung in die punktierte Lage und
trifft den Einlafsventilhebel nicht mehr; die Gemischeinnahme
bleibt aus.

Während der Leergänge des Motors mufs also das Einlafsventil
dicht geschlossen bleiben, und es würde im Verlauf eines jeden
Viertaktes ein mit Arbeitsverlusten verknüpftes starkes Vakuum im
Cylinder hervorgerufen werden. Dies mufs verhindert werden und
ist zu dem Zweck die Auslafsventilfeder so schwach gespannt, dafs
sich das Auslafsventil schon bei geringem Vakuum öffnet und die
eben ausgestofsenen Verbrennungsprodukte in den Cylinder zurücktreten.

Damit man die Umdrehungsgeschwindigkeit auch während des
Betriebes verändern kann, ist die Spannung der Feder *s* am Pendelregulator zum Verstellen eingerichtet.

Soll die Geschwindigkeitsregulierung durch Füllungsänderung
erfolgen, so wird die aus Fig. 61 ersichtliche Anordnung verwendet.
Je nach dem Höhenstand des Regulators schwingt die Zunge *h*
mehr oder weniger nach rechts herüber, ihre Schneide trifft in den
einen oder anderen Einschnitt der schrägen Verzahnung *S* und dem
entsprechend wird das Einlafsventil für längere oder kürzere Zeit
geöffnet. Mit wachsender Umfangsgeschwindigkeit nimmt die
Öffnungszeit des Einlafsventiles und damit die Menge der Ladung ab.

Zu beachten ist, dafs bei diesem Motor die Verringerung der
Ladungsmenge nicht bis zum völligen Aussetzen derselben getrieben
wird, sondern dafs auch für jeden einzelnen Leergangshub immer
noch entzündbare Ladungsmengen vorhanden sind. Wollte man
unter diesen Verhältnissen die für den Leergang gehörende, sehr
geringe Ladungsmenge gleich zu Anfang des Saughubes einnehmen,
so wäre zu gewärtigen, dafs die kleine Gemischmenge sich in den
Verbrennungsrückständen verlöre und die Entzündungsfähigkeit der

Ladung in Frage gestellt würde. Die Form des Einlaſsdaumens ist also, wie aus Fig. 61 ersichtlich, so gewählt, daſs bei der geringsten, dem Leergang entsprechenden Eröffnungsdauer des Einlaſsventiles, die Öffnung erst ganz am Ende des Saughubes erfolgt.

Fig. 61 zeigt auch, daſs für den Vollgang ein erheblicher Teil des Gemisches in den Raum *L* zurückgedrängt wird, denn der Daumen, welcher nun mit seiner ganzen Oberfläche zur Wirkung kommt, hält das Einlaſsventil noch geöffnet, während der Kolben schon z u r ü c k g e h t , also der Kompressionshub schon begonnen hat. Vergegenwärtigen wir uns, daſs die Auslaſsventilfeder nur schwach gespannt ist und ein Rücksaugen der eben ausgestoſsenen Verbrennungsrückstände schon bei geringer Vakuumbildung statt-findet, so wird verständlich, daſs sich der Reguliervorgang in folgen-der Weise abwickeln muſs.

E r s t e s S t a d i u m — Vollgang. —

Öffnung des Einlaſsventiles während des Saughubes und eines Teiles des Kompressionshubes. Zurücktreten eines Teiles der Ladung durch das Einlaſsventil in den Raum *L*. Menge der Ver-brennungsrückstände bleibt normal. Kompressionsgrad infolge Rück-trittes eines Teiles der Ladung nach *L* verringert.

Z w e i t e s S t a d i u m — Verringerte Kraftabnahme. —

Spätere Öffnung des Einlaſsventiles, kein Rücktreten der Ladung nach *L*. Menge der Verbrennungsrückstände, vergröſsert durch Aufsaugen des Auslaſsventiles. Kompressionsgrad höher wie beim Vollgang.

D r i t t e s S t a d i u m — Leergang. —

Späte und geringe Öffnung des Einlaſsventiles. Weitere Zu-nahme der zurückgesaugten Verbrennungsrückstände. Kompression wie im zweiten Stadium.

Von dem Zurücksaugen der Verbrennungsrückstände wird bei dem Motor also ein erheblicher Gebrauch gemacht. Da s e l b s t - t h ä t i g e Ventile, welche Luft oder andere Gasarten ansaugen, auf ihrem Sitz vibrieren und im vorliegenden Fall das Auslaſsventil beim Rücksaugen ebenfalls als ein s e l b s t t h ä t i g e s u n g e s t e u e r t e s Ventil arbeitet, so würde der Auslaſsventilhebel, falls der Motor nicht mit Vollgang arbeitet, durch die Vibrationen des Ventils beeinfluſst werden und ein klapperndes Geräusch verursachen, wenn nicht die schon anfangs erwähnte, in den Auslaſshebel eingelegte Feder *c* die Vibrationen des Ventiles auffinge und den Auslaſsventilhebel

mit seiner Rolle zur dauernden Anlage am Umfang der Daumenscheibe anhielte.

Wie anfangs erwähnt, wird bei dem Motor eine, mit Rücksicht
auf den verwandten Brennstoff, hoch zu nennende Kompression
benutzt, welche zu »Frühzündungen«
führen würde, falls nicht Gegenmafs-
regeln getroffen wären. Diese bestehen darin, dafs erstens der Kolbenboden eine sehr geringe Wandstärke
hat und durch Rippen gekühlt ist;
zweitens darin, dafs die Betriebsluft
einen Anfeuchtapparat passiert, bevor
sie in den Motor eintritt. Dieser Anfeuchtapparat ist in Fig. 63 dargestellt.
Die Luft tritt bei *u*, über den ganzen
Umfang des Blechcylinders gleichmäfsig verteilt, ein, ihr entgegen strömt,
vom Rohr *S* kommend, durch Sieb-
bleche fein verteiltes Wasser. Die
Luft, welche bei *T* vom Motor abge-
saugt wird, ist genötigt, das träufelnde
Wasser zu durchströmen und gelangt,
mit Wasserstaub gesättigt, in den
Motor. Aus dem Rohre *V* fliefst das
überschüssige Wasser ab. Durch den
Wassergehalt der Luft wird die »Kompressionstemperatur«, d. h. die durch
die Kompression selbst entstehende
Wärme herabgemindert und die Gefahr, dafs die Ladung schon vor

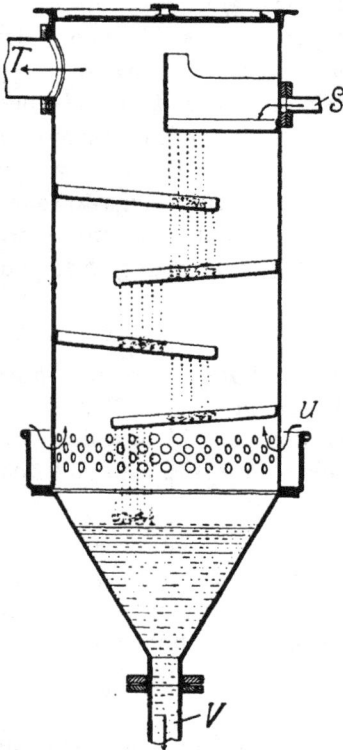

Fig. 63.
Luftanfeuchter zu Adams Benzinmotor.

Eintritt der Zündung die Entzündungstemperatur erreiche, beseitigt. [1)]

Sollten aus irgend einer unvorhergesehenen Ursache dennoch
»Frühzündungen« auftreten, so ist dem schädigenden Einflufs derselben
hier dadurch vorgebeugt, dafs die Schwungräder in ihrer Drehungs-

---

[1)] Das Verfahren, für die mit Brennstoffen von niederer Entzündungstemperatur arbeitenden Explosionsmotoren, das Gemisch mit Wasserstaub zu
sättigen und dadurch hohe Kompressionen in Anwendung bringen zu können,
ist zuerst von Prof. Banki in Budapest mit Erfolg zur Ausführung gebracht
worden.

richtung verharren können, während die Kurbel selbst, dem Gegen-
drucke nachgebend, zurückschlägt. Die Befestigung der Schwungräder auf der Achse ist für diesen Zweck zu einer sich selbst aus-
lösenden gemacht. Durch die Mutter W, Fig. 60, wird die Schwung-
radnabe fest auf den konischen Achsschenkel geprefst. Die Richtung des Gewindes für die Befestigungsmutter ist so gewählt, dafs
sie fest gezogen wird, so lange die Kurbelachse in der richtigen
Drehungsrichtung verharrt, dafs sie sich aber löst, wenn die Kurbel
mit grofser Kraft zurückgetrieben wird, und die Schwungräder
in ihrer Drehungsrichtung beharren. Vor der Mutter W sitzt aufserdem noch eine zweite Mutter Z in geringem Abstande von ersterer,
welche ein der Befestigungsmutter entgegengesetzt gerichtetes
Gewinde hat und ein vollstän-
diges Abdrehen der Mutter W
vom Achsschenkel verhindert.

Durch Schmierloch z kann
dem Achsschenkel Öl zugeführt
werden, damit sich die Räder
auf ihm drehen können.

Die feste Verbindung zwi-
schen Rad und Achse stellt
sich selbstthätig wieder her,
sobald die Kurbelwelle den
ersten Antrieb in der richtigen
Drehungsrichtung erhält.

Endlich ist noch der Zündvorrichtung zu gedenken; sie

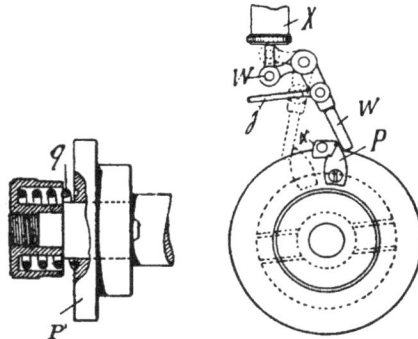

Fig. 64.   Fig. 65.

Bewegungsmechanismus für die magnetelektrische Zündung des Adamschen
Benzinmotors.

wird durch einen magnetelektrischen Apparat bewirkt, zu dessen Bewegung der auf der Stirnseite der Steuerwelle angebrachte Daumen P
Fig. 64 und 65 dient, derselbe fafst hinter den auf der Ankerwelle
des Apparates befestigten Winkelhebel w, und spannt die in der
Büchse X befindliche Feder. Kurz vor dem toten Punkt gibt der
Daumen den Hebel w frei, und die Feder schnellt den Anker zurück. Gleichzeitig mit dem Hebel w wird die kleine Zugstange j
bewegt, welche den Kontakthebel abschlägt. Wie leicht zu übersehen, kann die Bewegung des Hebels w bei der angewandten Vorrichtung immer nur in der einen Drehungsrichtung erfolgen; würde
sich der Motor einmal im entgegengesetzten Sinne drehen, so käme
P zur festen Auflage auf w, und die Einrichtung würde zerstört
werden.

Da ein Rückwärtsschlagen des Motors nicht zu den Unmöglichkeiten gehört, so müssen an dem Zündmechanismus Einrichtungen getroffen sein, welche ihn vor dem Zerbrechen sichern.

Wie aus Fig. 64 zu ersehen, ist die Scheibe *P'* nachgiebig an dem Steuerwellenkopf befestigt. Eine Spiralfeder *q* preſst die mit schrägen Seitenflächen versehene Leiste der Scheibe *P'* mit bestimmtem Druck in eine Nute des Steuerwellenkopfes. Bei übergroſsem Widerstand des Daumens werden dann die schrägen Flächen der Leiste ein Herausheben aus der Nut zulassen, so daſs eine Verdrehung der Daumenscheibe erfolgen kann. Nach solchem Vorkommnis ist die Daumenscheibe jedesmal in die richtige Lage zurückzuführen.

Wie aus den vorausgegangenen Beschreibungen anderer Motoren erinnerlich sein wird, hat die Zündung bei schnelllaufenden Motoren erheblich vor dem toten Punkt zu erfolgen, wenn die Druckentwickelung einen günstigen Verlauf nehmen soll, während sie beim Anlassen erst im toten Punkt einsetzen muſs. Wendet man diese Vorsichtsmaſsregel nicht an, so hat man zu gewärtigen, daſs der Motor beim Andrehen in gefahrbringender Weise verkehrt herumschlägt. Um solche Vorkommnisse auszuschlieſsen, ist an dem Daumen das lösbare Verlängerungsstück *x* angefügt worden; dasselbe veranlaſst ein späteres Abschnappen des Hebels *w*, also auch einen späteren Eintritt der Zündung. Hat der Motor seine volle Umdrehungsgeschwindigkeit erreicht, so wird das Verlängerungsstück mit der Hand abgezogen.

Ein 4 pferdiger Adamscher Petrolinmotor, welcher vom Comité des internationalen landwirtschaftlichen Maschinenmarktes in Wien geprüft wurde, ergab folgende Resultate:

1. Gebremste Leistung . . . . 5,77 P S.
   Tourenzahl pro Minute 243
   Petrolinverbrauch pro Pferdekraft und Stunde   335 g.
   Anzahl der Zündungen pro Minute . . . 106 = 87 % v. Vollgange.
2. Gebremste Leistung . . . . 4,20 P S.
   Tourenzahl pro Minute 242
   Petrolinverbrauch pro Pferdekraft und Stunde   386 g.
   Anzahl der Zündungen pro Minute . . . 87 = 72 % v. Vollgange.
3. Leergang.
   Tourenzahl pro Minute 241
   Petrolinverbrauch pro Stunde . . . . . . 600 g.
   Anzahl der Zündungen pro Minute . . 26 = 26 % v. Vollgange.

Das Petrolin kostete zur Zeit der Prüfung je nach Höhe des Frachtzuschlags zwischen 7 und 9 fl. pro 100 kg.

Fig. 66. Adams Benzinmotor.

In Fig. 66 ist ein Adamscher Benzinmotor in seiner Gesamtansicht dargestellt.

Die Preise und Hauptabmessungen der Adamschen Benzinmotoren ergeben sich aus nachstehender Tabelle.

Leistung in PS		2	4	6	8	10	12	16	20	25	30	40	50
Preis des Motors mit 1 Schwungrad	Kronen	1800	2400	3240	3700	4200	5300	6000	7500	—	—	—	—
» » » 2 Schwungrädern	»	1900	2540	3400	3900	4640	5560	6400	8000	8600	10000	11300	13000
Gewicht des Motors mit 1 Schwungrad	kg	530	850	1000	1350	1800	1860	2350	3000	—	—	—	—
» » » 2 Schwungrädern	»	650	950	1250	1650	2200	2260	2800	3500	3750	3900	4300	5000
Preis des gußeisernen Sockels	Kronen	140	180	240	—	—	—	—	—	—	—	—	—
Gewicht des »	kg	185	250	300	—	—	—	—	—	—	—	—	—
Durchmesser der Riemenscheibe	mm	200	400	500	600	700	700	800	900	—	—	—	—
Breite »	»	160	200	240	265	285	300	300	365	—	—	—	—
Umdrehungen pro Minute		260	230	230	210	210	210	200	200	200	200	170	170
Preis der Fundamentschrauben mit Platten	Kronen	19	29	34	40	46	56	62	70	—	—	—	—
Mit Glühzündung billiger um	»	150	150	150	160	160	160	160	160	—	—	—	—

(In den Spalten 25–50: nach Bestellung)

Benzinmotor der Maschinenbau-Aktiengesellschaft vorm. Ph. Swiderski in Leipzig-Plagwitz.

Der Motor arbeitet mit Karburator, Zündung durch magnetelektrischen Apparat, Regulierung durch Aussetzen der Ladung. Falls hoher Gleichförmigkeitsgrad gewünscht wird, kann die Regulierung auch für eine solche mit Änderung des Benzingehaltes der Ladung eingerichtet werden.

Maschinenrahmen, Arbeitscylinder, Wassermantel, Verbrennungsraum und Ventilgehäuse des Motors bilden getrennte Gußstücke. An dem zu einer breiten Basis ausgebildeten Maschinenrahmen A (Fig. 67) ist der Wassermantel B freitragend angeschraubt, der Arbeitscylinder C besteht aus einem schlichten Gußstück und legt sich mit einem breiten Flansch gegen die hintere Stirnfläche des Wassermantels, wo er gemeinsam mit dem Verbrennungsraum D durch Stiftschrauben a dicht verschraubt ist.

An dem Verbrennungsraum D sind oben und unten zwei parallele Arbeitsflächen ausgebildet, auf der oberen ist das Einlaßventilgehäuse E befestigt, auf der unteren, mit E in einer Achse liegend, das Auslaßventil-Gehäuse F. Die Bearbeitung des Verbrennungsraumes mit diesen parallelen Flächen und central übereinander liegenden Öffnungen gestaltet sich zu einer sehr bequemen und bietet für genaue Montage der Ventile und zugehörenden Steuerungsteile die beste Gewähr.

Von der Steuerwelle G aus, welche mittels der im Gehäuse b liegenden Schraubenräder angetrieben wird, werden bethätigt: das Einlaßventil durch den Winkelhebel c und die den Auspuffstutzen umfassende Hubstange e, welch letztere oben noch eine besondere Führung erhält, das Auslaßventil F durch den zweiarmigen Hebel g g, das Benzingasventil H durch die Hebel d d' auf der Welle h, der magnetelektrische Apparat I durch die unrunde Scheibe i, der Kontakthebel K durch die Zugstange l und Daumen m, der Regulator durch Schraubenräder, welche in der Kapsel n liegen.

Die Betriebsluft wird durch Rohr K dem Hohlraum des Maschinenrahmens, welcher solcher Art als Schalldämpfer beim Ansaugen dient, entnommen und strömt durch den Kanal K' und das Mischorgan L (Fig. 68) dem Einlaßventil zu. Das Mischorgan hat die Form eines Ringschiebers, durch dessen Mitte die Luft eintritt,

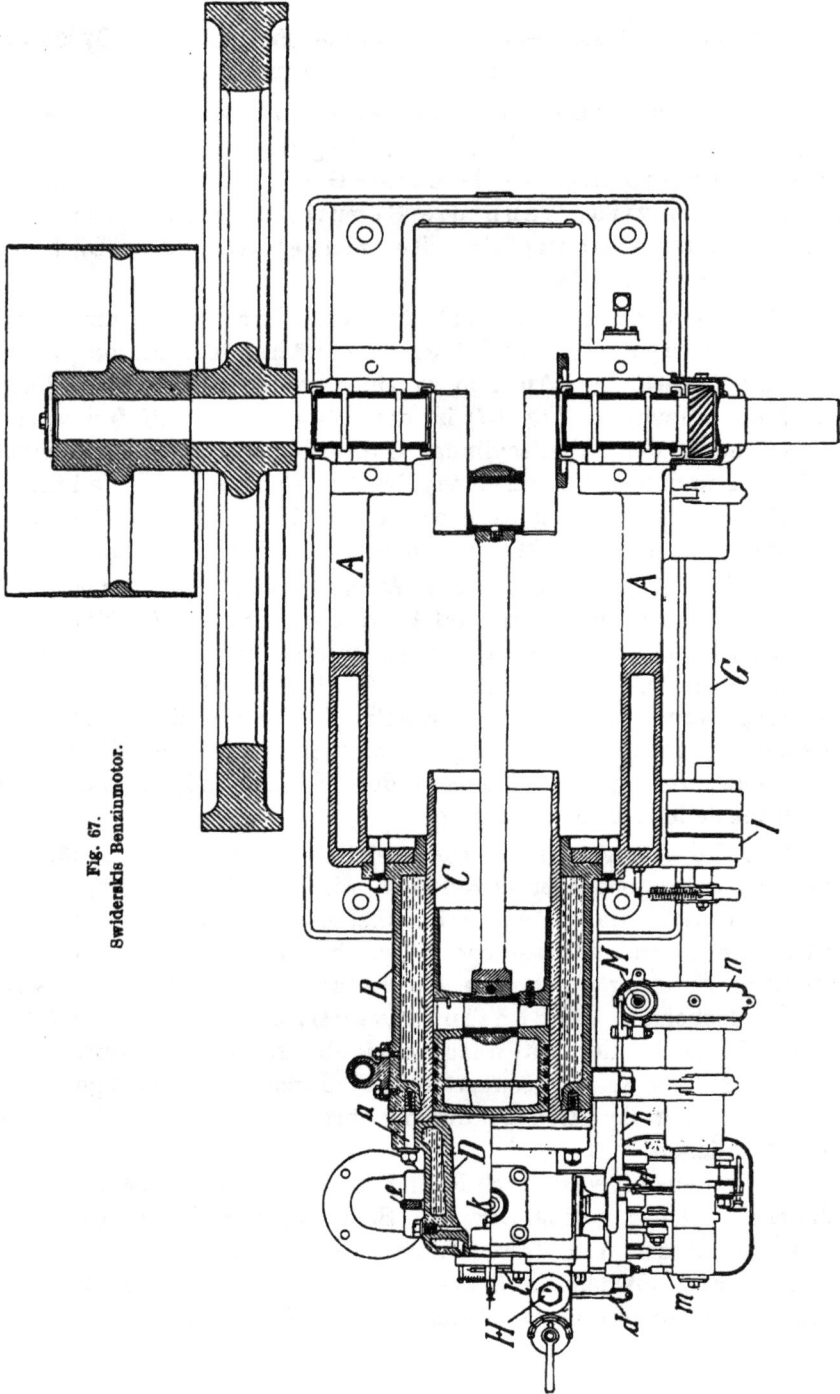

Fig. 67.
Swiderskis Benzinmotor.

während das Benzingas vom Umfang her einströmt, wohin es durch das Gasventil *H* und Kanal *o* gelangt. Um das richtige Mischungsverhältnis von Luft und Benzingas einzustellen, hat man den Ringschieber mittels des Handrades *p* vor- oder zurückzuschieben. Wie leicht zu übersehen, bleibt zu Anfang des Abhebens der Querschnitt für den Lufteintritt unverändert bestehen, nur die Eintrittsöffnung

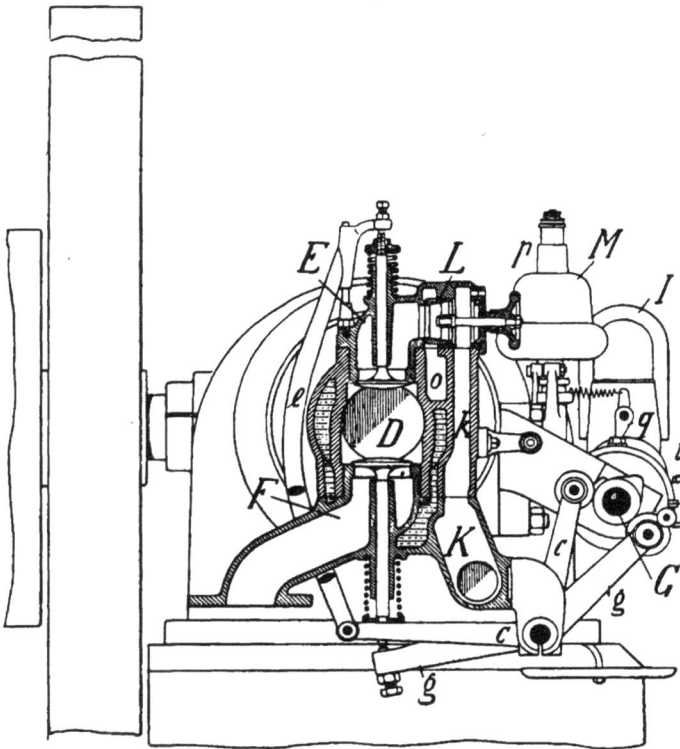

Fig. 68. Swiderskis Benzinmotor.

für das Benzingas bildet und erweitert sich, bis das Verhältnis für Luft- und Gasöffnung erreicht ist, bei welchem der Motor sicher angeht. Hat man den Schieber so weit zurückgezogen, daß sein Rand in die Luftkammer tritt, so wird von nun an der Querschnitt für den Lufteintritt verkleinert, während der Gasquerschnitt ein größerer wird. Da die Summe der Querschnitte für Gas und Luft annähernd gleich bleibt, so kann man jedes beliebige Mischungsverhältnis einstellen und den Motor ohne weitere Änderung mit

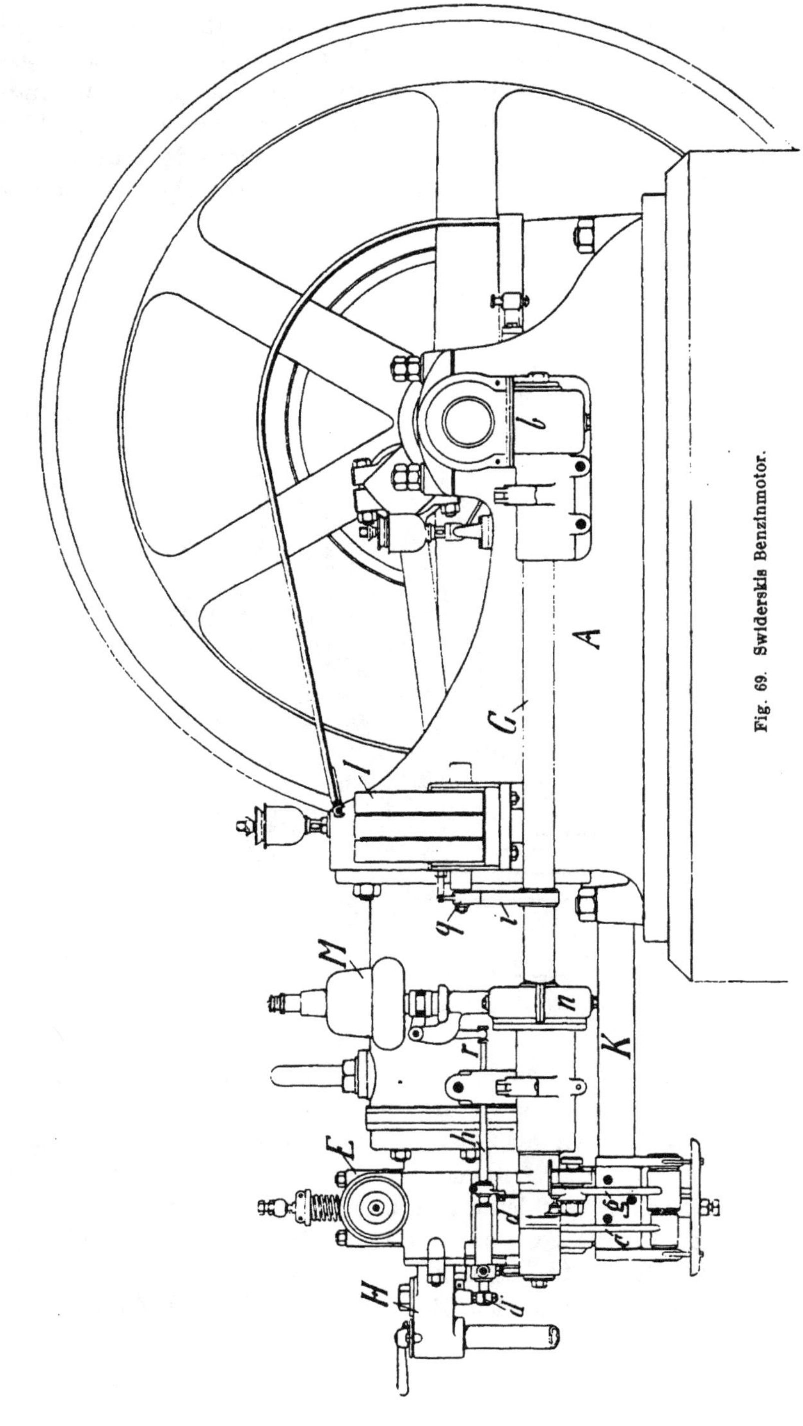

Fig. 69. Swiderskis Benzinmotor.

verschiedenen Brenngasen, wie Leuchtgas, Benzingas, Kraft- und Schweelgasen, betreiben, vorausgesetzt, daſs das gesteuerte Gasventil groſs genug ist, um ein genügendes Quantum des ärmsten Gases hindurchtreten zu lassen.

Die Zündung erfolgt durch den magnetelektrischen Zündapparat I; die schnelle Bewegung des Ankers im Moment der Zündung wird hier nicht durch Abschnappen einer Feder, sondern zwangläufig, durch die unrunde Scheibe i, bewirkt, welche sich an dem Ankerhebel g so abwälzt, daſs im Zündmoment der kleinste Radius des Hebels mit dem gröſsten Radius der unrunden Scheibe zusammenarbeitet.

Der Kontakthebel K ist wie üblich im Innern des Verbrennungsraumes angebracht; im Zündmoment schnappt die Zugstange l von einem Daumen der Steuerwelle ab und reiſst den Kontakthebel von seiner isolierten Unterlage; der plötzlich unterbrochene Strom springt hier unter Funkenbildung über und veranlaſst die Entzündung des Gemisches.

Der Centrifugalregulator M bewegt durch den Winkelhebel r die Achse h des Gasventilhebels d und schiebt letzteren aus der Angriffszone des zugehörigen Steuerwellendaumens, wenn sich die Umdrehungsgeschwindigkeit des Motors über die normale erhebt.

Wird von dem Motor groſse Gleichförmigkeit des Ganges ververlangt, so erhält der Gasventildaumen eine konische Form; es werden dann, vom vollen Gasquantum abnehmend, allmählich Ladungen mit geringerem Gasgehalt eingenommen. Bei gleichbleibender Kraftentnahme stellt sich dann der Gasventilhebel für eine bestimmte Zone des Daumens ein.

Fig. 70 ist eine Gesamtansicht des Motors. Aus folgender Tabelle (siehe S. 135) ergeben sich die Preise, Gewichte und Hauptabmessungen der Swiderskischen Motoren.

Benzinfässer aus Eisen, innen und auſsen verzinkt, kosten je nach Gröſse Mk. 35—50 netto.

Die Riemscheibe ist bei den Motoren von 3—15 PS. im Preise einbegriffen.

Bei elektrischem Lichtbetrieb dient das eine ballig gedrehte Schwungrad als Riemscheibe.

Motoren über 15 PS. nach besonderer Preisliste.

Preise und Abmessungen der liegenden Benzinmotoren von 3—15 PS.
Klasse A.

Normalleistung in effektiven PS.	3	4	5	6	8	10	12	15
Preis d. Benzinmotors mit magnetelektrischer Zündung einschl. Zubehör ab Fabrik . . Mk.	1900	2200	2650	2950	3400	3750	4250	4650
Preis des Gufseisenfundamentes Mk.	125	140	150	160	180	200	230	260
Preis der Steinschrauben zum Gufseisenfundament . . Mk.	10	12	14	16	18	20	24	28
Preis der Ankerplatten u. Bolzen zum Ziegelsteinfundament Mk.	20	25	30	35	40	45	50	55
Preis der Verpackung . . »	30	35	40	45	50	55	65	75
Umdrehungszahl i. d. Minute . .	250	250	240	240	230	230	220	220
Ungefähre Höhe des Motors vom Fufsboden bis zur Schwungradoberkante . . . . . . mm	1200	1300	1400	1450	1525	1575	1650	1700
Ungefähre Breite des Motors »	975	1050	1100	1150	1275	1325	1480	1650
» Länge » » »	1850	1975	2050	2100	2400	2450	2640	2700
Durchmesser der Riemscheibe »	400	450	500	550	600	650	700	800
Breite der Riemscheibe . . »	210	250	270	290	310	330	350	370
Riemenbreite . . . . . . »	100	120	130	140	150	160	170	180
Ungefähres Gewicht des Motors netto . . . . . kg	850	950	1200	1400	1800	2000	2600	3000
brutto . . . . . »	1050	1200	1400	1600	2050	2300	3000	3400
Mehrpreis, wenn für elektrischen Lichtbetrieb bestimmt:								
Für ein zweites Schwungrad Mk.	130	140	160	180	200	220	250	280
Für ein besonders schweres Schwungrad, Aufsenlager, Sohlplatten u. Ankerschrauben Mk.	140	160	180	200	230	260	300	370
Für ein besonders schweres Schwungrad, Aufsenlager und gufseisernen Lagerstuhl . Mk.	200	215	235	250	300	350	400	450

Benzinmotor System Banki gebaut von der Firma Ganz & Comp. Eisengiefserei — und Maschinenfabriks — Aktiengesellschaft in Budapest, Ratibor & Leobersdorf.

Der Motor arbeitet mit Benzin- und gleichzeitiger Wassereinspritzung, Zündung durch Glührohr, Regulierung durch Aufhalten des Auslafsventiles.

In dem Bánki-Motor begegnen wir einer bedeutungsvollen Neuerung auf dem Gebiete der Explosionsmotoren, ja, man kann wohl sagen, dafs sie die erste wirkliche Verbesserung des Arbeitsprinzips des Ottoschen Kompressionsgasmotors ist.

Wie aus dem Kapitel »Die Petroleumdestillate in ihrer Eigenschaft als Krafterzeugungsmittel« erinnerlich sein wird, darf man die Kompression in einem Benzinmotor nicht viel über 5 Atm. steigern, ohne befürchten zu müssen, dafs »Frühzündungen« der Ladung und damit verbundene starke Stöfse in der Maschine auftreten. Auf den grofsen wirtschaftlichen Nutzen der hohen Kompressionsgrade mufste man also bei den Benzin- und Petroleummotoren bisher verzichten.

Das Wesen der Bánkischen Erfindung besteht darin, dafs man dem Explosionsgemisch schon während der Bildung — beim Ansaugen — gleichmäfsig erhebliche Wasserstaubmengen zuführt. Wird dies wasserstaubhaltige Explosionsgemisch komprimiert, so konsumiert der Wasserstaub die sich bildende Wärme, hält das Gemisch unter der Entzündungstemperatur und ermöglicht, die Kompression bis auf 16 Atm. und darüber zu steigern.

Aus der Geschichte der Gasmotoren ist bekannt, dafs schon Lenoir und Hugon versucht haben, ihre Motoren durch Einführen von Wasserdampf bezw. Einspritzwasser zu verbessern. Beide Erfinder hofften, dafs die Spannkraft des sich bildenden Wasserdampfes einen nachhaltigeren Druck ausüben würde wie die reinen Verbrennungsprodukte.

Auch nach Erfindung des Kompressions-Gasmotors blieb der Gedanke, durch Wassereinspritzung den Gang und den Effekt dieser Maschinen zu verbessern, bestehen. Der Zweck aber, welchen man zu jener Zeit mit der Wassereinspritzung verfolgte, war, wie sich wohl mit Bestimmtheit behaupten läfst, in allen Fällen ein anderer wie der, welcher der Bánkischen Erfindung zu Grunde liegt.

Die höchste Kompression, welche bis zum Jahre 1887 bei den Gas- und Benzinmotoren angewendet wurde, betrug 3 ¹⁄₂ Atm.; »Frühzündungen« konnten zu jener Zeit also nicht auftreten, sie waren unbekannte Dinge. Erst mit Benutzung des Petroleums als Brennstoff hat man im Grunde genommen die Frühzündungen kennen gelernt und sich ihre Ursache erklärt.

Zweck und Wirkungsart des Wassers sind bei dem Bánkischen Verfahren jedenfalls neu und eigenartig zu nennen.

Hier wird das Wasser als Staub dem Gemisch während seines Eintritts in den Cylinder gleichmäfsig hinzugefügt, zum Zweck, eine innere Kühlung während der ganzen Kompressionsperiode zu bewirken und somit die Entstehung der Kompressionstemperatur von vornherein zu hindern. Dafs daneben eine gleichmäfsige »Netzung« und innere

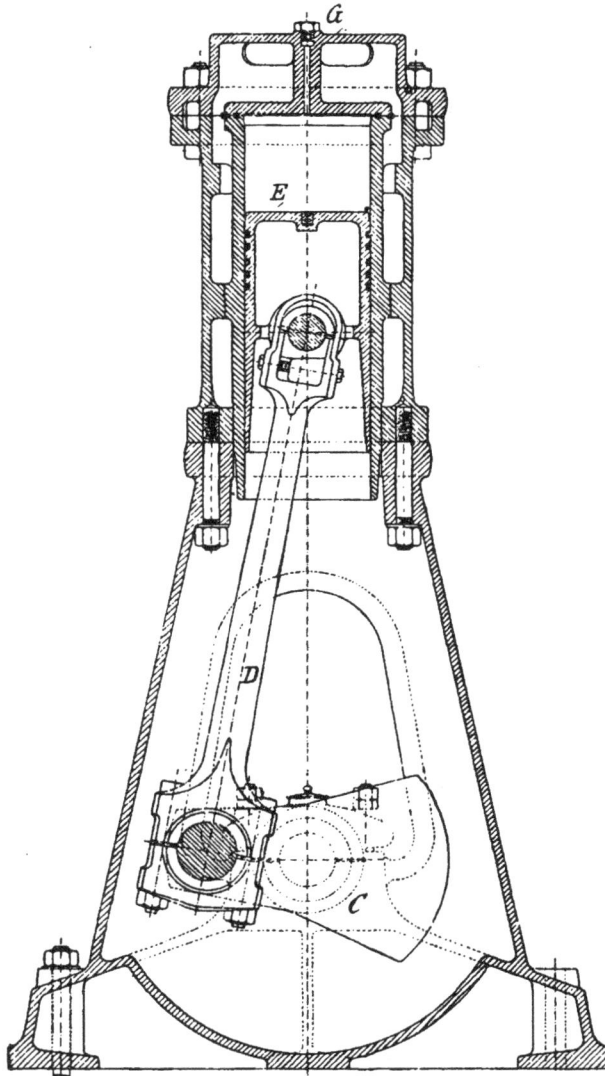

Fig. 71. Bankis Benzinmotor.

Kühlung der Cylinderlaufflächen und übrigen Wandungen stattfindet, durch welche der Schmierzustand des Kolbens verbessert und auch die Temperatur während der Saugperiode im Cylinder

erniedrigt wird, so daſs gröſsere Ladungsgewichte zur Ansaugung
gelangen, sind weitere Vorteile, die zwar rein praktischer Natur
sind, deshalb aber nicht weniger ins Gewicht fallen wie die Verbesserung des wirtschaftlichen Effektes.

Gehen wir nach dieser Einleitung nun zur Konstruktion des
Motors über.

Der Motor ist stehender Bauart mit unten liegender Kurbelachse; wie aus den Fig. 71 bis 78 ersichtlich, trägt jeder Schenkel
der Achse ein Schwungrad, so daſs die Achslager gleichmäſsig belastet sind und eine ungleichmäſsige Abnutzung vermieden wird.
Der Wassermantel F dient als Verbindungsglied zwischen Cylinder-
kopf G und dem Maschinenständer, am Wassermantel sind die
Steuerungsteile befestigt und findet der Arbeitscylinder seinen Halt.

Der Cylinderdeckel G enthält einen geräumigen Wasserraum,
in dem der gemeinsame Ein- und Auslaſskanal und das Gehäuse
für das Auslaſsventil eingegossen sind. Der Cylinderkühlraum
steht mit dem des Deckels G in direkter Verbindung, so daſs alle
Teile, welche der Wasserkühlung bedürfen, durch eine Zu- und
Abfluſsleitung reichlich und wirksam gekühlt werden.

Bei dem hohen Kompressionsgrad, welcher zur Anwendung gelangt, beschränkt sich der Verbrennungsraum auf den Inhalt des
Kanales l und den des Raumes L zwischen dem Aus- und Einlaſsventil; der Kolben geht, wie aus Fig. 72 ersichtlich, bis dicht an
den Cylinderdeckel heran. Das Einlaſsventilgehäuse K ist nach
einer Seite zu einem langen Kanal ausgebildet, in dem die Zerstäuber für Benzin und Wasser m n sowie die Reguliervorrichtung
t für die Betriebsluft eingebaut sind. Mittels des dem Cylinder
zunächst liegenden Zerstäubers wird das Benzin, durch den dahinter
liegenden das Wasser zerstäubt. Das Einlaſsventilgehäuse K bildet
den Deckel für das Auslaſsventil L, nach Lösung der Traverse h
(Fig. 72 und 73) kann es beseitigt werden und sind damit das Aus- und
Einlaſsventil sowie die Zerstäubvorrichtungen der leichten Reinigung
und Besichtigung zugänglich gemacht.

Die Konstruktion der Zerstäubvorrichtungen ist aus Fig. 75 zu
ersehen. Durch die Ventilschwimmer u wird das Benzin bezw. das
Wasser im Rohr m stets in genau derselben Höhe erhalten, die
Schraubenspindeln n n sind in den Längsachsen durchbohrt und
tauchen mit ihrem scharfkantig zugespitzten Ende eben in die
Flüssigkeit ein. Entsteht nun während der Ansaugperiode im Einlaſsventilgehäuse Luftverdünnung, so tritt die Luft nicht nur durch

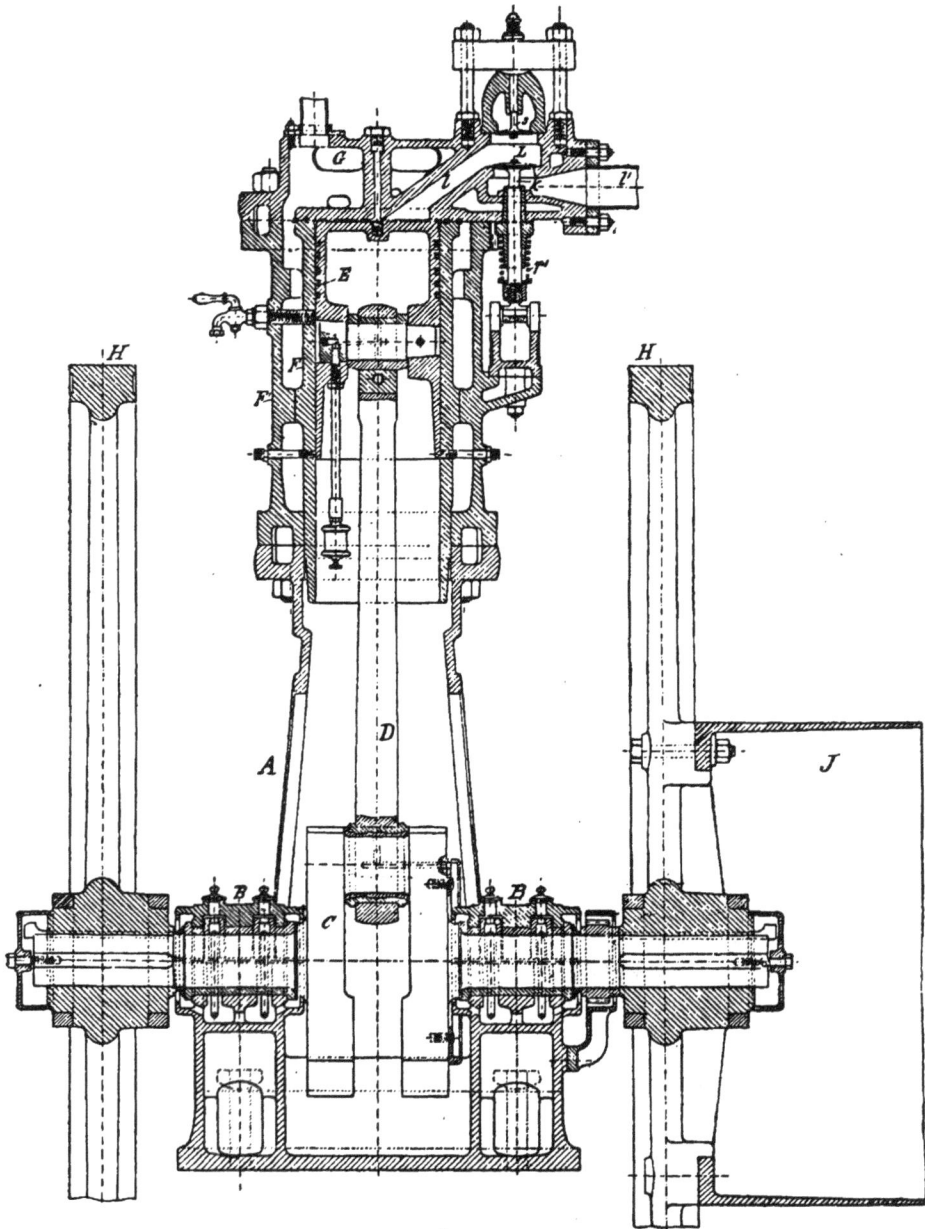

Fig. 72. Bankis Benzinmotor.

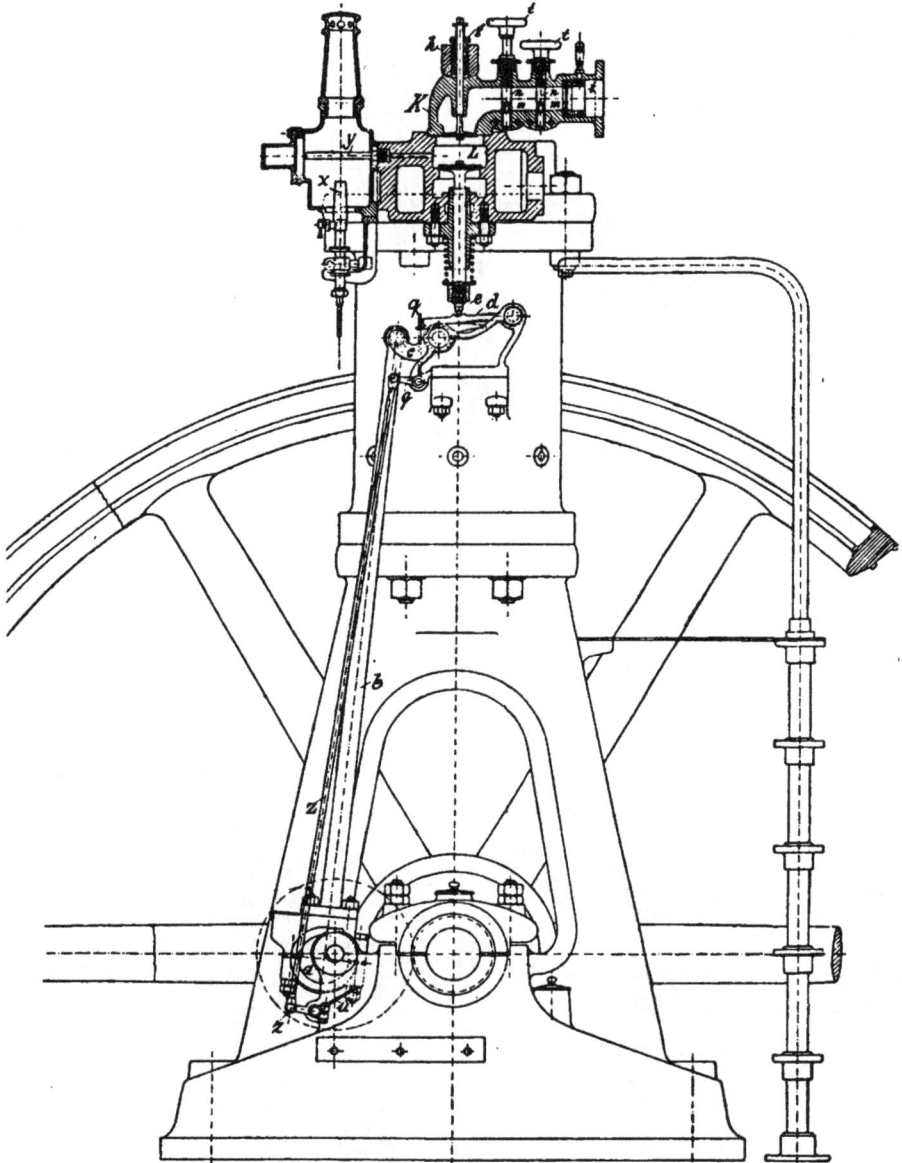

Fig. 73. Bankis Benzinmotor.

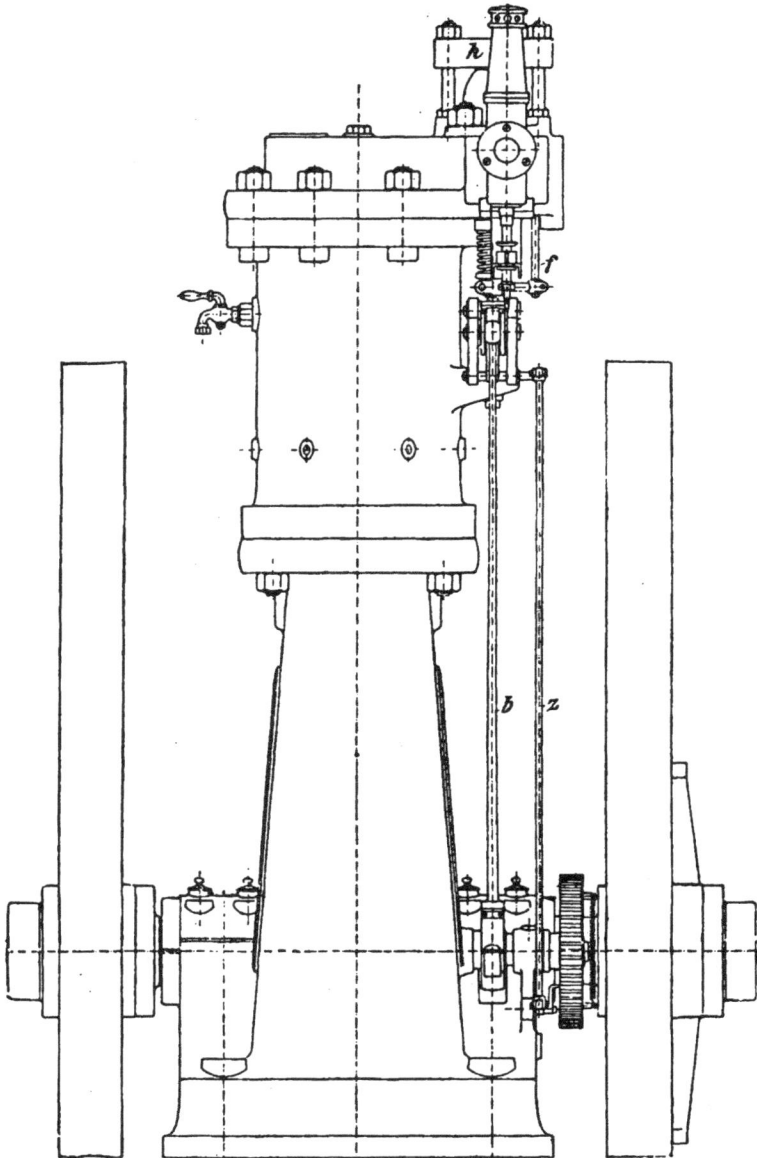

Fig. 74. Bankis Benzinmotor.

Reguliervorrichtung *i*, sondern auch durch die Durchbohrungen der
Spindeln *n n*, zerreifst hier die dünne Flüssigkeitsschicht, welche
sich ihrem Eindringen entgegenstellt, und führt sie dem zur gleichen
Zeit eintretenden Strom der Verbrennungsluft zu. Die aus Luft,

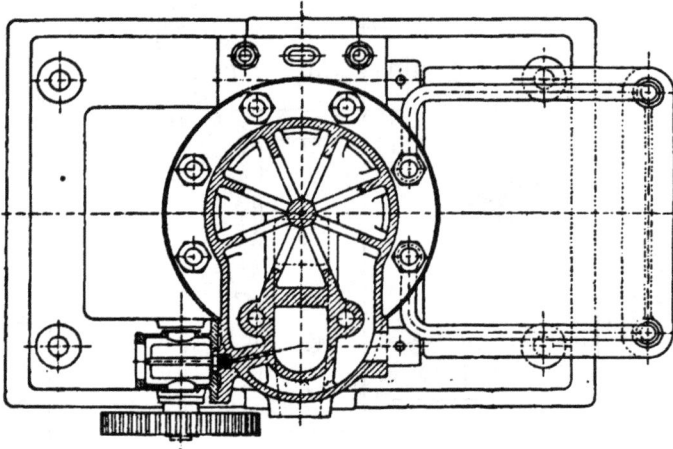

Fig. 74a. Bankis Benzinmotor.

Wasser- und Benzinstaub bestehende Ladung durchstreicht den
heifsen »Verbrennungskanal« *l*, prallt auf den ebenfalls heifsen
Kolbenboden in wirbelnder Bewegung heftig auf, und es ist anzunehmen, dafs Wasser und Benzin bei der fein zerteilten Form,

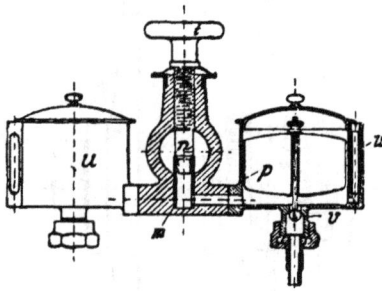

Fig. 75. Benzin- und Wasserzerstäuber
für Bankis Benzinmotor.

mit der sie gleichmäfsig die Luft
durchsetzen, schon während der
Ansaugperiode zum gröfsten Teil in
Dampf- und Nebelform übergegangen
sind. Während der dann folgenden
Kompressionsperiode werden durch
die Kompressionswärme, welche
sich ja in allen Teilen der
Ladung äufsert, jedenfalls die
letzten Spuren des Wasser- und
Benzinstaubes in Dampfform über-
geführt, so dafs die Ladung kurz
vor und im Moment der Zündung aus einem gleichmäfsigen Gemisch
von Luft, Benzindampf und Wasserdampf besteht, welches sich,
wie die Diagramme aufweisen, sicher durch das Glührohr entzünden läfst.

Das einzige Organ des Motors, welches gesteuert wird, ist das Auslaſsventil; es erhält seine Bewegung durch den auf der kurzen Steuerwelle sitzenden Excenter *a b*, Fig. 73, welcher den zweiarmigen Hebel *c* bewegt.

Die Excenterscheibe ist so aufgekeilt, daſs das untere Viertel ihrer Bahn mit dem Auslaſshub zusammenfällt. Während dieser Zeit kommt der Hebel *c* zur Anlage an den Auslaſshebel *d* (Fig. 76) und bewirkt ein beschleunigtes Öffnen des Auslaſsventiles.

Die Geschwindigkeitsregulierung wird durch die beiden im groſsen Steuerrad liegenden Schwunggewichte *g g'* (Fig. 77) vermittelt. Beide Gewichte sind durch Hebel *l* so verbunden, daſs sie in ihrer Bewegung voneinander abhängig werden.

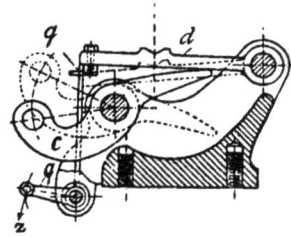

Fig. 76. Auslaſsventilhebel für Bankis Benzinmotor.

Eine in der Figur nicht sichtbare Spiralfeder, deren Spannung verändert werden kann, hält die Gewichte *g g'* zusammen. Übersteigt die Geschwindigkeit die normale Umdrehungszahl, so überwindet die Centrifugalkraft die Spannung der Feder, die Gewichte *g* und *g'* schwingen auseinander, der in *g'* befestigte Stift *u* trifft den auſserhalb des Steuerrades am Maschinengestell drehbar befestigten Hebel *u' z* und erteilt ihm eine Bewegung. Die Schwunggewichte sind so im Steuerrade placiert, daſs Stift *u* den Hebel zu einer Zeit streift, in welcher das Auslaſsventil seine höchste Stellung einnimmt und der Stützhebel *q* sich unter den erhobenen Hebel *d* legen kann.

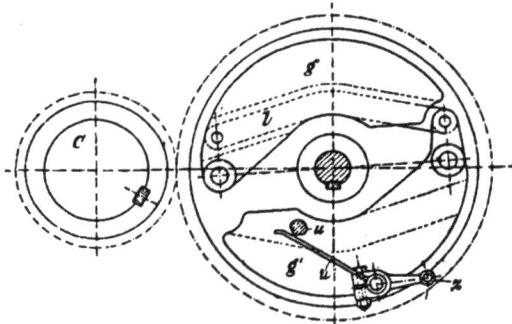

Fig. 77. Regulator für Bankis Benzinmotor.

Wie schon mehrfach beschrieben, beruht die Regulierwirkung des abgestützten Auslaſsventiles darin, daſs durch Bestehenbleiben der Auslaſsöffnung das Einlaſsventil in seiner Wirkung gelähmt wird. Die Vakuumbildung im Cylinder, welche sonst die Ursache ist, daſs die Federspannung des Einlaſsventiles von der äuſseren Luft überwunden wird, fällt fort, das Ventil bleibt in der Einlaſsperiode

geschlossen und die Einsaugung der Ladung fällt so lange aus, wie
die Abstützung des Auslaſsventiles dauert.

Bei langer Auspuffleitung bietet die Rücksaugung der Abgase
durch das abgestützte Auslaſsventil oft erheblichen Widerstand dar,
und könnte es dennoch im Cylinder zu einer Vakuumbildung
kommen, so daſs das Einlaſsventil etwas gelüftet wird und geringe
Mengen neuer Ladung in den Cylinder gelangen, die sich nicht
entzünden und einen Brennmaterialverlust bedeuten. Um diesen
Verlust zu beseitigen und auf sicheren Abschluſs des Ventiles rechnen
zu können, ist die Auslaſsventilspindel durch eine um das Gehäuse
herumgeführte Stange f (Fig. 74) bis an die Einlaſsventilspindel
geführt; hier legt sie sich, die Spindel umfassend, unter die Spiralfeder. Bei jedem Anheben des Auslaſsventiles wird also die Einlaſs-
ventilfeder stärker gespannt und das Ventil mit erhöhter Kraft gegen
seinen Sitz gepreſst, so daſs ein »Nachsaugen« nicht mehr stattfinden kann.

Die gröſseren Bánki-Motoren erhalten eine eigenartige Anlaſs-
vorrichtung, deren Prinzip darauf beruht, während des Betriebes Verbrennungsprodukte in einem
gesonderten Behälter abzu-
fangen und aufgespeichert zu
erhalten, bis man sie beim
nächsten Anlassen an Stelle
der Explosion auf den Kolben
wirken und den Motor in Bewegung setzen lassen kann.

Die Konstruktion der An-
laſsvorrichtung ist aus Fig. 78
ersichtlich, sie besteht aus
dem kombinierten Rückschlag-
und Niederschraubventil F,
welches auf der Mitte des
Cylinderdeckels befestigt ist.

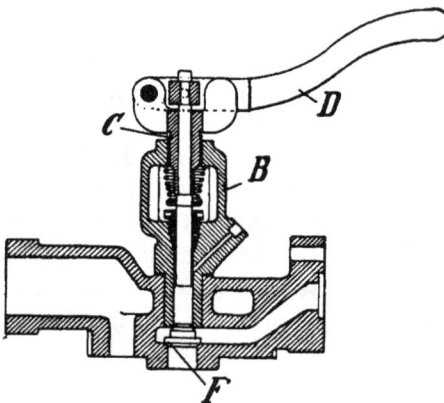

Fig. 78. Anlaſsventil für Bankis Benzinmotor.

Der Befestigungsort ist dort, wo bei G die Kopfschraube (Fig. 72)
in den Cylinderdeckel geschraubt ist. Nachdem der Motor die
normale Umdrehungsgeschwindigkeit erreicht hat, wird das bis
dahin niedergehaltene Ventil durch Lösung der Mutter C mittels
des Dreharmes D zum Rückschlagventil umgewandelt. Die Spiralfeder im Gehäuse B hält nun das Ventil mit geringer Kraft auf
seinen Sitz gedrückt, so daſs es bei jedem Krafthub gehoben wird

und ein Teil der hochgespannten, soeben entwickelten Treibgase in den »Anlafsbehälter« überströmen kann, bis schliefslich die Spannung in diesem nahezu gleich der des Verbrennungsdruckes geworden ist; nach etwa zehn Minuten ist dies erreicht, und man hat nun das Rückschlagventil fest zu stellen. Soll der Motor nach erfolgtem Stillstand wieder angelassen werden, so ist vorerst der Kolben mit Benutzung eines Kompressionsentlastungshahnes in die Zündstellung zu bringen, darauf das bisherige Rückschlagventil F, durch Benutzung des Dreharmes D als Handhebel, von seinem Sitz zu lüften und die angesammelten, auf etwa 30 Atm. gespannten Gase auf den Kolben wirken zu lassen. Ein Antrieb mit diesem hohen Druck genügt meistens, um den Schwungrädern die nötige Geschwindigkeit zur Ingangsetzung des Motors zu geben. Es wird sich empfehlen, das Ventil nicht während des ganzen Kolbenhubes geöffnet zu erhalten, sondern schon ganz erheblich früher zu schliefsen und die Gase durch Expansion weiter wirken zu lassen; dadurch wird an Anlafsgasen gespart und der Mechanismus der Auslafsventilsteuerung geschont, welcher sonst einen Druck zu überwinden hat, der wohl um das Zehnfache höher wie bei normalem Gange sein kann. Die Schmierung des Kolbens wird durch eine Schmierpresse bewirkt, welche das Öl durch sechs gleichmäfsig auf den Cylinderumfang verteilte Röhrchen an den Kolben fördert. Die Kurbelachslager haben Ringschmierung, für den Kurbelzapfen ist Centrifugalschmierung vorgesehen.

In Fig. 79 ist eine Gesamtansicht des Motors dargestellt. Aus folgender Tabelle (S. 147), welche dem Verfasser von der den Bánki-Motor ausführenden Firma mitgeteilt wurde, ergibt sich, dafs der Bánki-Motor einen sehr günstigen, bisher bei Benzinmotoren noch nicht erreichten Brennmaterialverbrauch aufweist, nicht nur für den Vollgang, sondern namentlich auch bei geringeren Kraftäufserungen, dafs die Temperatur der Abgase eine auffallend geringe ist und endlich die Kühlwassermenge trotz der geringen Abflufstemperatur von ca. 50° C. nur ca. 13,5 l für die Stundenpferdekraft betragen hat.

Fig. 79. Bánkis Benzinmotor.

Resultate der Versuche mit dem Bänki-Motor.

Laufende Nummer des Versuches		I	II	III	IV	V
Dauer des Versuches	Std.	2	1	1	1	2
Tourenzahl pro Minute		209,13	209,67	209,83	210,50	210,7
Ansaugerzahl pro Minute		91,44	74,68	60,12	42,65	23,0
Verhältnis der Ansaugerzahl zur Auspuffanzahl	%	87,44	71,23	57,30	40,52	21,8
Mittlere Temperatur des Kühlwassers beim Zufluss	°C.	14,4	14,0	14,65	14,68	13,9
» » » » » Abfluss	»	49,6	44,2	50,4	52,3	52,0
Verbrauch an Kühlwasser pro Stunde	kg	357,5	428,6	257,9	193,7	?
Mittlere Temperatur der Auspuffgase	°C.	195,5	195,6	185,8	171,2	111,0
Verbrauch an Benzin pro Stunde	kg	5,853	4,862	3,934	2,677	1,543
» Wasser » »	»	28,346	16,024	11,094	6,239	4,635
Verhältnis des Benzins und Wasserverbrauches		1:4,84	1:3,30	1:2,82	1:2,33	1:3,00
Höchste Kompressionsspannung	kg	16,5	16,5	16,5	16,5	16,5
» Spannung während der Verbrennungsperiode	»	45	44	42	39	46
Gebremste Arbeitsleistung	PS	26,88	20,70	15,05	8,21	—
Benzin-Verbrauch pro eff. PS-Std.	kg	0,221	0,235	0,261	0,326	—
Wasser- » » » »	»	1,075	0,774	0,737	0,760	—
Kühlwasser- » » » »	»	13,555	20,706	17,135	23,587	—
Spec. Gewicht des Benzins bei 15° C.		0,7298	0,7298	0,7298	0,7298	0,7298
Heizeffekt des Benzins	Kalorien	10179,5	10179,5	10179,5	10179,5	10179,5
Wärmemenge des pro PS-Std. verbrauchten Benzins	»	2250	2392	2657	3319	—
Verlust an Wärme durch Kühlwasser pro Std.	»	488	639	626	919	—
Verhältnis der vom Kühlwasser abgeleiteten Wärme zur Gesamtwärme	%	21,7	26,7	23,6	27,6	?
Verhältnis der zur eff. Arbeitsleistung verwendeten Wärme zur Gesamtwärme	»	28,0	26,4	23,8	19,0	?

10*

Hierzu sei noch bemerkt, daß die das Glührohr heizende Lampe pro Stunde ca. 0,19 kg Benzin verbraucht, was in obiger Tabelle nicht berücksichtigt wurde.

Siebentes Kapitel.

Neuere Petroleummotoren.

Stehender Petroleummotor der Maschinenbau-Aktiengesellschaft vormals Ph. Swiderski in Leipzig-Plagwitz.

Die Verdampfung des Petroleums erfolgt in einem mit dem Verbrennungsraume in stets offener Verbindung stehenden Raume, welcher durch eine ständig brennende Heizlampe erhitzt wird und gleichzeitig als Zündrohr dient. Die Petroleumzufuhr vermittelt eine Pumpe. Regulierung durch Aussetzen der Ladung, indem Auslafsventil geöffnet bleibt und Petroleumpumpe ausgerückt wird.

Maschinenrahmen, Wassermantel, Arbeitscylinder-Verbrennungsraum und Ventilgehäuse sind getrennte Gufstücke.

Wie Fig. 80 zeigt, bildet auch bei diesem Motor der Wassermantel A das Verbindungsglied zwischen Maschinengestell R und Verbrennungsraum C; am Wassermantel sind auch die Arbeitsflächen für Befestigung der verschiedenen Steuerungsteile und das Gehäuse des Auslafsventiles D angegossen; durch vorspringende Arbeitsrippen im Wassermantel ist für den Arbeitscylinder die centrale Lage bestimmt und ein wasserdichter Abschlufs gebildet. Die Arbeitsrippen des Arbeitscylinders B sind wenig vorspringend, so dafs die schlichte Cylinderform gewahrt bleibt.

Der Verbrennungsraum C ist gleichfalls mit einem Wassermantel umgeben, er trägt oben das Lufteinlafsventil E und seitlich den Deckel b des Auslafsventiles.

Der Vergaser wird von dem verhältnismäfsig kleinen konischen Rohr F (Fig. 82) gebildet. G ist die Petroleumdampflampe, welche den Vergaser bis Dunkelrotglut erhitzt. Die Rippen c, mit welchen die Vergaserwandungen ausgerüstet sind, haben den Zweck, die wärmeaufnehmende Fläche des Vergasers zu vergröfsern und die Wandungen zu verstärken.

Schon vor Beginn des Saughubes ist das zur Ladung gehörende Petroleumquantum von der Pumpe x (Fig. 81) in der Höhlung vor dem Ventil e abgelagert. Beginnt nun die Saugperiode, so drückt die durch e' nachtretende Luft das Ventil e auf und reifst das in

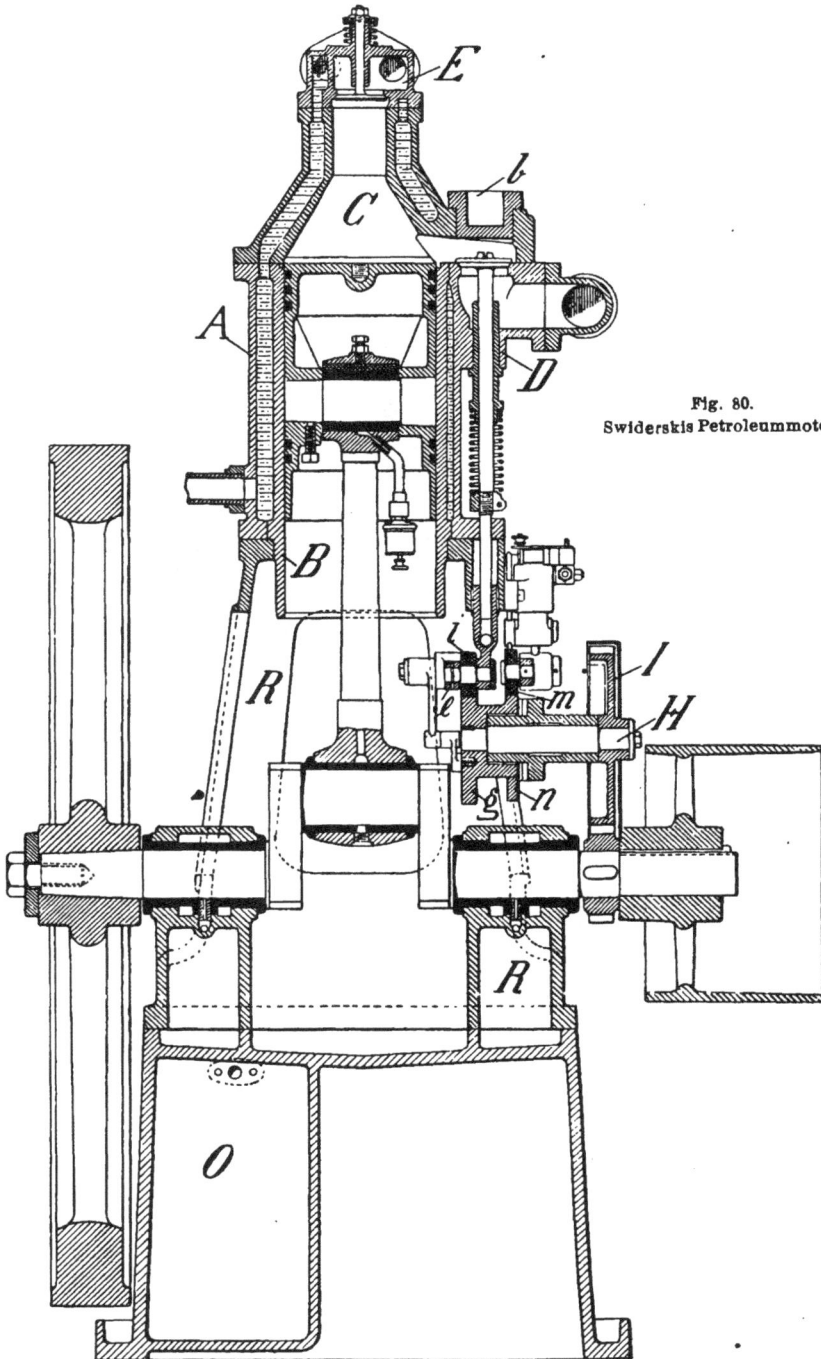

Fig. 80.
Swiderskis Petroleummotor.

Fig. 81.
Swiderskis Petroleummotor.

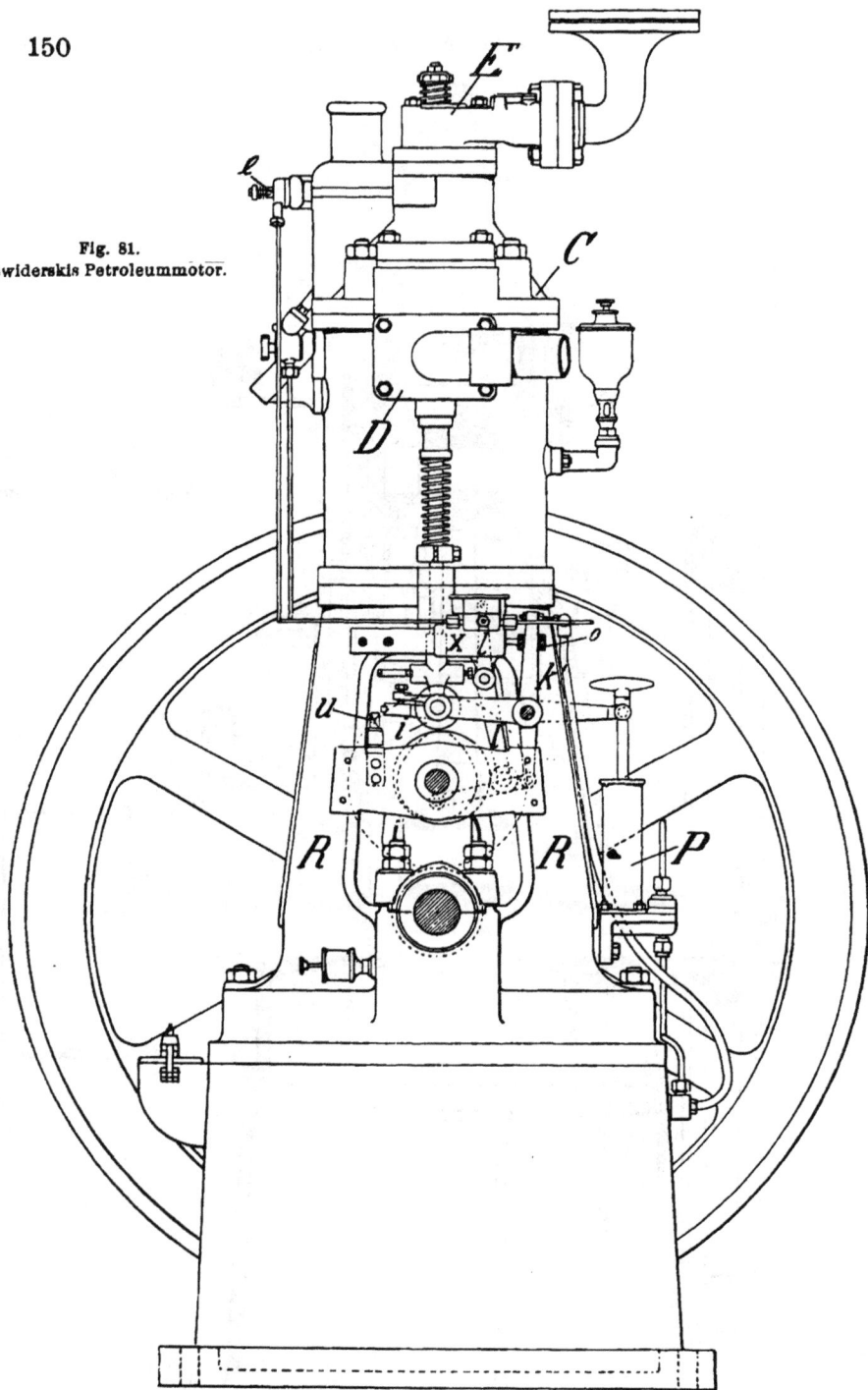

der Höhlung angesammelte Petroleum in Staubform mit sich durch den Vergaserraum hindurch.

In Berührung mit den heißen Vergaserwandungen verdampft das Petroleum und tritt, mit der geringen Menge Zerstäubungsluft gemischt, als Petroleumnebel durch Öffnung f (Fig. 82) in den Strom der durch Ventil F eingesaugten Verbrennungsluft.

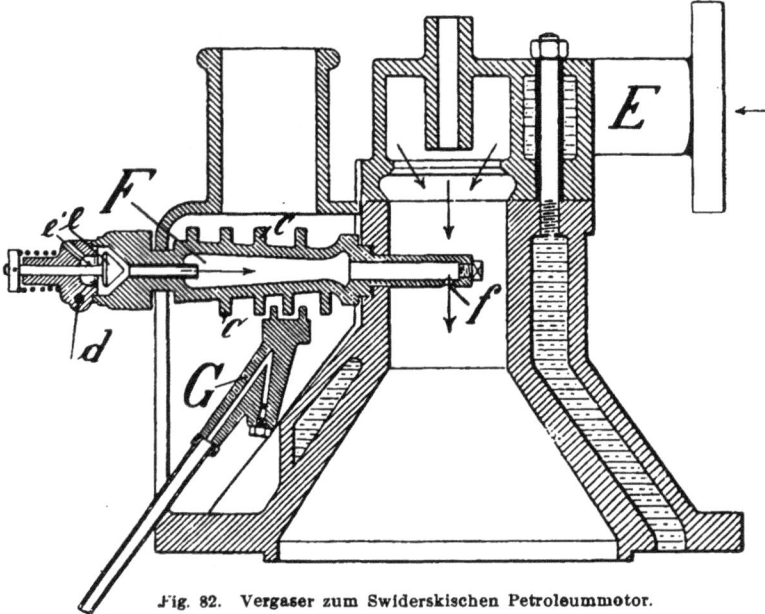

Fig. 82. Vergaser zum Swiderskischen Petroleummotor.

Aus Form und Lage des Vergaserrohres ist erklärlich, daß dasselbe auch als Zündrohr wirken muß; einer besonderen Zündvorrichtung bedarf es bei diesem Motor also nicht.

g (Fig. 80) ist die Auslaßdaumenscheibe; auf ihr läuft Rolle i, welche mit der einen Seite ihres Zapfens die Auslaßventilstange erfaßt, mit der anderen Zapfenseite vom Hebel e gelenkt wird.

Der Daumen n bethätigt die im Gehäuse x eingeschlossene Petroleumpumpe, indem er die Rolle m und mit ihr den Winkelhebel $k\,k'$ (Fig. 83) anhebt. Hebel k' geht durch eine Schleife des Pumpenkolbens o und holt diesen zurück, wenn er durch n angehoben wird. Derselbe Daumen n trifft bei weiterer Drehung auch den zweiarmigen Hebel l und bewegt mit diesem den Verteilungsschieber für die Petroleumpumpe; während der Schieber bis dahin eine Stellung einnahm, bei welcher Petroleum in die Pumpenkammer

treten konnte, gestattet er in seiner anderen Stellung den Übertritt
des Petroleums nach dem Petroleumventil *e*. Die Geschwindigkeitsregulierung des Motors besorgt das im grofsen Steuerrad liegende

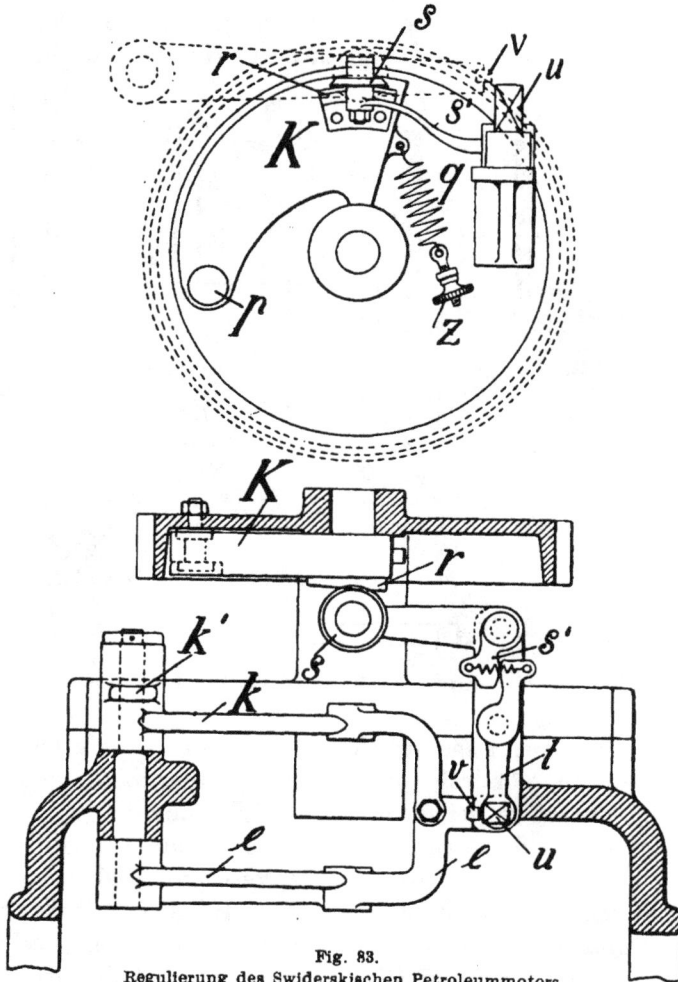

Fig. 83.
Regulierung des Swiderskischen Petroleummotors.

Schwunggewicht *K* (Fig. 83). Steigt die Geschwindigkeit über die
normale, so überwindet die Centrifugalkraft des bei *p* drehbar angebrachten Gewichtes *K* den Zug der Spiralfeder *q*, nimmt eine
mehr dem Umfang zu belegene Stellung an und streift jetzt mit dem
Vorsprung *r* die Rolle *s* des Winkelhebels *s'* und erteilt diesem

eine Bewegung, welche auf den Hebel t übertragen wird. Auf t ist der Stützstift u befestigt, welcher sich bei vorgeschobenem Hebel t unter die auf der Fig. 83 sichtbare Nase v des Auslafshebels e legt. Da die Zeit für die Einwirkung des Schwunggewichtes auf den Hebel s so gewählt ist, dafs sie mit der für die Öffnung des Auslafsventiles zusammenfällt, so ist dann für den Stützstift u freie Bahn, er kann sich unter die Nase v schieben und das Auslafsventil in geöffneter Stellung erhalten. Damit zur selben Zeit auch die Petroleumförderung ruht, ist der Petroleumpumpenhebel k (Fig. 83) verlängert und seitwärts bis über den Auslafshebel herübergebogen; solange also der Auslafshebel in angehobener Stellung erhalten bleibt, kann der Petroleumpumpenhebel nicht in seine Ruhelage zurückkehren und die Petroleumpumpe nicht wirken.

Auch in der abgestützten Stellung wird das Auslafsventil während der Auslafsperiode durch den Daumen jedesmal noch um ein weniges höher gehoben, so dafs der Abstützhebel entlastet wird und aus der Abstützlage zurückschwingen kann, falls das Schwunggewicht K ihn nicht mehr daran hindert. Der Motor hat dann also seine Geschwindigkeit wieder bis auf die normale vermindert, das Auslafsventil kann in die abdichtende Stellung sinken und die Ladung wieder ihren Verlauf nehmen.

Mittels der Stellmutter Z kann man der Spiralfeder q verschiedene Spannung geben und dadurch die Umdrehungsgeschwindigkeit innerhalb weiter Grenzen verstellen.

Soll dem Motor auf die Dauer für jeden Arbeitshub genau die gleiche Petroleummenge zugeführt werden, so ist es nötig, dafs die Petroleumpumpe auch stets mit gleicher Saug- und Druckhöhe arbeite; die allmählich abnehmende Höhe der Flüssigkeitssäule im Vorratsbehälter, welche diese Verhältnisse ändern würde, mufs also so viel wie möglich unschädlich gemacht werden, wenn der Motor mit dem einmal eingestellten Hub der Petroleumpumpe dauernd gut arbeiten soll. Da ferner das gleichmäfsige Brennen der Heizlampe in demselben Mafs von einem gleichmäfsigen Petroleumdruck abhängig ist, so ist bei dem vorliegenden Motor von dem Hochlegen des Petroleumbehälters abgesehen und ein Teil des Motorensockels als Petroleumbehälter ausgebildet. Durch eine kleine, vom Motor aus betriebene Luftpumpe P wird dies Behältnis unter stets gleichem Druck erhalten.

Die Luftpumpe kann vom Bewegungsmechanismus abgekuppelt werden, um beim Stillstand des Motors zwecks Inbetriebsetzung der

Lampe, welche 5—8 Minuten vorher anzuzünden ist, von Hand den nötigen Druck im Petroleumbehälter zu erzeugen.

Fig. 84. Swiderskis Petroleummotor.

Zur leichten und schnellen Ingangsetzung des Motors ist derselbe auch mit einer Vorrichtung zum teilweisen Ausrücken der Kompression versehen. Abweichend von den sonst zu diesem Zweck üblichen Mechanismen, ist hier die Einrichtung so ausgeführt, daſs das Auslaſsventilgestänge verlängert und verkürzt werden kann, der

Fig. 85. Swiderskis Petroleummotor.

Auslaſsdaumen .ist um die Strecke des mit ihm in einer Ebene liegenden kurzen »Kompressionsdaumens« verlängert; bei verkürztem Gestänge wird nur der Teil des Auslaſsdaumens getroffen, welcher

dem normalen Gange entspricht; läſst man das Gestänge aber tiefer
auf die Auslaſsdaumenscheibe herab, so trifft auch der Kompressions-
daumen das Gestänge, es wird auch während der Kompressionsperiode angehoben, ein Teil der Ladung entweicht ins Freie und
die Kompression des verbleibenden Restes kann beim Andrehen
leicht überwunden werden.

Fig. 84 und 85 sind Gesamtansichten des Motors. Preise, Gewichte und Hauptdimensionen sind aus nachstehender Tabelle ersichtlich.

	Effektive Pferde-stärken	Um-drehungen in der Minute	Länge	Breite	Höhe	Preise der Motoren mit normaler Riemscheibe Mark	Preise der Anker-bolzen u. -Platten Mark	Preise der Venti-lations-kühler Mark
			des Motors in Metern					
	1	380	0,70	0,75	1,20	1100	12	200
	2	360	0,75	0,85	1,35	1250	15	210
	3	350	0,80	0,90	1,45	1400	18	220
Ein-	4	320	0,90	1,00	1,63	1650	20	230
cylindrige	5	290	1,00	1,10	1,80	1900	22	245
Maschinen	6	270	1,10	1,25	2,00	2200	25	260
	8	260	1,20	1,35	1,67	2700	28	280
	10	250	1,30	1,40	1,75	3100	35	320
	12—15	240	1,50	1,60	2,05	3800	40	350
	6	350	1,20	0,85	1,00	2600	27	260
	8	320	1,25	1,00	1,25	3100	30	280
Zwillings-	10	290	1,33	1,10	1,30	3500	34	320
Maschinen	12	270	1,40	1,25	1,45	4000	38	350
	16	260	1,60	1,35	1,67	5000	43	375
	20	250	1,76	1,40	1,75	5700	48	400
	30	240	2,00	1,60	2,05	7200	65	500

Es werden ohne Berechnung mitgeliefert an Zubehörteilen: je 1 Petroleumbehälter, Schalltopf, Anwärmlampe, Ölkanne, Satz Schraubenschlüssel und die
zur Motorbedienung nötigen Werkzeuge; an Reserveteilen: je 1 Vergaser
und Lampenrohr, 3 Brenner, 2 Kolbenringe, einige Federn und 1 Satz Dichtungen.

Die für elektrische Licht- und Krafterzeugung bestimmten Motoren erhalten 2 schwere Schwungräder, wodurch sich die Preise um 6 %/₀ erhöhen.

Balance-Petroleummotor der Maschinenbau-Aktiengesellschaft vorm. Ph. Swiderski in Leipzig-Plagwitz.

Der Motor arbeitet mit zwei in demselben Cylinder gleitenden Kolben; ein in der Mitte des Cylinders, zwischen den Kolben verbleibender Raum dient als Verbrennungsraum. Die Kolben sind durch Zugstangen und Hebel mit der unter dem Cylinder liegenden doppelt-gekröpften Kurbelachse verbunden, die hin- und her-schwingenden Massen sind durch diese Anordnung vollkommen ausbalanciert. Im übrigen arbeitet der Motor mit Vergaserzündung, ständig brennender Heiz-lampe und Regulierung durch Aussetzen der Ladung.

Ein Hauptübelstand der Benzin- und Petroleummotoren für den Betrieb von Fahrzeugen und Lokomobilen, deren Konstruktion man direkt von der stationären Bauart übernimmt, ist der, daß sich die schwingenden Massen bei hohen Tourenzahlen außerordentlich störend bemerkbar machen; man muß selbst gefühlt haben, welche Wirkungen die hin- und herschwingenden Massen auch bei den kleinsten Motoren ausüben, um sich darüber klar zu werden, wie unbedingt notwendig eine möglichst vollkommene Ausbalancierung der Motoren in diesem Falle ist.

Das Verdienst, einen völlig ausbalancierten Explosionsmotor zuerst auf den Markt gebracht zu haben, gebührt der Swiderskischen Maschinenfabrik.

Von dem Gedanken ausgehend, daß ein für den Betrieb von Land- und Wasserfahrzeugen und für Lokomobilen bestimmter Motor mit seinen arbeitenden Teilen den Einflüssen der Witterung zu ent-ziehen ist und möglichst unabhängig von dem Vorhandensein eines intelligenten Wärters sein muß, hat man diesen Motor, wie aus den Fig. 86 und 87 ersichtlich, als Kapselmotor gebaut.

Der Motorensockel A bildet die Kapsel für den Arbeitscylinder B und den Kurbelmechanismus.

Kapsel und Cylinder bestehen aus einem Gußstück. Die Kurbel-achse wird durch große runde Öffnungen in den Seitenwänden der Kapsel eingebracht. Die zum Verschließen dieser Öffnungen dienenden Flanschen tragen lange, mit Rotgußbüchsen versehene Hülsen, in denen die Schenkel der Kurbelachse gelagert sind. An-sätze der Flanschen passen genau in die ausgedrehten Öffnungen der Kapselwände.

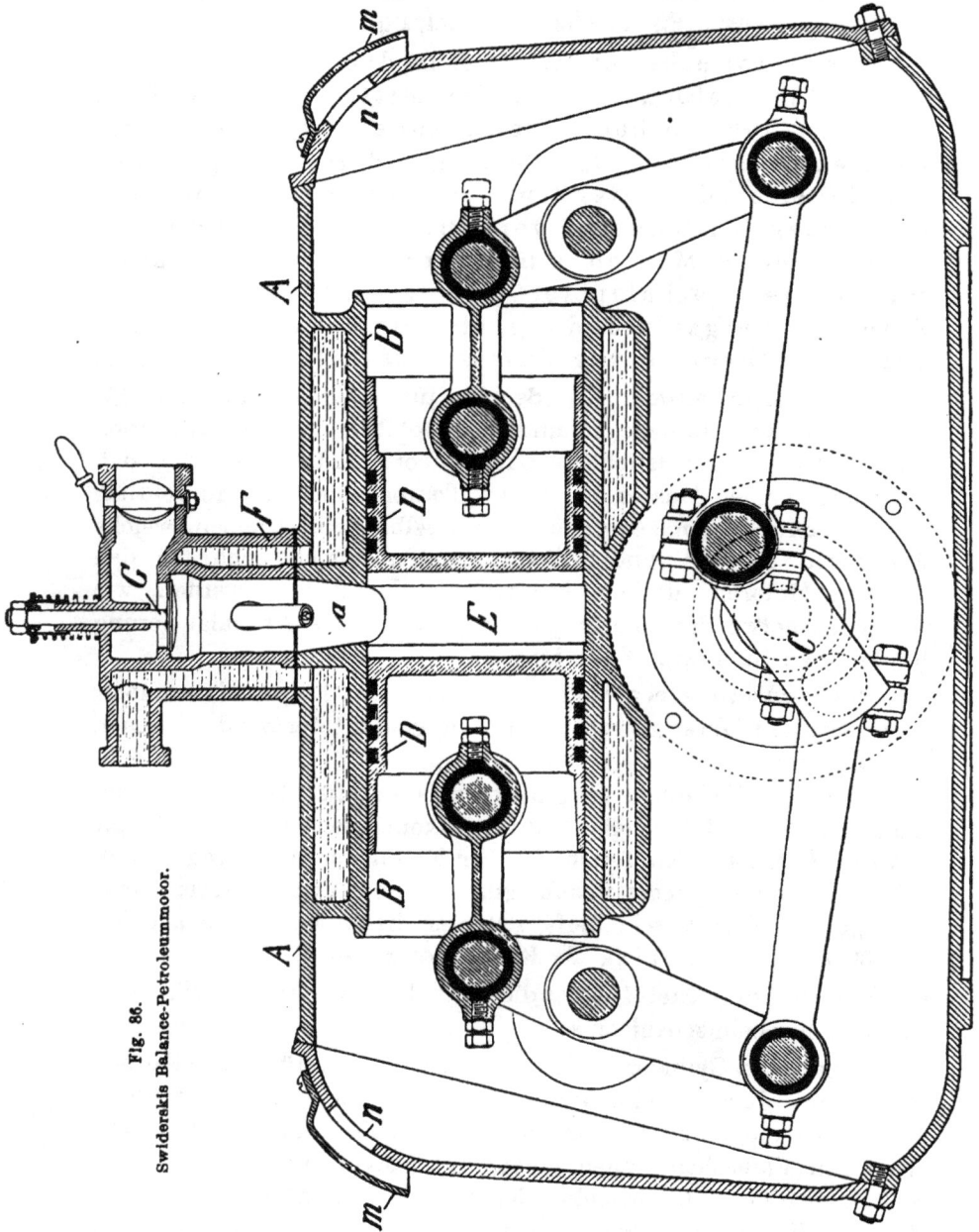

Fig. 86.

Swiderskis Balance-Petroleummotor.

Der zwischen den beiden Kolben *D D* verbleibende Raum *E* bildet den Verbrennungsraum; an ihn schliefst sich der Kanal *a*, welcher dem Ein- und Austritt dient und an den sich die Gehäuse für das Lufteinlafsventil *G*, das Auslafsventil *H* und der Vergaser anschliefsen.

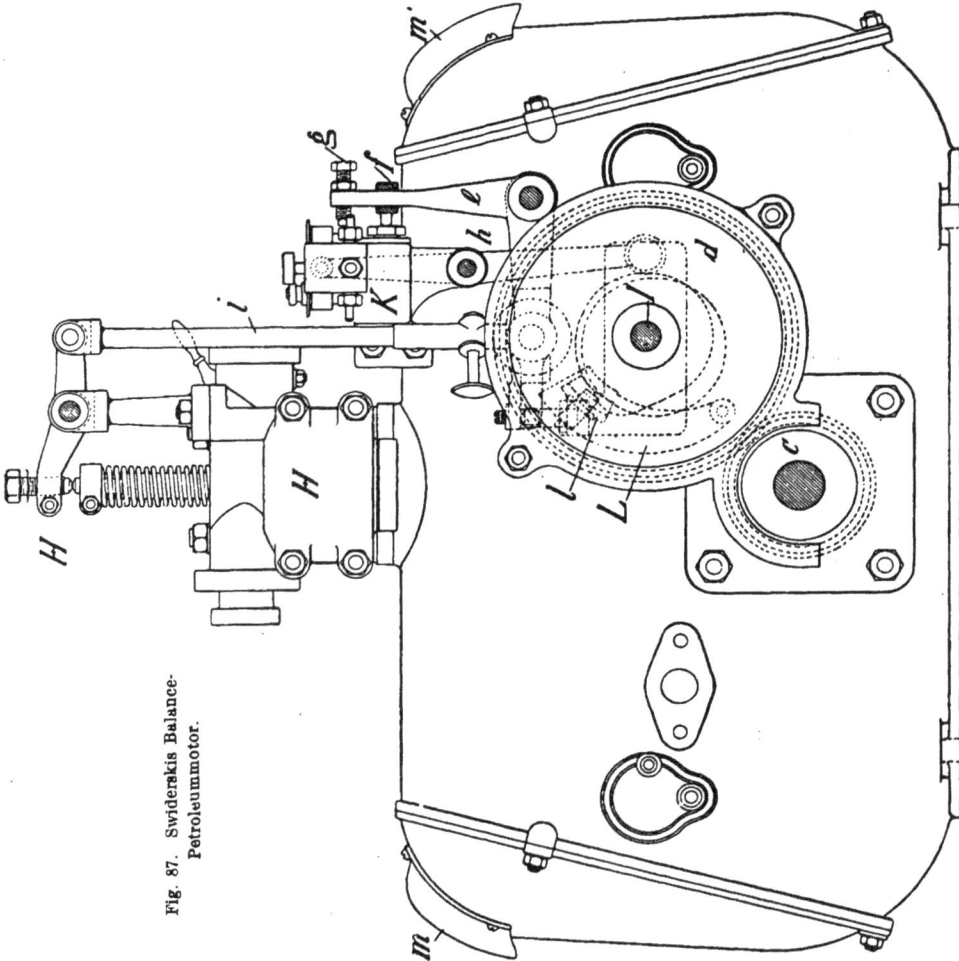

Fig. 87. Swiderskis Balance-Petroleummotor.

Die beiden Steuerräder *c* und *d*, die Mechanismen für die Steuerung des Auslafsventiles, die Petroleumpumpe sowie die Regulier-vorrichtung sind nicht von der Kapsel eingeschlossen, sondern über-sichtlich und leicht zugänglich aufsen angebracht.

Die Konstruktion der Steuerung des Balancemotors entspricht genau der des schon beschriebenen, stehenden Petroleummotors der Swiderskischen Fabrik. *i* ist die Druckstange für das Auslafsventil (*H*). Durch den Winkelhebel *e* wird der Petroleumpumpenkolben bethätigt, mit der Stellschraube *g* das zu fördernde Petroleumquantum eingestellt. Hebel *h* bewegt den Verteilungsschieber der Petroleumpumpe. Zwecks Regulierung der Umdrehungsgeschwindigkeit des Motors wird auch hier das Auslafsventil und der Petroleumpumpenhebel in gehobener Stellung abgestützt. Das die Abstützvorrichtung bethätigende Schwunggewicht *L* ist punktiert angedeutet, *l* ist der keilartige Vorsprung an *L*, welcher bei ausschwingendem Gewicht die Rolle des Hebels trifft, die den Abstützstift bewegt.

Da die im Motorengehäuse hin- und hereilenden Kolben ein mit Arbeitsverlusten verbundenes Verdichten oder Verdünnen der eingeschlossenen Luft hervorrufen würden, falls das Gehäuse d i c h t geschlossen wäre, so sind an den Stirnwänden desselben Öffnungen *n n'* angebracht. Schutzkappen *m m'* hindern hier das Eindringen von Staub und Regen.

Man könnte gegen die Öffnungen einwenden, dafs sie den Zweck der Einkapselung in Frage stellen, dafs das Verdichten der eingeschlossenen Luft einen Arbeitsverlust nicht zur Folge haben könne, da die zum Verdichten aufgewandte Arbeit durch die unmittelbar folgende Ausdehnung der Luft wiedergewonnen würde. Die Praxis rechtfertigt aber das Vorhandensein der Öffnungen; die innere Kühlung der Cylinderlauffläche und des Kolbens, welche durch den Luftwechsel im Gehäuse erreicht wird, ist für den leichten Gang und die gute Schmierung des Cylinders von Bedeutung. Aufserdem vergröfsert die Luftverdichtung und -Verdünnung im Gehäuse den Seitendruck des Kolbens, was einen Kraftverlust bedeutet und namentlich dann in Frage kommt, wenn der Motor nicht voll belastet, also mit vielen Leergängen arbeitet.

Die Schmierung des Cylinders, der Kurbelachslager und aller im Motorengehäuse liegender Zapfen erfolgt bei dem vorliegenden Motor durch Ölspülung, das Gehäuse ist bis zu einer bestimmten Höhe mit Öl gefüllt, die schnell kreisenden Kurbeln werfen das Öl in feiner Verteilung an alle inneren Teile des Gehäuses, so dafs sich die Schmierung hier vollständig selbstthätig vollzieht.

Die gute Ausbalancierung der bewegten Massen des Motors ermöglicht es, denselben mit hohen Tourenzahlen laufen zu lassen, derselbe wird hauptsächlich für Lokomobilen und für den Betrieb von Land- und Wasserfahrzeugen verwendet.

Fig. 87 a. Swiderskis Balance-Petroleummotor.

Aus nachstehender Liste sind die Preise der verschiedenen von der Fabrik gebauten Motorgröfsen zu ersehen. Fig. 87 a ist die äufsere Ansicht des Motors.

Effektive Pferdestärken	Umdrehungen in der Minute	Preise der stationären Motoren	Preise der Bootsmotoren
		M.	M.
1	550	1 250	1 400
3	450	1 500	1 950
5	350	2 150	2 600
8	300	2 800	3 250
10	300	3 500	3 800
15	290	4 500	5 000
20	280	5 500	6 000
30	260	8 200	8 800
40	250	10 200	10 900
50	240	12 000	13 000

Petroleummotor System Bánki, gebaut von der Firma Ganz & Co., Eisengiefserei- und Maschinenfabrik-Aktiengesellschaft in Budapest, Ratibor und Leobersdorf.

Der Motor arbeitet ohne gesonderten Vergaser mit Petroleum- und gleichzeitiger Wassereinspritzung, Zündung durch Glührohr, Regulierung durch Aufhalten des Auslafsventiles.

Das Arbeitsprinzip des Motors ist dasselbe wie das des schon beschriebenen Bánkischen Benzinmotors; er ist als stehender Kapselmotor mit untenliegender Kurbelachse gebaut. Um den Seitendruck des Kolbens während der Arbeitsperiode zu verringern, ist hier, wie aus Fig. 88 und 89 ersichtlich, die Kurbelwelle nicht unter Mitte Cylinder, sondern seitwärts gelagert. Zwei gleich schwere, zu beiden Seiten der Achse angeordnete Schwungräder sichern die gleichmäfsige Abnutzung der Lager und damit die dauernd horizontale Lage der Kurbelachse.

Der Wassermantel A bildet auch bei dieser Maschine den Halt- und Stützpunkt für den eingesetzten Arbeitcylinder B und die Steuerungteile. Der Maschinenständer C ist als geschlossene Kapsel ausgebildet; eine grofse, durch den Deckel F verschlossene Öffnung im Kurbelgehäuse gestattet, das Pleuelstangenlager bequem zu lösen und zu besichtigen. Der Cylinderdeckel F ist mit einem geräumigen Wassermantel umgeben und bildet mit diesem und dem Gehäuse für das Auslafsventil ein Gufsstük. Das Einlafsventilgehäuse G ist nach einer Seite hin zu einem langen Kanal ausgebildet, in welchem die Zerstäuber a und b für Petroleum und Wasser, sowie eine Drosselklappe c zur Regulierung der Luft eingebaut sind. An das Gehäuse G setzt sich unmittelbar der Luftansaugetopf H; derselbe ist mit einem Mantel H' umgeben. Der Raum zwischen H und H', welcher sich an den Auspuffstutzen schliefst, dient als Schalldämpfer für den Auspuff. Da die heifsen Abgase bei dieser Anordnung die Wände des Luftansaugetopfes umspülen, so tritt die Verbrennungsluft vorgewärmt in den Zerstäubungskanal und wird dazu beitragen, dafs Petroleum- und Wasserstaub, welchen sie als Träger dient, ebenfalls vorgewärmt in den Arbeitcylinder gelangen.

Die Konstruktion der Zerstäubvorrichtungen ist genau dieselbe, wie sie beim Bánkischen Benzinmotor in Fig. 75 dargestellt wurde. Schwimmerventile sorgen auch hier dafür, dafs die Flüssigkeitssäulen

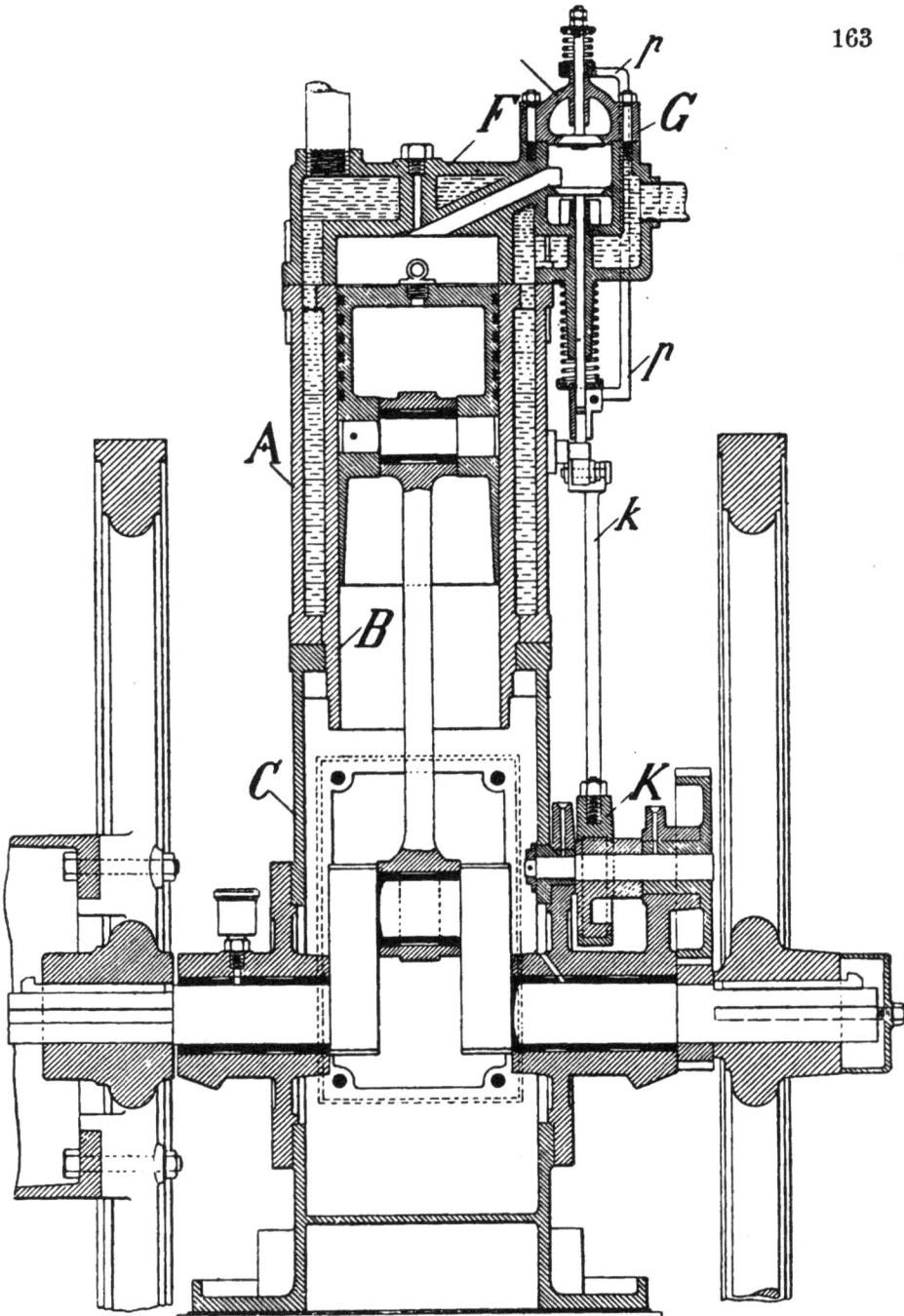

Fig. 88. Bánkis Petroleummotor.

11 *

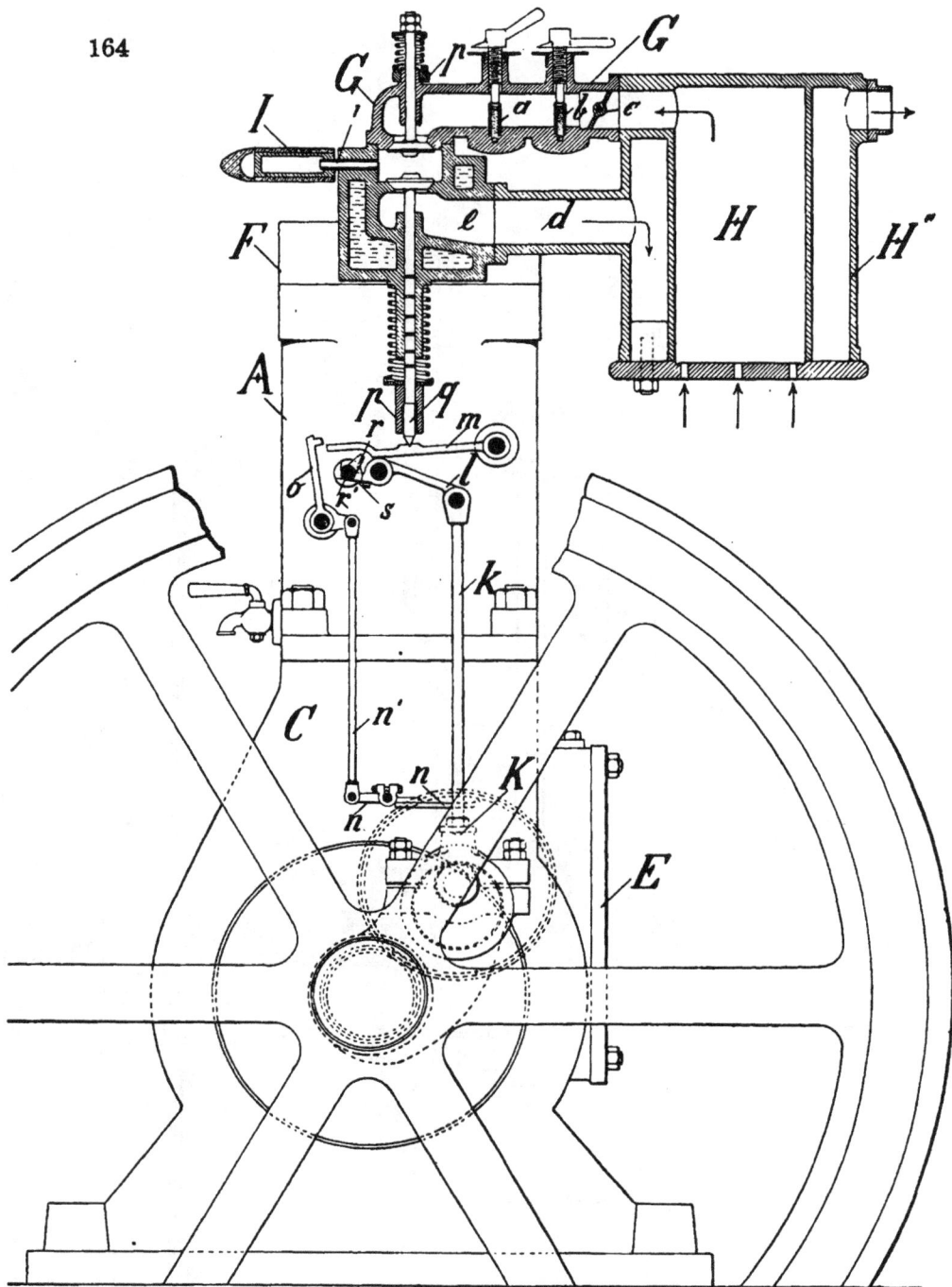

Fig. 89. Bánkis Petroleummotor.

in den Rohren *a* und *b* stets gleiche Höhe haben und die zerstäubten Flüssigkeitsmengen gleich grofs bleiben.

Abweichend von den bisher beschriebenen Petroleummotoren arbeitet der Bánki-Motor ohne Vergaser; das Gemisch aus Petroleumstaub, Wasserstaub und Luft wird bei dem angewandten hohen Kompressionsgrad durch die Kompressionswärme in ein solches aus Petroleumdampf, Wasserdampf und Luft verwandelt, so dafs im Zündmoment ein zündbares Gemisch zur Verfügung steht. Wenn dabei noch Reste flüssigen Petroleums im Gemisch schweben, so sind sie doch als so fein und gleichmäfsig in der Verbrennungsluft verteilt zu denken, dafs ihrer vollständigen Verbrennung nichts im Wege steht. Es ist sehr wohl denkbar, dafs die Petroleumdämpfe hier nicht überhitzt werden und der Motor geruchlos arbeitet. Je gleichmäfsiger und feiner die Zerstäubung vor sich geht; je genauer die Zusammensetzung der Ladung reguliert wird, um so bessere Resultate mufs man mit dem Motor erzielen.

Die Zündvorrichtung besteht aus dem starkwandigen, mit einer dauerhaften Asbesthülle umgebenen, geräumigen Kupferrohr *I*, welches durch ein erheblich engeres Rohr *i* mit dem Raum zwischen Ein- und Auslafsventil in Verbindung steht. Der Zündungsvorgang ist in der Weise zu denken, dafs im Verlaufe der Kompression Gemisch in die heifse Zündkammer tritt, sich hier entzündet und dafs diese Flamme, dem Gesetz der Rohrzündung folgend, erst zu Ende der Kompression, wenn die Geschwindigkeit des durch das enge Rohr nachdrängenden Gemisches gering wird, mit der Ladung in Berührung kommt. Der erweiterte Teil des Zündrohres — die Zündkammer *I* — ermöglicht die sichere Bildung einer Flamme, der enge Teil *i* das gleichmäfsige, den vollen Querschnitt ausfüllende Nachdrängen von Gemisch und Zurückweichen der Flamme.

Die Indikatordiagramme des Motors zeigen, dafs die Entzündung der Ladung trotz der hohen Kompression und trotz des erheblichen Wassergehaltes der Ladung sicher und rechtzeitig eintritt.

Die Zündkammer *I* ist vor dem Anlassen durch eine Spiritusheizlampe bis Dunkelrotglut zu erwärmen. Nach erlangter Betriebswärme kann die Lampe beseitigt werden, die bei jedem Arbeitshube in der Zündkammer erfolgende Verbrennung genügt dann, um die Zündtemperatur dort zu erhalten. Die Asbesthülle hindert die äufsere Abkühlung der Zündkammer in dem Mafse, dafs die Zündtemperatur im Innern auch dann erhalten bleibt, wenn der Motor lange Zeit leer läuft, also wenig Verbrennungen in der Zündkammer erfolgen.

Gesteuert wird an der Maschine nur das Auslafsventil, seine Bethätigung erfolgt durch den Excenter K. Die Excenterscheibe ist so aufgekeilt, dafs das o b e r e Viertel ihrer Bahn zur Zeit des Auslafshubes durchmessen wird. Der mit der Excenterstange k verbundene Hebel l kommt während des erwähnten Hubes zur Anlage an den Hebel m und hebt ihn. Durch den Druckstift q, welcher mit einer Schneide auf dem Hebel m ruht, wird die Bewegung von m auf die Auslafsventilspindel übertragen. Die Einschaltung des Druckstiftes zwischen Hebel und Spindel bezweckt, den Seitendruck auf die Spindelführung beim Heben des Ventiles zu vermindern. Überall dort, wo der Seitendruck nicht mit Sorgfalt beseitigt wird, tritt bald eine starke Abnutzung der Führung auf, es bildet sich ein Spielraum zwischen Spindel und Führung, durch den die mit erheblicher Spannung entweichenden Auspuffgase mit starkem Zischen entweichen und das Motorenlokal mit unangenehmem Geruch erfüllen.

Zur Erleichterung des Anlassens ist an dem Motor eine Vorrichtung angebracht, mit welcher das Auslafsventil für eine Kompressionsperiode abgestellt werden kann. Es dient hierzu die drehbare Stütze r; bringt man dieselbe in aufrechte Stellung, so hindert sie den vollständigen Schlufs des Auslafsventiles; ohne Widerstand zu finden, lassen sich zwei volle Umdrehungen machen und das Schwungrad erhält die Geschwindigkeit, welche nötig ist, damit nun die Kompression überwunden wird und der Motor sich in Gang setzen kann.

Das rechtzeitige Zurücklegen der Stütze r bezw. das Freigeben des Hebels m besorgt die Feder s am Hebel l. s lehnt an der scharfen Kante r' der Stütze r und kippt diese um, sobald der Hebel l nach unten schwingt und dadurch die Feder gespannt wird.

Die Reguliervorrichtung des Motors ist dieselbe wie beim Bánkischen Benzinmotor. Ein vorstehender Stift des im grofsen Steuerrad liegenden Schwunggewichtes streift bei Überschreitung der normalen Umdrehungsgeschwindigkeit den Hebel n n, erteilt ihm eine geringe Bewegung und führt hierdurch die Stütze o unter den Auslafshebel m, das Auslafsventil in geöffneter Stellung abstützend. Auch bei dieser Maschine ist die Auslafsventilspindel durch einen

um das Ventilgehäuse herumgeführten Bügel p mit der Einlaſs-
ventilfeder derart verbunden, daſs bei gehobenem Auslaſsventil das
Einlaſsventil mit erhöhter Kraft gegen seinen Sitz gepreſst und ein
»Nachsaugen« von Ladung sicher verhindert wird, solange die Abstützung des Auslaſsventiles dauert.

Fig. 90. Bánkis Petroleummotor.

Fig. 90 zeigt den Motor in einer Gesamtansicht. Aus nachstehender Tabelle sind die Preise und Hauptabmessungen des Ein-
cylinder-Motors von $3/4$, 2, 3, 4 und 6 PS ersichtlich:

Stärke des Motors in gebremsten Pferdekräften	$3/4$	2	3	4	6
Preis des kompletten Motors mit Fundamentschrauben, Reserve u. Zubehörteilen . . . . fl.	650	900	1100	1450	1650
Preis des Guſsfundamentes . . . . »	20	30	30	45	45
Kühlwasser-Reservoir aus verzinktem Eisenblech mit Rohrverbindungen zur Maschine und Absperrhahn . . fl.	50	65	65	80	80
Tourenzahl per Minute	400	350	350	250—300	250—300

Stärke des Motors in gebremsten Pferdekräften	³/₄	2	3	4	6
Durchmesser der Riemscheibe . . mm	180	180 300	180 300	400	400
Breite der Riemscheibe . . . . . »	110	150	150	200	200
Riemenbreite . . . . »	45	60	60	85	85
Breite des Motors . . . . . . »	800	850	850	1050	1050
Länge des Motors . . . . . . »	600	900	900	1300	1300
Durchmesser des Kühlwasser- reservoirs . . . . »	620	750	750	950	1000
Höhe des Kühlwasserreservoirs . »	1500	1800	1800	2000	2000

Der Motor wird auch als Zwillingsmaschine in den Stärken von 10, 15, 20, 30
und 40 PS gebaut.

Petroleummotor der Fabrik landwirtschaftlicher Maschinen, F. Zimmermann & Co. A.-G. in Halle a. d. Saale.

Der Motor ist liegender Bauart, arbeitet mit einem
vor dem Einlafsventil liegenden Vergaser; Zündung
durch Glührohr; Regulierung durch Aussetzen der
Petroleumzufuhr.

Die Maschine ist in Fig. 91 und 92 dargestellt. Rahmen A und
Wassermantel B bilden ein Gufsstück. Der Arbeitscylinder C besteht aus einem schlichten Gufsstück, welches von hinten in den
Wassermantel eingeschoben wird; der Flansch am hinteren Ende
des Arbeitscylinders schneidet mit dem Flansch des Wassermantels
ab; gegen die gemeinsame Fläche ist der zum Verbrennungsraum
ausgebildete Cylinderboden D geschraubt. Aus- und Einlafsventil
bilden mit ihren Köpfen Teile der Wandungen des Verbrennungsraumes. Während das Auslafsventilgehäuse E mit in den Wassermantel des Verbrennungsraumes eingegossen ist, bildet das Einlafsventil ein gesondertes Stück, nach dessen Entfernung der Auslafs-
ventilkegel nach oben herausgezogen und seine Schleiffläche besichtigt werden kann.

Die sonst übliche Steuerwelle parallel zur Cylinderachse ist bei
diesem Motor nicht zur Ausführung gelangt; an ihre Stelle tritt die
Übertragung durch eine Gallsche Kette. Unter dem Cylinderdeckel,
quer zur Längsachse des Motors ist, eine kurze Steuerwelle G gelagert, auf ihr sitzt das Kettenrad H, der Auslafsdaumen I und der
Daumen K, welcher die Steuerung des Lufteinlafsventiles F und
die des Petroleumventiles a besorgt. Bildung und Einnahme des

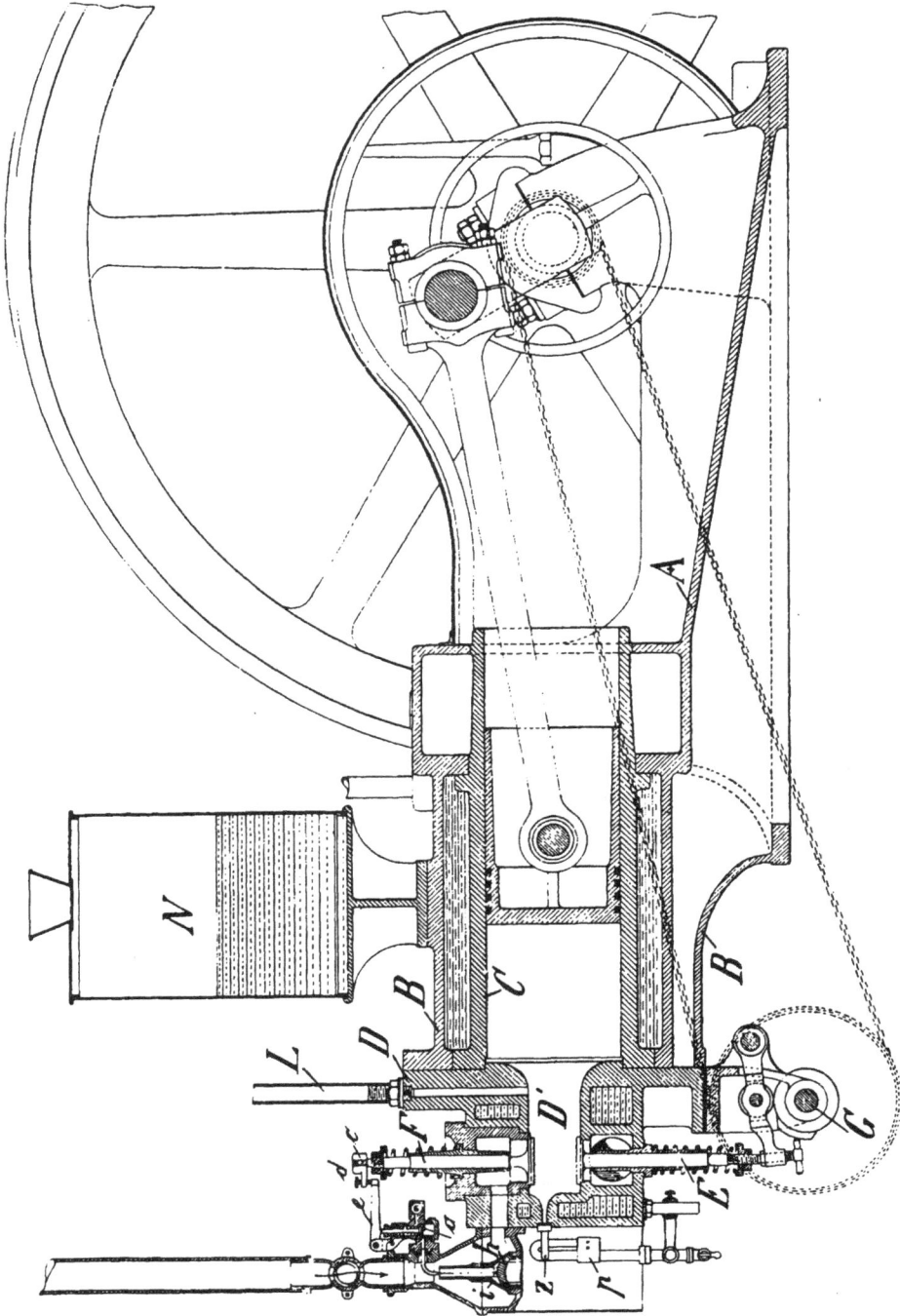

Fig. 91. Petroleummotor der Fabrik landwirtschaftlicher Maschinen von F. Zimmermann & Co. A.-G. in Halle a. d. Saale.

Gemisches vollzieht sich in folgender Weise: Das Spiel des Lufteinlafsventiles ist ein selbstthätiges, es wird nur insoweit von der gesteuerten Stange $b\,b'$ mit dem Seitenarm c geleitet, als sich der Arm c

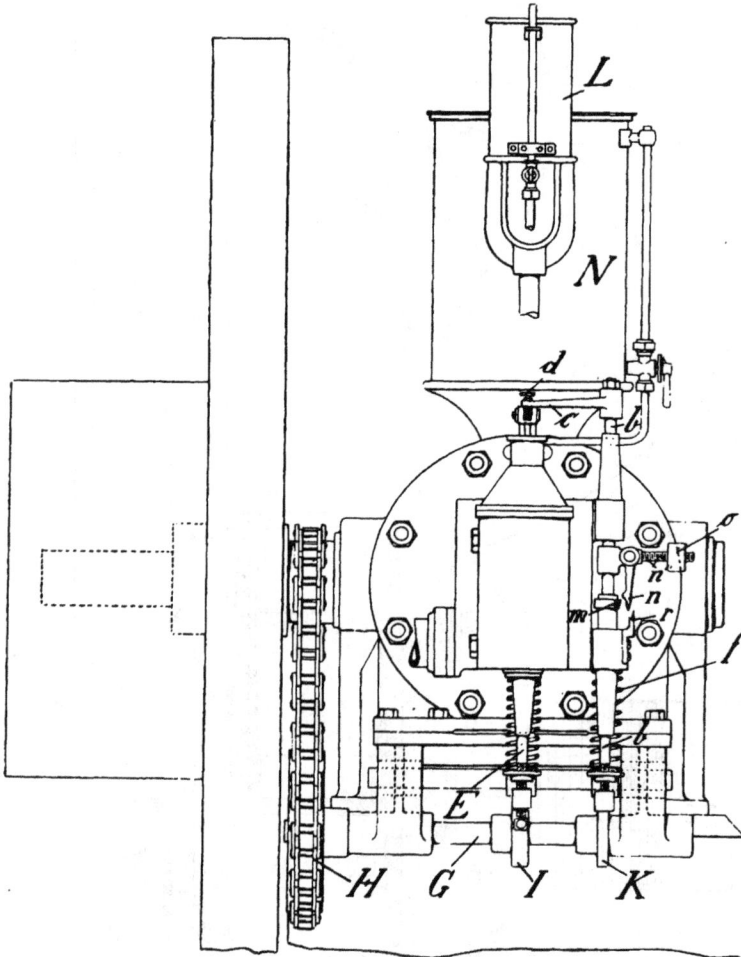

Fig. 92. Zimmermanns Petroleummotor.

auf das Ende der Ventilspindel legt, aber immer nur einen der
Spannung der Feder f entsprechenden Druck beim Öffnen und
Schliefsen ausüben kann. Fest bestimmend ist der Einflufs des gesteuerten Seitenarmes e auf das Petroleumventil a, welches
durch den Hebel e mit dem Seitenarm in Verbindung gebracht ist.

Dieses Ventil liegt nicht so weit im Bereich der Saugwirkung des Kolbens, dafs es selbstthätig wirken könne, es folgt vielmehr den Bewegungen des gesteuerten Armes *c*, indem die in einem Seitenvorsprung des Armes gelagerte Stellschraube auf den Hebel *e* drückt und Öffnung und Schlufs des Ventiles bewirkt. Zur selben Zeit, wo also Luft in den Cylinder gesaugt wird, tritt auch Petroleum durch das Ventil *e*, träufelt auf die Vergaserplatte *h*, dringt in Dampfform aus dem Spalt zwischen Platte *c* und dem Rand der Kappe *i* hervor und wird von der angesaugten Luft als Nebel in den Arbeitscylinder befördert. Die Kappe *i* ist oben offen, so dafs auch von hier Luft eintreten kann, welche die Bildung und den Austritt des Petroleumnebels befördert. Durch Auf- oder Niederschrauben der Stellschraube *d* kann des Quantum des zufliefsenden Petroleums berichtigt werden. Die Vergaserplatte ist leicht zugänglich und läfst sich schnell von anhaftenden Petroleumrückständen reinigen.

Die Geschwindigkeitsregulierung erfolgt durch Aussetzen der Petroleumzufuhr, indem die Hubstange *b* mit dem Arme *c* in gehobener Stellung abgestützt wird.

Als ein- und auslösendes Organ wirkt dabei ein Pendelregulator; derselbe 'besteht aus dem an der Hubstange *b* befestigten Winkelhebel *n n'* mit dem Gewicht *o*. Bei jedem Aufgang der Hubstange streift eine schräge Fläche des Pendelarmes *n* den festen Vorsprung *m*; je nach der Umdrehungsgeschwindigkeit des Motors wird der Ausschlag des Pendels *n n'* ein verschieden grofser sein und die Schneide *n* mehr oder weniger Zeit brauchen, um in die Anfangsstellung zurückzukehren. War nun die Geschwindigkeit des Anhubes der Stange *b* eine so grofse, dafs *n* beim Niedergang von *b* noch nicht in die Anfangslage zurückkehren konnte, so fängt sich die Schneide des Hebels in dem Einschnitt *r*. Die Stange *b* wird in ihrem Niedergang aufgehalten und drückt das Petroleumventil *a* nicht mit dem Arm *c* auf. Der Hub des Einlafsdaumens *K* ist so grofs, dafs er auch die abgestützte Hubstange *b* immer noch etwas anhebt; der Klinkenarm *n* wird also bei jedem Saughub frei und kann abstützend oder nichtabstützend in Funktion treten. Das Pendelgewicht *o* läfst sich auf dem Arm *n'* hin- und herschrauben; damit wird erreicht, dafs der »Abstützausschlag« des Pendels bei kleinerer oder gröfserer Umdrehungsgeschwindigkeit des Motors eintritt. In leichter Weise kann man also mit Verstellung des Gewichtes *o* die Umdrehungsgeschwindigkeit des Motors auch während des Betriebes verändern.

Die Zündung vermittelt das Glührohr Z, welches durch eine Petroleumheizlampe p erhitzt wird. Auf dem Rohr L ist der hoch belegene Petroleumbehälter für die Heizlampe angebracht. In N befindet sich das zur Speisung des Motors dienende Petroleum.

Für Lokomobilen werden die Motoren zwecks Ausgleichs der schwingenden Massen mit Doppelkolben nach dem Balancesystem gebaut. Die Motoren können mit Petroleum, Solaröl, Kerosin, Benzin und Spiritus betrieben werden.

Preise und Dimensionen sind aus der nachstehenden Tabelle zu ersehen:

Preise und Dimensionen der liegenden Motoren.

Gebremste Pferdestärken:		2	3	4	5	6	8	10	12	15
Preise d. Petrol.-Motoren inkl. Anker u. Platten	ab Fabrik Halle (S.) in M.	1450	1700	2000	2450	2700	3200	3700	4400	4800
Preise des Fundamentbockes		85	100	120	135	150	175	—	—	—
» des Kühlgefäßes		75	85	85	150	150	170	—	—	—
» für ein zweites Schwungrad »extra«		120	140	160	180	200	—	—	—	—
Länge des Motors ca. mm		1650	1900	2000	2200	2300	2500	2800	2900	3000
Breite » » » »		600	700	750	850	900	1050	1200	1300	1400
Höhe » » » »		1300	1400	1400	1500	1550	1700	1800	1850	1900
Durchm. der Riemenscheibe . . . . » »		300	400	450	500	600	700	800	900	1000
Breite der Riemenscheibe . . . . » »		170	210	250	270	290	310	330	350	370
Breite des Riemens » »		80	100	120	130	140	150	160	170	180
Umdrehungzahl pro Minute . . . . » »		260	240	240	230	230	220	210	200	200
Ungefähres Gewicht des Motors, verpackt, Kilo . . . » »		800	900	1000	1400	1600	2000	2400	2600	2700

Jedem Petroleummotor werden ohne besondere Berechnung mitgegeben: 1 Ausblasetopf, 1 Petroleumgefäß, 1 Heizlampe mit Zubehör, Reserve-Glührohre, 1 Satz Schraubenschlüssel, 1 Ölkanne, 1 Schraubenzieher, 1 Satz Reinigungswerkzeuge, 1 Satz Reservefedern.

Petroleummotor von Fr. Seck in München.

Der Motor ist eine stehende Kapselmaschine. Der Vergaser steht in offener Verbindung mit dem Verbrennungsraume und wird durch eine ständig brennende Petroleumdampflampe erhitzt. Das Petroleum wird durch die Saugwirkung des Arbeitskolbens eingeführt. Die Regulierung erfolgt durch Aufhalten des Auslafsventiles.

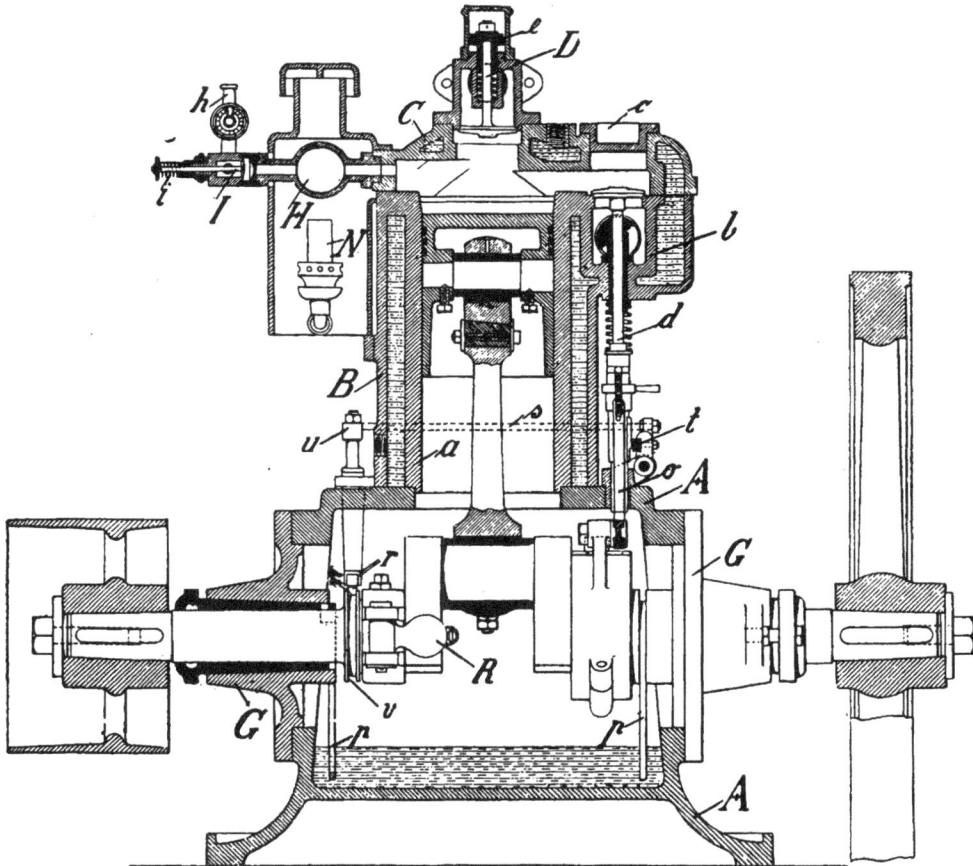

Fig. 93. Secks Petroleummotor.

Sockel A (Fig. 93) Arbeitscylinder a mit dem Wassermantel B, Cylinderdeckel C und Einlafsventilgehäuse D bilden getrennte Gufsstücke. Die Kurbelachse liegt im geschlossenen Sockel, ihre

Schenkel sind in langen Büchsen gelagert. Zum Einbringen der Kurbelachse sind zwei gegenüberliegende Wände des Sockels mit runden Öffnungen versehen, grofs genug, um die Kurbel hindurchzustecken. An den Deckeln *G* dieser Öffnungen sind lange Hülsen zur Aufnahme der Lagerbüchsen angegossen.

Arbeitscylinder *a*, Wassermantel *B* und Auslafsventilgehäuse *b* sind aus einem Stück gegossen, der Verbrennungsraum liegt im Cylinderdeckel; letzterer ist seitlich erweitert und bildet hier den oberen Abschlufs für das Auslafsventilgehäuse; der kleine Verschlufsdeckel *c* gestattet eine bequeme Besichtigung des Auslafsventiles. Das selbstthätige Lufteinlafsventil *D* ist auf der Mitte des Cylinderdeckels angebracht; dasselbe zeichnet sich durch eine kräftig ausgebildete Hubbegrenzung *e* vorteilhaft aus.[1] Seitwärts, gegenüber dem Auslafsventil ist der Vergaser *H* angebracht; demselben wird das Petroleum durch das kleine Rückschlagventil *I* zugeführt; durch Spannungsregulierung der Feder *i* ist man in der Lage, das Petroleumquantum, welches zur einzelnen Ladung gehört, genau einzustellen. Das Petroleum fliefst dem Stutzen *h* von einem höher belegenen oder einem unter gelinden Druck gehaltenen Behälter zu.

Die Steuerung des Auslafsventiles, entsprechend dem Viertakt, erfolgt bei diesem Motor nicht durch Zahnräder, sondern durch den in Fig. 94 dargestellten Mechanismus. Derselbe besteht aus der breiten Excenterscheibe *K*, deren Umfang mit zwei sich kreuzenden Nuten *f* und *g* versehen ist. Über die Excenterscheibe ist der durch den Hebel *h* gehaltene Ring *L* gestreift. Dreht sich die Kurbelachse, so machen Ring und Hebel mit der Excenterscheibe auf- und abschwingende Bewegungen.

In den Nuten *f* und *g* schleift der Stein *s*, welcher sich mit seinem Zapfen *s'* in einem Querschlitz *n* des Ringes *L* verschieben kann. Bei den Drehungen der Excenterscheibe gleitet der Stein von einer Nut in die andere, wandert also im Querschlitz *n* bei je zwei Umdrehungen der Kurbelachse einmal hin und her und hebt und senkt sich dabei.

Bringt man über einer der Endstellungen des Steines das Auslafsventilgestänge *l* so an, dafs der halbe Excenterhub zum Anheben

---

[1] Bei vielen Motorkonstruktionen findet man der Hubbegrenzung des selbstthätigen Einlafsventiles wenig oder gar keine Beachtung geschenkt: eine einfache schwache Unterlagscheibe läfst man auf den schmalen Rand der Ventilführung schlagen. Die Folge ist, dafs sich hier bald ein Grad anstaucht, der das Ventil in seiner leichten Beweglichkeit hindert.

von *l* nutzbar wird, so folgt, dafs bei richtiger Stellung der Excenterscheibe zur Kurbel das Auslafsventil nur während des Auslafshubes
der im Viertakt arbeitenden Maschine gehoben wird. Durch die
Kappe *m* auf dem Zapfen *s'* hat man diesem eine Druckfläche von
genügender Gröfse gegeben.

Sehr bequem läfst sich dieser Bewegungsmechanismus auch für
die Kompressionsverminderung beim Anlassen benutzen, indem man
zur Zeit der Ingangsetzung den Hebel *h*, welcher bei jeder Drehung

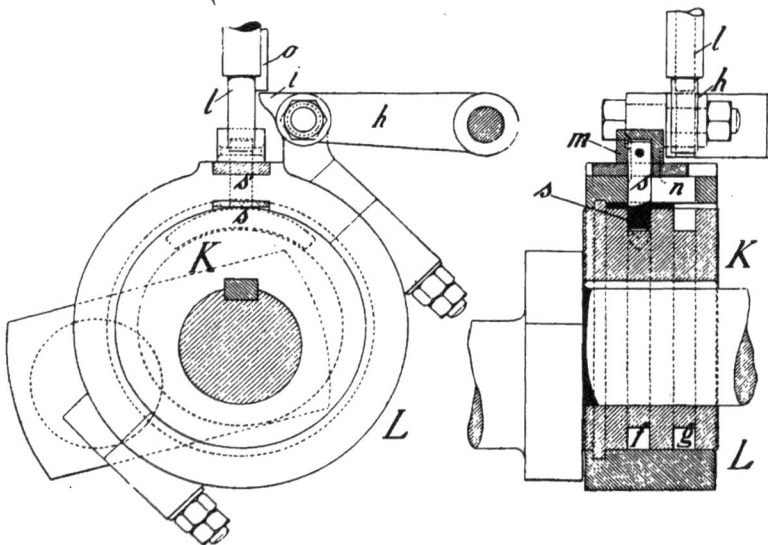

Fig. 94. Auslafsventilsteuerung zum Seckschen Petroleummotor.

der Kurbelachse auf- und abschwingt, zur Bewegung des Auslafsventiles heranzieht. Seitlich an der Auslafsventilstange ist zu dem
Zweck die verschiebbare Stange *o* (Fig. 93 und 94) angebracht;
schiebt man dieselbe herunter und sichert sie in dieser Lage, so
stöfst die Nase *i* des Hebels *h* beim Kompressionshub gegen *o*, und
das Ventil wird auch in der Kompressionsperiode gehoben. Die
Dauer des Anhubes wählt man etwas kleiner wie die für die Auslafsperiode, so dafs ein Teil der Ladung, ausreichend für den Antrieb,
im Arbeitscylinder verbleibt.

Für die Geschwindigkeitsregulierung wird das Auslafsventil in
geöffneter Stellung durch Einwirkung des Regulators *R* abgestützt.
Das zum Ansaugen des Petroleumventiles nötige Vakuum im
Arbeitscylinder kann sich dann nicht mehr bilden, es wird kein

Petroleum in den Vergaser gesaugt und die Gemischbildung bleibt aus, bis der Regulator das Auslaſsventil wieder freigibt.

Das Abstützen des Auslaſsventiles wird vom Hebel *t* bewirkt. Zugstange *s*, Hebel *u* und *r*, welch letzterer von dem in der Nut *v*

Fig. 95. Secks Petroleummotor.

des Regulators schleifenden Stein *w* beeinfluſst wird, stellen die Verbindung des Regulators mit der Stütze *t* her.

Der Vergaser, welcher durch die Heizlampe in Zündtemperatur erhalten wird, wirkt in bekannter Weise als Zündrohr.

Die Schmierung der Cylinderlauffläche und aller anderen im Kurbelgehäuse untergebrachten Mechanismen wird durch Ölspülung bewirkt. Damit auch den Kurbelachslagern genügend Öl zugeführt wird, hängen auf der Achse die Schmierringe $p\,p'$, welche in den Ölvorrat am Boden des Kurbelgehäuses eintauchen.

Fig. 95 gibt eine Gesamtansicht des Motors; Preise und Dimensionen sind aus der folgenden Tabelle zu ersehen.

Preise und Dimensionen des Seckschen Petroleummotors.

	1	2	3	4	5	6	8	10	12	15
Größenbezeichnung nach Pferdekräften . . .	1	2	3	4	5	6	8	10	12	15
Höchste Leistung . . . . ca. PS.	2	3	4	5½	6½	8	10	12½	15	18
Preis des Petroleum-(Solaröl-)Motors Mk.	1260	1520	1840	2150	2360	2680	3300	3750	4300	4850
Preis des Gasmotors . . . . »	1160	1420	1730	2050	2250	2570	3150	3520	4100	4620
Höhe des Motors . . . . . . ca. cm	95	105	110	120	130	135	155	170	185	185
Breite in der Richtung der Welle . . . »	100	115	120	135	140	165	180	200	225	225
Länge quer zur Welle . . . . . »	70	80	85	95	105	105	115	120	140	150
Durchmesser des Schwungrades . . . »	70	80	90	100	110	2 à 100	2 à 120	2 à 130	2 à 140	2 à 150
Durchmesser der Riemenscheibe . . . »	20	30	30	40	40	50	60	65	70	90
Breite der Riemenscheibe . . . . »	15	18	20	20	22	30	30	35	35	40
Tourenzahl pro Minute	460	360	350	300	300	290	270	260	250	250
Ungefähres Gewicht (verpackt) . . kg	600	875	1000	1290	1360	1800	2400	2650	3300	3850
Ungefähres Gewicht (unverpackt) . »	420	690	775	1020	1050	1440	2000	2270	2800	3300

Kleine Abänderungen in den Maßen vorbehalten.

Zum Betriebe von Dynamomaschinen erhalten alle Motoren zwei schwerere Schwungräder von nachstehenden Dimensionen.

	1	2	3	4	5	6	8	10	12	15
Größenbezeichnung nach Pferdekräften (wie oben)	1	2	3	4	5	6	8	10	12	15
Durchmesser der Schwungräder . . cm	70	80	90	100	110	120	130	150	160	160
Kranzbreite . . . . »	6	7	7½	8	8	9	10	11	12	13
Mehrpreis des Motors . . . . Mk.	40	60	85	100	125	140	150	180	210	250

Im Preise eingeschlossen ist die Verpackung und folgendes Zubehör:

Bei Petroleummotoren: Auspufftopf, ein Satz Mutterschlüssel, ein Ersatzvergaser, sechs Brenner, eine Anheizlampe, eine Tafel Asbest, ein Satz Ventilfedern.

Bei Gasmotoren: Auspufftopf, ein Satz Mutterschlüssel, drei Porzellanzündröhrchen, Gasbeutel, Gummischlauch zur Zündlampe, Gashahn, eine Tafel Asbest, ein Satz Ventilfedern.

Vorstehend sind die hauptsächlichsten der heute im Gebrauch befindlichen Benzin- und Petroleummotoren beschrieben; es erübrigt noch, der Neuheiten zu gedenken, welche Aussicht haben, dermaleinst an die Stelle der jetzt gebräuchlichen Systeme zu treten.

Den Maßstab für den Wert eines Motors gibt nicht allein die Ökonomie seines Betriebes ab, es kommt dabei auch auf seine Dauerhaftigkeit, auf seine Betriebssicherheit und das Wartungsbedürfnis an, welche Eigenschaften immer erst zu Tage treten können, wenn das System eine mehrjährige Gebrauchsdauer hinter sich hat.

Im großen und ganzen sind es zwei Richtungen, welche man eingeschlagen hat, um die heute benutzten Benzin- und Petroleummotoren zu vervollkommnen. Auf der einen Seite will man das Verbrennungsverfahren der jetzigen Motoren beibehalten, an Stelle des Viertaktes aber den Zweitakt einführen, auf der anderen Seite erblickt man das Heil in einem neuen Verbrennungsverfahren: es soll nicht mehr wie bisher der Verbrennung die Gemischbildung vorausgehen, sondern die Verbrennung soll im Moment des ersten Zusammentreffens von Luft und Brennstoff erfolgen, so daß die Dauer der Verbrennung von der Dauer des Zusammenführens von Luft und Brennstoff abhängig gemacht werden kann.

Beide Bestrebungen sind im Grunde genommen nicht neu, die im Zweitakt arbeitenden »Explosionsmotoren« sind sogar älter wie der Viertakt, war doch der erste von N. A. Otto — dem Erfinder des Kompressionsgasmotors — gebaute Motor eine Zweitaktmaschine, bei der eine gesonderte Gemischpumpe dem Arbeitscylinder das komprimierte Gemisch kurz vor der Zündung zuschob. Auch die »Verbrennungsmotoren« treten fast gleichzeitig mit den ersten Ottoschen Viertaktmotoren auf. Die Ursachen, welche diese ersten Versuche zum Scheitern brachten, bestanden bei den Zweitaktmotoren darin, daß sich das Gemisch häufig schon während des Hinüberschiebens in den Arbeitscylinder entzündete. Bei den Verbrennungsmotoren war es die mangelnde Sicherheit in der Einleitung der Entzündung, mit der man zu kämpfen hatte.

Jahrzehntelang haben die Zweitakt- und die Verbrennungsmotoren dann still gelegen; bei den vorzüglichen Resultaten, die mit Benutzung des Viertaktes gemacht wurden, schienen weitere Bemühungen zwecklos.

Erst vor etwa sechs oder sieben Jahren änderte sich dieses Bild; mit der gesteigerten Nachfrage nach grofsen Gasmotoren hatte man die Erfahrung gemacht, dafs der Verwendung des Viertaktes doch ihre Grenzen gesteckt waren, denn diese Maschinen erhielten Dimensionen und erforderten einen Aufwand an Material, die den Wettbewerb mit Dampfmaschinen fraglich erscheinen liefsen. Man zog den alten, fast vergessenen Zweitakt also wieder ans Tageslicht, ging mit neuen Anschauungen und so manchen inzwischen an den Viertaktmotoren gemachten Erfahrungen an die Arbeit, und es scheint, als wenn dieser neue Anlauf zu besseren Resultaten führen wird. Man hat nicht wieder die unheilvolle Gemischpumpe verwendet, sondern führt Luft und Brennstoff zu Anfang der Kompressionsperiode getrennt in den Arbeitscylinder so ein, dafs zuerst die Luft allein in den Cylinder tritt und hier die heifsen Verbrennungsrückstände verdrängt; erst dann tritt auch der Brennstoff ein, der sich im Verlaufe des Kompressionshubes im Arbeitscylinder mit der Luft zu zündbarem Gemisch umbildet.

Die Firma Gebr. Körting in Hannover, welche bereits mehrere nach diesem Zweitaktsystem arbeitende Gasmotoren ausgeführt hat, ist nicht bei den einfachwirkenden Maschinen stehen geblieben, sondern hat auch doppeltwirkende Zweitaktmotoren, welche mit einem Arbeitscylinder 500 PS. leisten, gebaut.

Ist dies ein Beispiel für die erfolgreiche Benutzung des Zweitaktes im Grofsmotorenbau, so sind gleiche Resultate auch für den Kleinmotorenbau zu vermelden. Der Ingenieur J. Söhnlein hat Zweitaktmotoren gebaut, bei denen der vordere Cylinderraum als Pumpe benutzt wird; er saugt damit Luft und Brennstoff in gesonderten Räumen an, unterwirft sie hier einer gelinden Vorkompression, welche ausreicht, dafs beide nach beendigtem Auspuff schnell in den Arbeitsraum überströmen; erst im Laufe des eigentlichen Kompressionshubes vereinigen sich dann Luft und Brennstoff zu Gemisch. Diese Motoren arbeiten ohne Ventile, der Arbeitskolben wird als Steuerorgan benutzt; indem er Öffnungen in der Cylinderwand überdeckt und frei werden läfst, regelt sich Ein- und Übertritt von Luft und Brennstoff sowie der Auspuff. Die aufserordentlich einfachen und leichten Motoren können ohne weiteres, je nachdem man sie andreht, in der einen oder anderen Richtung herumlaufen.

Neben diesen Vervollkommnungen der Zweitakt-Explosionsmotoren sind auch Erfolge auf dem Gebiete der Verbrennungsmotoren

zu verzeichnen, ja man kann sagen, daſs dieselben in ein völlig neues
Stadium ihrer Entwickelung getreten sind. Von dem Ingenieur
Diesel sind im Viertakt·arbeitende Verbrennungsmotoren konstruiert,
welche mit Petroleum und ähnlichen Kohlenwasserstoffgemischen
von niedriger Entzündungstemperatur in der Weise arbeiten, daſs
man die Verbrennungsluft für sich allein im Arbeitscylinder ansaugt
und so hoch komprimiert, daſs die Kompressionstemperatur die
Entzündungstemperatur des Brennstoffes übersteigt. In dies hoch
erhitzte Luftkissen wird dann zu Beginn des Arbeitshubes der fein
zerteilte Brennstoff mit Überdruck eingepreſst, er entzündet sich
dort im Momente der Berührung mit Luft und die entwickelte Wärme
liefert die Treibkraft.

Ob es nun die neuen Zweitaktmotoren oder die neuen Verbrennungsmotoren sind, welche an die Stelle der heute gebräuchlichen Viertakt-Explosionsmotoren treten werden, ob sie die letzteren
überhaupt verdrängen werden, das können uns nicht theoretische
Betrachtungen und Untersuchungen lehren, sondern allein die Erfahrungen, welche man mit den neuen Maschinen in der Praxis
machen wird.

Achtes Kapitel.

Wagenmotoren mit Benzinbetrieb.

Die Bemühungen, Wärme-Kraftmaschinen für die Bewegung
von Straſsenfahrzeugen verwendbar zu machen, sind so alt wie die
Erfindung der Dampfmaschine. Schon vor Watts Zeiten finden
sich Bestrebungen, die Dampfmaschine in ihrem damaligen Ent-
wickelungsstadium für den Betrieb von Straſsenfahrzeugen zu benutzen.

Unausgesetzt ist man von jener Zeit ab mit der Lösung des
Problems der ›Straſsenlokomotive‹ beschäftigt gewesen, und es gab
Zeiten, z. B. die sechziger Jahre des vergangenen Jahrhunderts, in
denen es kaum eine Maschinenfabrik gab, welche sich nicht mit
Versuchen im Bau von Straſsenlokomotiven beschäftigte.

Alle die Bemühungen blieben aber erfolglos: abgesehen von den
Straſsenlokomotiven für den Betrieb von Pflügen waren keine Erfolge zu verzeichnen.

Erst mit Vervollkommnung des Gasmotors und der Erkenntnis, daſs die flüssigen Kohlenwasserstoffe und unter diesen namentlich das Benzin sich vorzüglich für den Betrieb des Explosionsmotors eignen, also zu Mitte der achtziger Jahre, trat auch die Lösung des Problems der »Motorwagen« in ein neues Stadium.

Nach mehrfachen Versuchen mit stationären Benzinmotoren für den Betrieb von Schienenfahrzeugen ergaben sich bald zufriedenstellende Resultate. Man ging dann dazu über, besonders leicht ausgeführte Motoren durch Vergröſserung ihrer Ventilquerschnitte und Ausbalancierung ihrer bewegten Teile für hohe Tourenzahlen zu befähigen und ihre Kraftleistung dadurch zu erhöhen. Während ein stationärer, 250 Umgänge pro Minute machender Benzinmotor neuester Konstruktion 500 kg wiegt, hat man heute Wagenmotoren gleicher Stärke, welche inkl. aller Nebenteile bei 1200 Umdrehungen pro Minute nur 20 kg wiegen. Dabei arbeiten diese Motoren im Viertakt, nur der vierte Teil ihrer Umdrehungen ist also krafterzeugend. Es ist durchaus nicht ausgeschlossen, den Zweitakt oder gar den Eintakt für Wagenmotoren lebensfähig zu machen. Nimmt man hinzu, daſs uns die Neuzeit leichte und feste Metalle bringen wird, welche sich für den Maschinenbau eignen, so sind Aussichten vorhanden, das Gewicht der Wagenmotoren noch ganz erheblich zu verringern.

Neben dem geringen Gewicht bieten die Benzinmotoren noch andere Eigenschaften, die sie vorzüglich geeignet für den Betrieb von Fahrzeugen machen: sie besitzen ein groſses Wärmeausnutzungsvermögen, sind unmittelbar betriebsbereit, und ihr Wartungsbedürfnis ist äuſserst gering; dabei ist der Brennstoff von gröſster Konzentriertheit, und seine flüssige Form gestattet die bequemste Unterbringung auf dem Fahrzeug. Das sind Eigenschaften, die für den Bau brauchbarer Motorwagen ganz andere Aussichten schaffen, wie ehedem die Dampfmaschine mit ihrem ungefügen Kessel.

Im Jahre 1893, bei Bearbeitung der ersten Auflage dieses Werkes, waren die Motorwagen selbst in Groſsstädten noch seltene Erscheinungen, man sah in ihnen nicht viel mehr wie ein »Spielzeug für Erwachsene«. Heute hat sich das wesentlich geändert: in allen Ländern, namentlich in Frankreich, gibt sich ein Interesse für das neue Verkehrsmittel kund, wie es selten einer Erfindung dargebracht ist. In Frankreich gehört es zum guten Ton, ein »Automobil« zu besitzen und es selbst steuern und warten zu können.

In Deutschland hat man sich im grofsen Publikum zu einem
solchen Kultus noch nicht aufschwingen können, hier beschränkt
sich das Interesse für das »Automobil« noch auf die Kreise der
Techniker.

Dafs die Entwickelung des Motorwagenbaues schon in feste
Bahnen eingelenkt wäre, kann man noch nicht sagen; bestimmte
»Normalien«, wie beispielsweise im Lokomotivbau oder im Fahrradbau haben sich noch nicht herausgebildet, bis jetzt herrscht noch
eine übergrofse Mannigfaltigkeit in den Konstruktionen der Wagenmotoren und in den Getrieben zur Übertragung der Kraft auf die
Räder.

Trotzdem gibt es aber schon brauchbare und marktfähige Motorwagen, von denen die Haupttypen zur Beschreibung gelangen
werden.

Der Motorwagenbau bietet dem strebsamen Ingenieur ein inter-
essantes und aussichtsvolles Arbeitsfeld. Es soll aber nicht ver-
schwiegen werden, dafs die Aufgaben, welche hier zu lösen sind,
durchaus nicht zu den leichten gehören. Neben der nötigen Erfahrung mufs der Motorwagenkonstrukteur Erfindungsgabe, Schön-
heitsgefühl und praktischen Sinn besitzen. Man hat es eben mit
einer vollkommen neuen Branche des Maschinenbaues zu thun,
auf welche Erfahrungen aus dem Bau stationärer Motoren und
dem Fahrradbau nur mit grofser Vorsicht übertragen werden
dürfen.

Der Konstruktion des für den Wagenbetrieb bestimmten Motors
liegen wesentlich andere Bedingungen wie dem stationären Benzinmotor zu Grunde. Hier soll sich die denkbar gröfste Einfachheit
und Zuverlässigkeit mit dem geringsten Gewicht vereinen, alle bewegten Teile sind gegen Eindringen von Staub und Schmutz zu
schützen. Die Zündung mufs unabhängig von Wind und Wetter
sein. Der Einflufs der schwingenden Massen ist sorgfältig auszu-
gleichen und die Kühlung mufs mit geringster Gewichtsvermehrung
erreicht werden.

Diesen Anforderungen entsprechend, machen die für den Betrieb
von Fahrrädern bestimmten Motoren fast alle 1000—1200 Touren
pro Minute; auch für gröfsere Wagen bestimmte Motoren sind aus-
gesprochene »Schnellläufer«.

Welch ein Unterschied zwischen dem ersten, für den Fahrzeugbetrieb benutzten stationären Motor und den jetzt modernen

Fahrradmotoren hinsichtlich der Raumbeanspruchung vorliegt, davon geben die in gleichem Maſsstab gezeichneten Abbildungen (Fig. 96 und 97) eine Vorstellung.

Fig. 97 ist ein von der Hannoverschen Maschinenfabrik vormals Georg Egestorff im Jahre 1879 gebauter 2 pferdiger Benzinmotor, welcher zum Betriebe eines auf Schienen laufenden Wagens

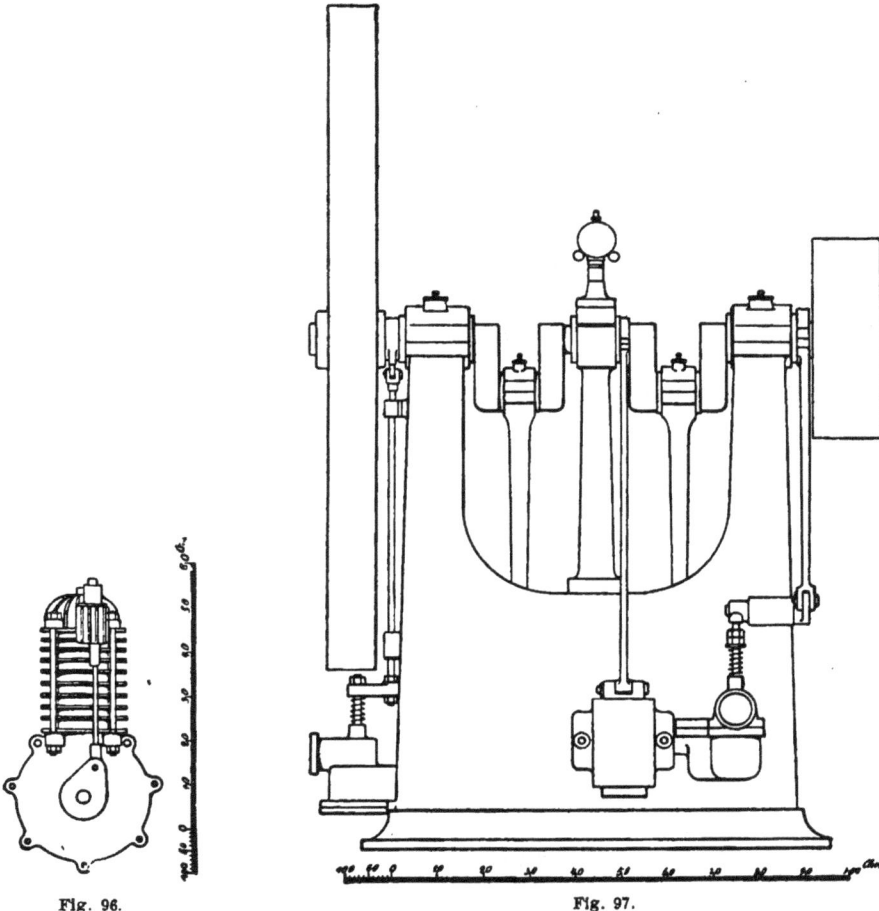

Fig. 96.   Fig. 97.

benutzt wurde, er arbeitete im Zweitakt, wog ca. 1200 kg und machte 120 Touren pro Minute.

Der in Fig. 96 dargestellte »Wagenmotor« ist ein nach dem System Dion & Bouton im Jahre 1899 gebauter Benzinmotor von ebenfalls 2 PS, er arbeitet im Viertakt, wiegt ca. 30 kg und

macht bis 1200 Touren pro Minute. Mit Erhöhung der Tourenzahl um das 10 fache, mit Ersatz der Wasserkühlung durch Rippenkühlung und anderen konstruktiven Maſsnahmen wurde also für
gleiche Kraftleistung eine Verringerung des Gewichtes um das
40 fache erreicht; dabei arbeitet der Dion-Bouton-Motor im Viertakt,
während der erwähnte alte stationäre Motor eine Zweitaktmaschine
war.

Hinsichtlich der Bauart der Wagenmotoren herrscht noch die
allergröſste Mannigfaltigkeit. Für Fahrräder — Zwei-, Drei- und
Vierräder — finden sich meistens vertikale Motoren; Kurbel-, Steuerräder und Schwungräder sind eingekapselt und laufen im Ölbade,
nur die vorstehenden Enden der Kurbelwelle und etwa noch die
Stange des Auslaſsventiles verraten die Bewegungen der innen
arbeitenden Teile. Als Kühlvorrichtung sind bei Motoren dieser
Bauart meist S t r a h l r i p p e n gebräuchlich, die Zündung erfolgt mit
geringen Ausnahmen auf elektrischem Wege. Zur Gemischbildung
werden Verdampfapparate benutzt, und werden diese Motoren in
Gröſsen bis etwa 3 PS gebaut. Auch als Zwilling mit schräg-
liegendem Cylinder werden diese Maschinen ausgeführt.

Für den Betrieb der eigentlichen Wagen sind horizontale und
vertikale Bauarten im Gebrauch. Die Einkapselung herrscht hier
nicht so vor wie bei den kleinen Motoren. Es finden sich Maschinen, bei denen die Zugänglichkeit aller Teile ebenso wie bei
den stationären Motoren voll gewahrt ist. Der Motor ist dann in
einen mit Deckel versehenen Holz- oder Blechkasten eingeschlossen.
Bei aufgeklapptem Deckel hat man alle Teile des Motors vor
sich, so daſs eine Kontrolle jederzeit ausgeführt werden kann. Als
Kühlung ist hier meistens Wasserkühlung vorgesehen. Auch diese
Motoren arbeiten noch alle im Viertakt, sind häufig als Zwilling
ausgeführt und besitzen, da sie auch während des Stillstandes des
Wagens weiter arbeiten, einen Geschwindigkeitsregulator.

Bei den gröſseren Wagenmotoren hat sich die elektrische
Zündung noch nicht so allgemein wie bei den Fahrradmotoren eingebürgert.

Von gröſster Bedeutung für den ruhigen Gang der Motorfahrzeuge ist die Ausbalancierung der schwingenden Massen. Während
man sich bei den kleinen Fahrradmotoren zur Not damit begnügen
kann, Aussparungen in den Schwungscheiben anzubringen, welche
die Massenwirkungen des Kurbelzapfens und eines Teiles der Pleuelstange annähernd ausgleichen, machen sich bei den Wagenmotoren

die hin- und herschwingenden Massen des Kolbens und des hinteren Pleuelstangenendes recht störend bemerkbar. Welche Wirkung dieselben bei hohen Tourenzahlen des Motors haben, davon kann sich nur der eine richtige Vorstellung machen, der sie am eigenen Leibe empfunden hat. Die Schwingungen treten namentlich dann störend auf, wenn der Wagen hält und der Motor weiter arbeitet.

Die Bemühungen, für den Fahrzeugbetrieb leichte Balancemotoren zu konstruieren, sind sehr berechtigt. Bis heute gibt es einen einfachen leichten, vollkommen ausbalancierten Wagenmotor aber noch nicht.

Wir gehen nun zur Beschreibung einiger Haupttypen der Fahrrad- und Wagenmotoren über.

Als Hauptrepräsentant der Fahrradmotoren ist der Motor der Firma de Dion & Bouton in Puteaux bei Paris zu nennen; derselbe erschien etwa zu Mitte der neunziger Jahre auf dem Markt und ist für viele andere Motoren vorbildlich gewesen.

Benzin-Fahrradmotor System „de Dion & Bouton", in Deutschland gebaut von der Aktiengesellschaft für Motor- und Motorfahrzeugbau vorm. Cudell & Co. in Aachen.

In dem Dion und Bouton-Motor begegnen wir auf dem Gebiete des Motorenbaues einer in konstruktiver Beziehung vollkommen neuen Erscheinung; alles, was die Technik uns Neues gebracht hat und irgendwie für den Bau von Explosionsmotoren benutzt werden konnte, ist hier herangezogen, um mit dem geringsten Materialaufwand einen Motor von größter Stärke und einfachster Konstruktion herzustellen.

Der Motor arbeitet mit Verdampfapparat; die Zündung ist eine elektrische und wird durch eine Accumulatorenbatterie gespeist; die Regulierung erfolgt nur »von Hand« und wird durch Verlegung des Zündmomentes oder Änderung der Ladungsmenge bewirkt.

In den Fig. 98 und 99 ist der zum Motor gehörende Karburator dargestellt; er gehört zu jener Gattung, bei welcher die mit Benzindämpfen zu sättigende Luft den Brennstoff aufnimmt, indem sie dicht über den Flüssigkeitsspiegel fortgeführt wird.

A ist der zur Aufnahme des Benzins bestimmte Behälter; er hat seinen Platz unter dem Sattel des Fahrrades, seine Form ist dem Radgestell angepaßt. Es kommt darauf an, die Luft für jeden Höhenstand des Benzins in möglichst gleichem Abstand über den

Flüssigkeitsspiegel hinzuführen.   Die Luft strömt, wie durch Pfeile
angedeutet, von oben in das Rohr D und wird durch den Schirm E
gezwungen, dicht über das Benzin fortzustreichen. Damit nun auch
bei sinkendem Benzinspiegel der Abstand des Schirmes E von der
Flüssigkeit annähernd gleich erhalten werden kann, ist das Rohr D
in der Führung F mit gelinder Reibung verschiebbar gemacht, und

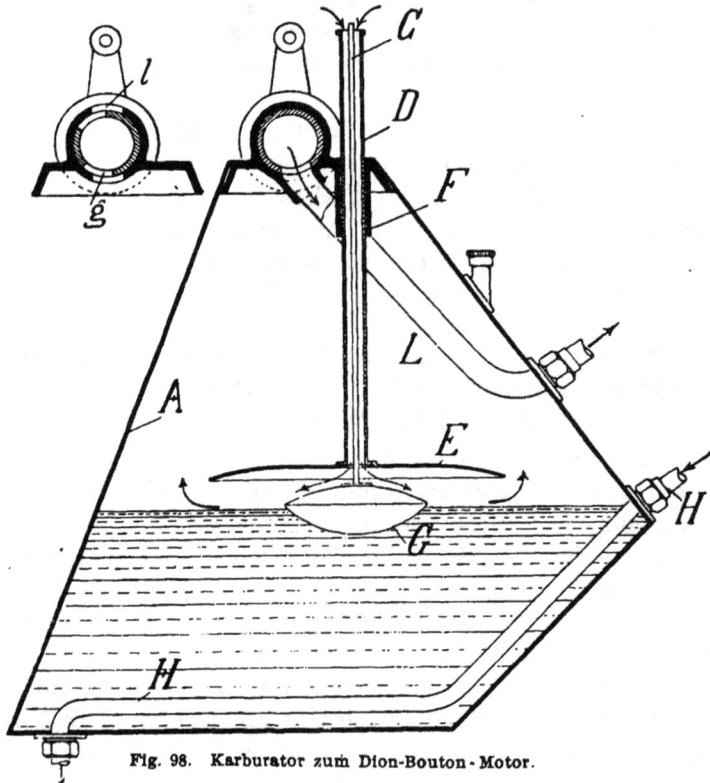

Fig. 98. Karburator zum Dion-Bouton-Motor.

die Stange C eines Schwimmers G, welche in dem Rohr D ihre
Führung findet, zeigt dem »Fahrer« stets an, um welches Maß sich
der Abstand des Schirmes E vom Flüssigkeitsspiegel vergrößert hat.
Schiebt man während der Fahrt das Rohr von Zeit zu Zeit weiter
nach · unten, so reicht dies für die Gleichmäßigkeit der Gemischbildung vollkommen aus.

     Da durch die schnelle Verdunstung des Benzins bei arbeiten-
dem Motor viel Wärme gebunden wird, so sinkt die Temperatur

des Benzins ganz erheblich, die Intensität der Benzindampfbildung wird allmählich schwächer, und es ist nötig, dem Benzinvorrat Wärme zuzuführen, um ein Gemisch von gleichbleibender Zusammensetzung zu erhalten. Während nun bei anderen Motoren zur Erhaltung der Verdunstungsintensität meistens die durch den Karburator strömende Luft vorgewärmt wird, leitet man hier einen Teil der heißen Auspuffgase mittels des Rohres *H* durch den Benzinvorrat selbst hindurch und führt ihm so die nötige Wärme zu.

Bekanntlich reicht schon das einfache Hinüberstreichen von Luft über Benzin, wie es im vorliegenden Apparat zur Ausführung gelangt, hin, um ein »Gemisch« zu bilden, welches mehr Brennstoff enthält, wie zum »guten Explosionsgemisch« gehört; namentlich zu Anfang der Inbetriebsetzung, wo die Abkühlung des Benzinvorrates durch die Verdunstungskälte noch nicht merkbar ist, und bei trockener warmer Luft hat man dem aus dem Verdampfapparat aufsteigenden Gemisch noch erheblich »frische Luft« zuzuführen, um gutes Gemisch, für die Verbrennung im Motor geeignet, zu erhalten. Es ist also auf dem Verdampfapparat ein Mischhahn *I* angebracht, welcher während der Fahrt bewegt werden kann und bei welchem durch die Öffnung *l* dem von *g* kommenden Gemisch so viel Luft zufließt,

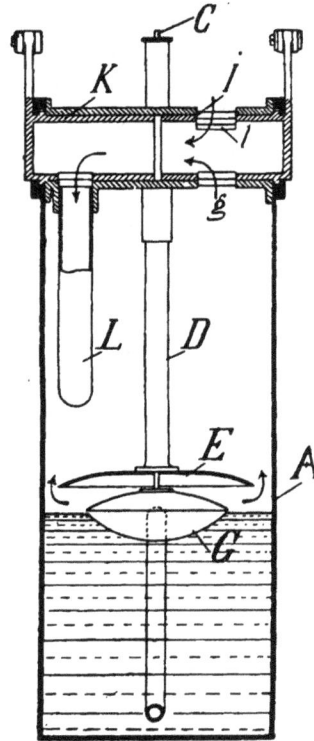

Fig. 99.
Karburator zum Dion-Bouton-Motor.

wie nötig ist; je mehr man die Luftöffnung *l* vergrößert, um so kleiner wird die Gemischöffnung *g* und umgekehrt.

Neben dem Hahn *I*, mit diesem im gleichen Gehäuse liegend, ist noch ein zweiter Hahn *K* angebracht; er hat den Zweck, das Quantum der Ladung, welches der Motor ansaugt, entsprechend der gewünschten Kraftentwickelung von Hand zu regulieren.

Durch Rohr *L* strömt das Gemisch nach dem Motor; eine mit Drahtgazeschichten angefüllte Büchse, welche in *L* eingeschaltet ist, verhindert ein Zurückschlagen der Flamme in den Karburator, falls

die Ladung einmal noch brennen sollte, während neues Gemisch
angesaugt wird.

Einen gesonderten »Rahmen«, wie ihn die bisher besprochenen
stationären Motoren zur Verbindung des Cylinders mit den Lagern
der Kurbelachse und zur Befestigung auf dem Fundamentsockel
hatten, besitzt der Dion-Bouton-Motor nicht. Das aus zwei Hälften
zusammengesetzte Schwungradgehäuse A (Fig. 100 und 101) setzt sich
vielmehr unmittelbar an den Arbeitscylinder B an, und Stangen D D
vermitteln die Verbindung zwischen Schwungradgehäuse, Cylinder
und Cylinderdeckel in der Weise, daſs der Cylinder ein »Distance-
rohr« zwischen Gehäuse und Deckel bildet.

Die Ventilgehäuse sind mit dem Cylinderdeckel C aus einem
Stück gegossen, E ist das gesteuerte Auslaſsventil, F das selbstthätige Einlaſsventil, H ist der Einführungsstutzen für die elektrische
Leitung. Der in der Mitte des Deckels C angebrachte Hahn G
dient zur »Kompressionsentlastung«; er wird geöffnet, während man
das Rad, mit den Füſsen tretend, in Bewegung versetzt.

Der Arbeitscylinder hat nur 3 mm Wandstärke, er ist dicht
mit hohen Kühlringen umgürtet, welche neben ihrem Hauptzweck,
der Cylinderkühlung, auch der Wandung die nötige Festigkeit ver-
leihen. Zu berücksichtigen ist, daſs der Motor immer nur dann
arbeitet, wenn das Fahrzeug in Bewegung ist, daſs die Kühlwirkung
der Ringrippen durch den starken Luftzug, welchem der freiliegende
Cylinder ausgesetzt ist, auſserordentlich unterstützt wird. Je schneller
die Fahrt, d. h. je schneller der Motor arbeitet, um so intensiver
die Kühlung.

Für einen Wagenmotor, welcher auch während Stillstandes
des Wagens weiter arbeitet und dem Luftzuge nicht in gleichem
Maſse ausgesetzt ist, kann man selbstverständlich eine ähnliche Kühlwirkung der Ringrippen nicht erwarten.

Da das den Kurbelzapfen umfassende Lager der Pleuelstange
nicht geteilt ist, so muſste von der Verwendung einer »Kurbelachse« Abstand genommen werden und an deren Stelle ein durch
die Kurbelscheiben und die Pleuelstange gesteckter Zapfen K treten.
Die Kurbelscheiben sind so groſs und schwer gehalten, daſs sie
gleichzeitig als Schwungscheiben dienen können. Bei den hohen
Tourenzahlen, mit welchen der Motor arbeitet, reichen verhältnismäſsig geringe Gewichte für die Schwungmassen aus. Ebenso wie
der Kurbelzapfen K sind auch die Wellenenden M und L mittels
»Conus« in den Scheiben befestigt, so daſs die Verbindung stets

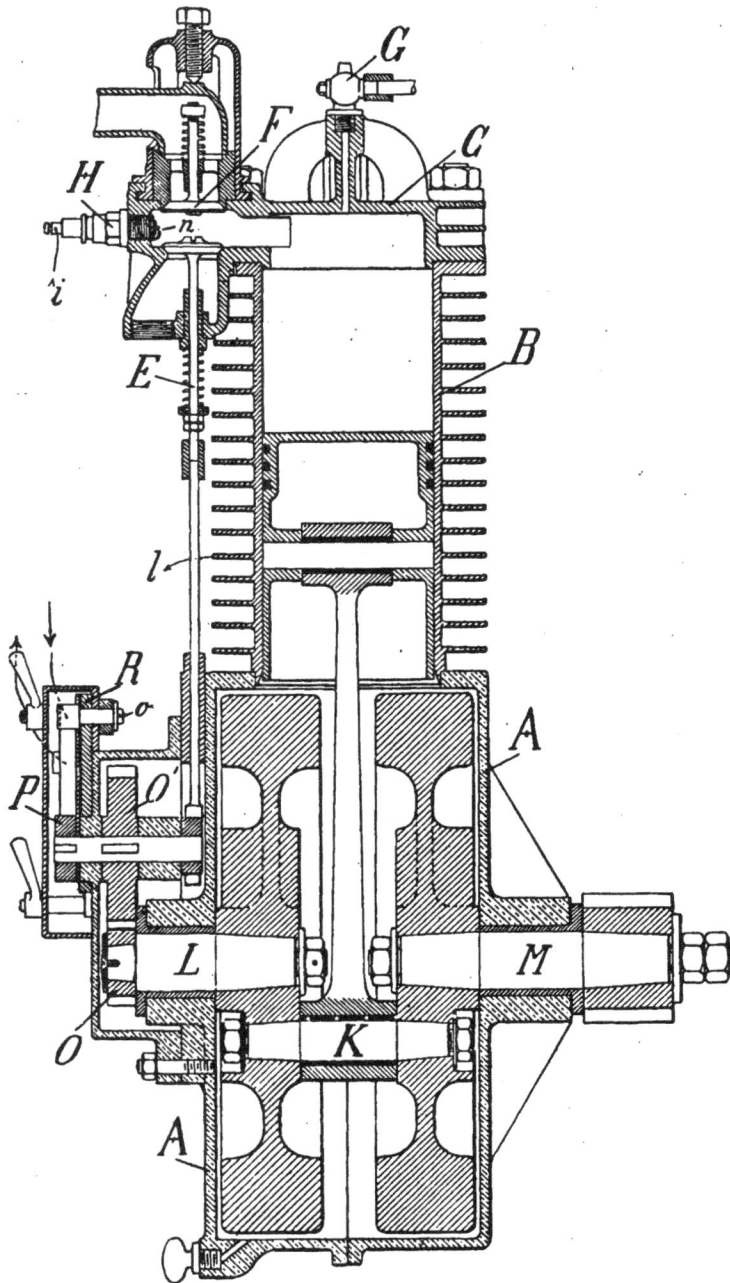

Fig. 100. Dion-Bouton-Motor.

leicht zu lösen ist. Auf dem Wellenende M sitzt das Zahnrad zur Übertragung der Kraft auf das Kettenrad des Fahrrades; auf L ist das Steuerrad O angebracht.

Um den Kolben des Motors freizulegen, muſs man die Verbindungsstangen D entfernen und den Cylinder vom Kolben abziehen. Hier wird also nicht, wie sonst üblich, der Kolben aus dem Cylinder gezogen, sondern der Cylinder ist vom Kolben zu ziehen; das geringe Gewicht des Cylinders gestattet eine solche Zerlegung.

Die Bethätigung des Auslaſsventiles von der Steuerwelle aus wird ohne weiteres aus der Fig. 100 klar, und es erübrigt nur noch, der Zündvorrichtung mit einigen Worten zu gedenken.

Als Stromquelle dient eine Accumulatorenbatterie; von dieser geht der Strom nach einem Induktionsapparat, zu dem Zweck, hohe Spannung anzunehmen, wie sie für die Erzeugung kräftiger Funken nötig ist.

Während der zur Unterbrechung des Stromes nötige, als Neefscher Hammer bekannte Mechanismus an den Induktionsapparaten sonst durch den Strom selbst in Thätigkeit versetzt wird, ist er hier von dem Induktionsapparat und der Stromwirkung ganz unabhängig. Hier ist es die Steuerung des Motors, welche die Stromunterbrechung bewirkt. Aus Fig. 101 wird ersichtlich, in welcher Weise der Mechanismus arbeitet: a und b sind isolierte Kontaktklemmen, welche die von der Batterie kommende Leitung aufnehmen und nach den Punkten c und e führen. c und e sind leitend miteinander verbunden, wenn die an c befestigte Feder f die Spitze der Schraube e berührt. Die Scheibe P dreht sich mit der Steuerwelle und ist an einer dem Zündmoment entsprechenden Stelle tief unterbrochen; auf P schleift der mit f verbundene Hammer h. Solange nun h auf dem Scheibenumfang schleift, ist die Feder f auſser Kontakt mit e, fällt aber der Hammer h in den Ausschnitt, so kommen e und c durch f in leitende Berührung; da ferner die Feder beim plötzlichen Einschnappen in den Ausschnitt vibriert, so wird ähnlich wie beim Neefschen Hammer auch hier der Stromschluſs in schneller Folge unterbrochen, es bilden sich Induktionsströme von hoher Spannung und dementsprechend eine Funkenschar im Innern des Laderaumes, wohin der inducierte Strom geleitet ist.

Der Zweig i der Leitung ist durch die Hülse H isoliert in den Motor eingeführt, die Leitung endigt bei n in einer Platinspitze; entsprechend einer Entfernung, welche der Strom unter

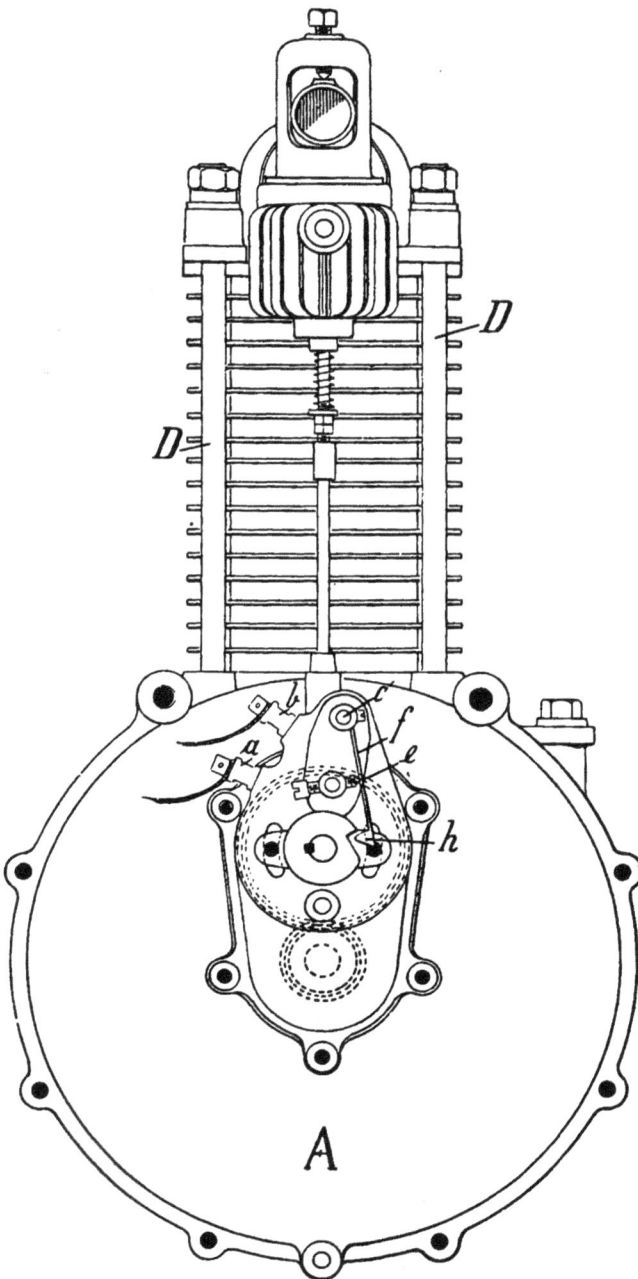

Fig. 101. Dion-Bouton-Motor.

Funkenbildung sicher überspringt, ist eine zweite Platinspitze in leitender Verbindung mit den Metallteilen des Motors eingesetzt.

Je nach der Umdrehungszahl, mit welcher der Motor läuft, hat man den Zündmoment oder richtiger gesagt, den Beginn der Zündung mehr oder weniger vor den toten Punkt zu legen, damit sich im toten Punkt die Verbrennungen entsprechend der jeweiligen Umdrehungszahl so weit vorentwickelt haben, daſs die Verbrennung den günstigsten Verlauf nimmt. Die zu diesem Zweck vorgesehene Einrichtung besteht darin, daſs die isolierte Platte R, an welcher der »Unterbrecher« angebracht ist, um einen bestimmten Winkel drehbar gemacht wurde; je weiter die Platte nach links gedreht wird, um so früher gelangt der Hammer zum Abschnappen und umgekehrt. An den Zapfen o der Platte R greift die Zugstange, welche mit R vom Fahrersitz aus bewegt werden kann.

Bei den alten elektrischen Zündvorrichtungen, welche mit Induktionsapparat arbeiteten, war die Einrichtung meistens so getroffen, daſs der mit dem Neefschen Hammer ausgerüstete Apparat dauernd arbeitete; im Moment der Zündung wurde die bis dahin vor dem Motor geschlossene Leitung geöffnet und der Strom veranlaſst, nun den Weg unter Funkenbildung durch das Innere des Motors zu nehmen. Mit diesem Verfahren war ein groſser Stromverbrauch verbunden, die Kontaktspitzen des Neefschen Hammers nutzten sich bald ab, und so schnell auch dieser Hammer arbeitete, bei den hohen Tourenzahlen des Motors muſsten die Schwingungsintervalle dennoch auf den rechtzeitigen Eintritt der Zündung Einfluſs haben; sie konnte ebensowohl um die Zeitdauer einer Hammerschwingung nach vorwärts wie nach rückwärts fallen.

Alle diese Übelstände sind bei der Zündvorrichtung des Dion-Bouton-Motors vermieden, Stromverbrauch tritt immer nur für kurze Zeit bei jeder zweiten Umdrehung des Motors ein und liefert die einmal geladene Batterie Strom für 6000 km Weg, der Unterbrecher beginnt seine Thätigkeit immer zur rechten Zeit, und die Abnutzung der Kontaktspitzen durch Oxydation ist eine sehr geringe.

Des weiteren ist von der Zündeinrichtung noch zu erwähnen, daſs die Stromleitung von der Batterie nach dem Induktionsapparat sowohl durch eine Drehung des einen Handgriffs der Lenkstange, wie durch Herausziehen eines Stiftes unterbrochen werden kann; nach Beendigung der Fahrt ist die Leitung durch Herausziehen des Stiftes stets zu unterbrechen, denn es ist möglich, daſs der Motor gerade in der Zündstellung stehen geblieben ist, und würde sich in diesem Fall die Batterie entladen.

Die Schmierung aller Hauptteile des Motors erfolgt durch Öl-spülung; das Schwungradgehäuse ist mit Öl gefüllt; durch einen

Fig. 102. Dion-Bouton-Motor.

am Gehäuse angebrachten Stutzen kann die Füllung erneuert werden.

Fig. 102 bis 104 zeigen den Motor in Ansichten nach photo-graphischen Aufnahmen. In Fig. 104 ist derselbe in Verbindung mit einem Wendegetriebe für Vor- und Rückwärtsgang dargestellt. Der Motor hat $1^1/_2 - 2$-PS., wiegt 24 kg und kostet Mk. 700.

Fig. 104. Dion-Bouton-Motor.

Fig. 103. Dion-Bouton-Motor.

Benzin-Wagenmotor, System Benz, gebaut von der Firma Benz & Co., Rheinische Gasmotorenfabrik, Aktiengesellschaft in Mannheim.

Der Konstruktion dieses Wagenmotors ist der stationäre Benzinmotor derselben Fabrik zu Grunde gelegt, er arbeitet mit Karburator und elektrischer Zündung, die Regulierung erfolgt von Hand durch Drosselung der Gemischzufuhr, also mit Änderung der Ladungsmenge, auch ist eine Einrichtung vorhanden, mittels welcher die Zusammensetzung des Gemisches variiert werden kann.

Von einer genauen Wiedergabe der Zeichnungen des Benzschen Wagenmotors muſs abgesehen werden, da die erforderlichen Unterlagen nicht zu erlangen waren. Die Abbildungen entsprechen also nicht genau der Ausführung, sie reichen aber aus, um im allgemeinen ein klares Bild von der Arbeitsweise und Konstruktion des Motors zu geben.

In Fig. 105 ist der Karburator dargestellt, er gehört zu jener Gattung, bei welcher die Betriebsluft durch eine Benzinschicht von bestimmter Höhe hindurch vom Motor angesaugt wird.

Von E aus kommend, tritt die Luft durch das unten stark erweiterte Rohr F ein, durchstreicht das Benzin in weiter Ausdehnung und strömt durch D dem Motor zu. Ein Ventilschwimmer B', welcher im Rohr B seine Führung findet, sorgt für gleichmäſsigen Stand des Benzins. Durch die Schutzkappe G wird etwa mitgerissenes flüssiges Benzin aufgefangen und gehindert mit nach dem Motor zu strömen.

Die Schutzkappe ist nach unten zugespitzt und läuft in einer feinen Öffnung aus; während der Ruhepausen zwischen den Ansaugeperioden findet das dort angesammelte flüssige Benzin Zeit, auszufließen und sich wieder mit dem Vorrat im Behälter zu vereinen. Im Rohr D, dort wo es in das Einlaſsventil mündet, ist noch eine Hülse mit Drahtgazeschichten eingeschaltet, die letzten Reste flüssiger Benzinteile werden hier zurückgehalten, auſserdem verhindert die Drahtgaze ein etwaiges Zurückschlagen der Flamme.

Durch einen Dreiwegehahn, welcher vom Führersitz aus bewegt werden kann, wird dem Benzingas die zur Bildung von Explosionsgemisch nötige Luft zugeführt. Der Hahn ist so eingerichtet, daſs sich die Benzingasöffnung verkleinert, während die Öffnung für den Eintritt der Auſsenluft gröſser wird.

Schließlich ist noch der Einrichtung zu gedenken, welche vorhanden ist, um dem Benzinvorrat während des Betriebes die durch seine schnelle Verdampfung entzogene Wärme wieder zuzuführen; ein mit dem Stutzen *H* verbundener Abzweig des Auspuffrohres führt dem Doppelboden *L* des Behälters einen Teil der heißen Verbrennungsprodukte zu, die hier ihre Wärme an das Benzin abgeben. Die feinen Öffnungen *I*, welche auf der dem Stutzen *H* entgegengesetzten Seite des Bodens angebracht sind, dämpfen das Geräusch dieses Teiles der Auspuffgase.

Soll der Wagen längere Zeit nicht benutzt werden, so ist das Benzin durch den Hahn *K* abzulassen.

Wie in der Fig. 105 angedeutet, sind die Lufteintrittsöffnungen in der Kappe *E* mit Drahtgaze umkleidet, es hat das den Zweck, etwa in der Nähe befindliche offen brennende Flammen unschädlich zu machen und das Eindringen von Staub in das Innere des Behälters zu verhindern. Unreinigkeiten, welche mit der »Zusatzluft« durch den Dreiwegehahn in die Leitung *D* eintreten sollten, werden durch die anfangs erwähnte Hülse mit Drahtgazeschichten vom Innern des Arbeitscylinders ferngehalten.

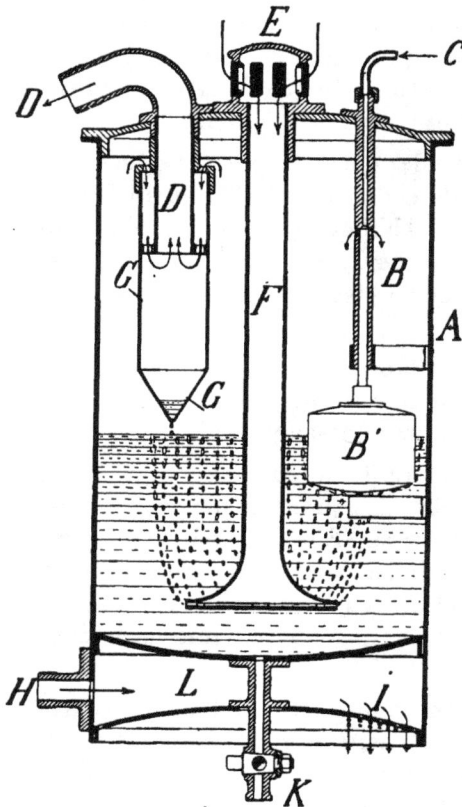

Fig. 105.
Karburator zum Benzschen Wagenmotor.

Wir kommen nun zur Beschreibung des in Fig. 106 und 107 dargestellten Motors selbst, er ist in allen Teilen nach Art eines stationären Viertaktmotors gebaut.

Der in ganzer Länge mit einem Wassermantel umgebene Arbeitscylinder ist an seinem vorderen Ende *A* an den Maschinenrahmen *B* geschraubt, letzterer trägt die Kurbelachslager *C*, die

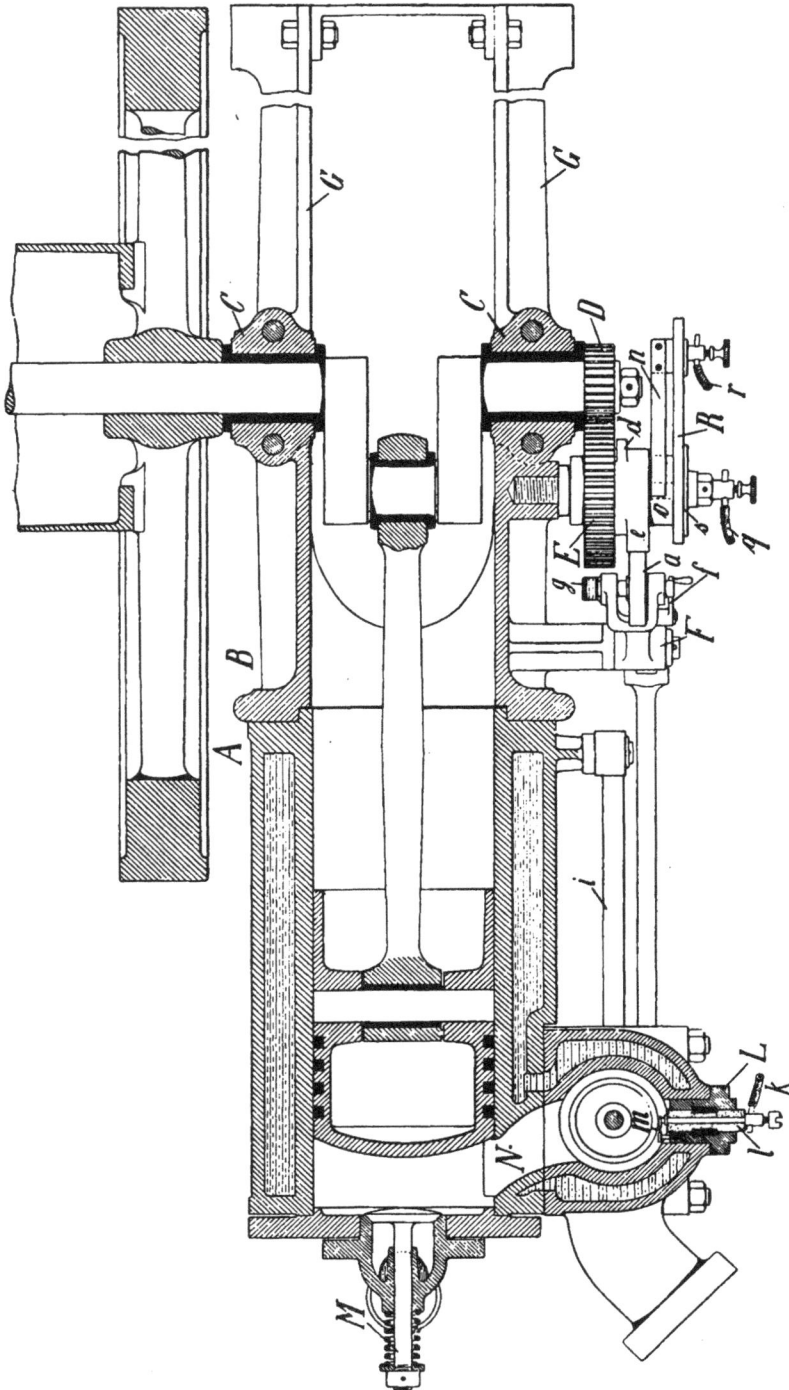

Fig. 106. Wagenmotor von Benz.

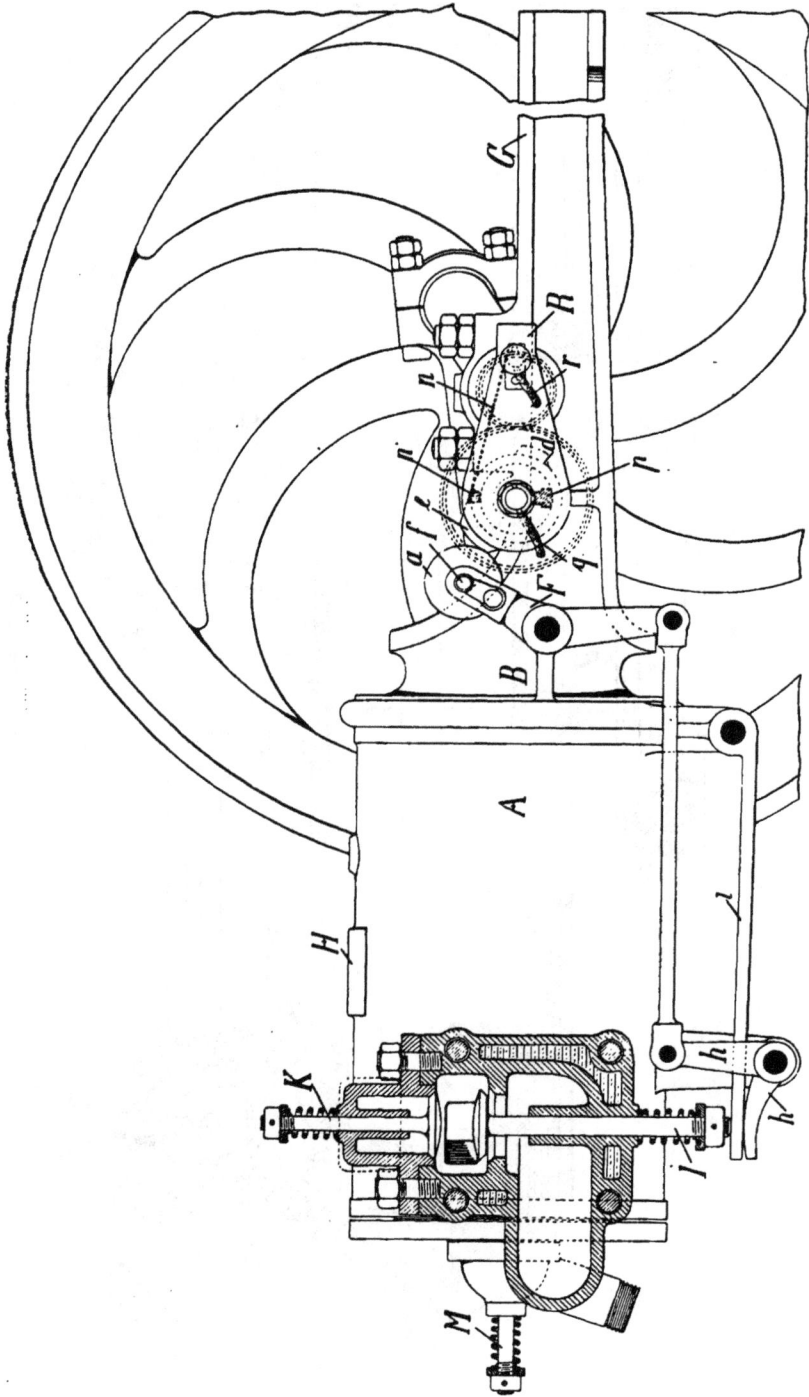

Fig. 107. Wagenmotor von Benz.

Steuerräder *D E*, den Steuerhebel *F* und ist mit seinen Verlänge-
rungen *G* am hinteren Wagengestell befestigt. Mittels der Lappen *H*
hängt der Cylinder an einer Querverbindung zwischen den Haupt-
trägern des Wagens.

So befestigt, ist der Motor in allen Teilen zugänglich und von
allen Seiten zu übersehen, er kann bequem gereinigt werden und
etwaigen Betriebsstörungen ist leicht auf die Spur zu kommen.

Das gesteuerte Auslafsventil *I* und das selbstthätige Einlafsventil *K* liegen in demselben Gehäuse, letzteres ist mit einem
Wassermantel umgeben. Im Raum zwischen den Ventilen ist der
Einführungsstutzen *L* für den Leitungsdraht der elektrischen Zündung eingesetzt.

Da der Motor 600 Umgänge per Minute macht und seine Regulierung durch Änderung der Ladungsmenge erfolgt, so würde er
bei schwacher Belastung, wo langsamer brennende Ladungen zur
Verwendung gelangen, zum »Durchschlagen« geneigt sein, wenn
nicht durch ein zweites, leichtbelastetes Einlafsventil *M*, welches
bei dem stärkeren Ansaugevakuum kalte Aufsenluft in den Cylinder
treten läfst, bevor das Gemisch von *N* aus eintritt, dafür gesorgt
wäre, dafs noch glimmende Verbrennungsprodukte durch diese
Aufsenluft gelöscht und abgekühlt würden. Der Eintritt dieser Ab-
kühlungsluft liegt der Ein- und Austrittsöffnung *N* nahe und ist
die Strömungsrichtung der neu eintretenden Ladung so gewählt,
dafs sie auf die durch *M* eintretende Luft trifft.[1]

Der Benzsche Wagenmotor wird vorwiegend in der Gröfse von
100 mm Cylinderdurchmesser und 120 mm Hub gebaut, er leistet
dann bei 600 Umgängen pro Minute etwa drei PS. Für gröfsere
Kräfte werden Zwillings- oder Vierlingsmotoren von gleichen Cylinder-
abmessungen benutzt.

Der Widerstand, welchen die Kompression bietet, ist auch hier
zu grofs, um beim Anlassen von Hand mit genügender Leichtigkeit überwunden zu werden, es ist also eine Kompressionsentlastung

---

[1] Bei dieser Gelegenheit möge noch besonders darauf hingewiesen werden,
dafs das Auftreten von »Durchschlägen« oder »Rückschlägen« bei Wagenmotoren
vollständig ausgeschlossen sein mufs. Ganz davon abgesehen, dafs der Knall
bezw. das starke Zischen der Durchschläge das Publikum beunruhigt und die
Kraftentwickelung des Motors geschwächt wird, können die Durchschläge gerade
bei Benzinmotoren, welche mit Karburatoren arbeiten, noch in anderer Beziehung gefahrbringend wirken; trotz aller Vorsichtsmafsregeln kann es dennoch
zu einer Druckbildung im Innern des Verdampfraumes kommen und erhebliche
Mengen flüssigen Benzins aus dem Lufteintrittsstutzen herausgeschleudert werden.

angebracht. Rolle *a* des Auslafsventiles *F* ist mit ihrem Zapfen,
auf dem sie fest sitzt, verschiebbar und wird, wenn sie nach dem
Entlastungsdaumen *d* zugeschoben ist, sowohl von diesem wie von
dem Auslafsdaumen *e* getroffen. Der kleine Hebel *f* ist beim Andrehen des Motors vor das Stirnende des verschobenen Rollenzapfens
zu legen und sichert hierdurch die Rolle in der Anlafslage. Hat
sich der Motor in Gang gesetzt, so ist Hebel *f* zurückzudrehen und
die Blattfeder *g* schiebt nun die Rolle in die Stellung zurück, wo
sie allein von dem Auslafsdaumen *e* getroffen wird.

Wo das Heben des Auslafsventiles durch einen Hebel bewirkt
wird, ist ein Seitendruck auf die Führung der Spindel, welcher durch
den »Pfeil« des Hebelausschlages bedingt wird, unvermeidlich; mag
dieser Seitendruck auch gering sein, die Ventilführung wird sehr
heifs, sie kann nicht geschmiert werden und wird sich schnell abnützen
und erweitern, wenn der Seitendruck vorhanden ist. Abgesehen
davon, dafs abgenutzte Führungen den dichten Schlufs des Ventiles
beeinträchtigen, eröffnen sie den Auspuffgasen auch einen Neben-
weg und macht sich das stark zischende Geräusch sehr unange-
nehm bemerkbar. Bei dem vorliegenden Motor ist die Ventilspindel
dadurch gegen Seitendruck geschützt, dafs man zwischen den kurzen
Hebel *h* und die Auslafsventilspindel einen sehr langen einarmigen
Hebel *i* gelegt hat, bei dessen Ausschlag von einer Gleitbewegung
zwischen Hebel und Ventilspindel kaum die Rede sein kann; diese
Einrichtung führt auch einen sanften Anhub und schnelle Öffnung
des Ventiles herbei.

Als Stromquelle für die elektrische Zündung dient bei dem
Benzschen Wagenmotor eine Accumulatorenbatterie, von dieser geht
die Leitung an die Steuerung des Motors und wird im Zündmoment
geschlossen, der Strom von niedriger Batteriespannung passiert einen
Induktionsapparat und erzeugt hier Induktionsströme von hoher
Spannung, wie sie zur Bildung genügend kräftiger Funken nötig sind.

Durch den Draht *K* und die Porzellanhülse tritt der Induktions-
strom in das Innere des Motors, überspringt als Funke die Lücke
bei *m* und kehrt durch das leitende Metall des Motors nach dem
Induktionsapparat zurück. Das periodische Schliefsen des Accu-
mulatorstromes zur Zeit der Zündung kommt in folgender Weise
zu stande: durch die aus nichtleitendem Stoff — Vulkanfieber —
gefertigte Platte *R*, an welcher die Poldrähte *q* und *r* angebracht
sind, ist eine Unterbrechung des Stromkreises geschaffen, welcher
geschlossen wird, wenn die Metalleinlage *p* in der ebenfalls aus

Vulkanfieber hergestellten Scheibe *o* unter der Feder *n* fortgleitet. Damit die Verbrennung bei normaler Drehgeschwindigkeit des Motors einen günstigen Verlauf nehme, hat auch bei dem Benzschen Motor die Zündung erheblich vor dem toten Punkt einzusetzen; für die langsame Drehung beim Anlassen darf sie aber erst im toten Punkt erfolgen, andernfalls schlägt die Kurbel nach rückwärts und der Motor setzt sich nicht in Gang. Die Steuerung muſs also während des Betriebes eine Verlegung des Zündmomentes gestatten, denn man hat die Zündung jedesmal nach erfolgter Ingangsetzung für die normale Drehgeschwindigkeit vorzurücken und vor dem Anlassen auf den toten Punkt zurück zu stellen. Um dies zu ermöglichen, ist die die Feder *n* haltende Platte *R* auf dem Zapfen des groſsen Steuerrades mit Reibungswiderstand drehbar gemacht, dreht man die Platte *R* nach oben, so streift das Kontaktstück *p* später unter dem Federkopf *n'* fort und umgekehrt, führt man *R* nach unten, so wird die Feder früher getroffen und die Zündung erfolgt vor dem toten Punkt. Die Reibung mit der die Platte *R* an der festen Scheibe *s* des Steuerradzapfens anliegt, genügt, daſs sich *R* in der einen oder anderen Lage erhält.

In neuerer Zeit wird bei den Benzschen Motoren an Stelle der Accumulatoren auch der magnetelektrische Apparat von Bosch als Stromquelle verwendet.

Wagenmotor System Canello-Dürkopp, gebaut von der Bielefelder Maschinenfabrik vorm. Dürkopp & Co. in Bielefeld.

Der Motor arbeitet mit Karburator, Glührohrzündung und Regulierung durch periodisches Zuhalten des Auslaſsventiles.

Wie Fig. 108 und 109 zeigen, ist der Motor eine Zwillings-Kapselmaschine vertikaler Bauart, er wird in den Gröſsen von 4 und 6 PS gebaut, für 8 und 12 PS setzt man je 2 vier- oder sechspferdige Maschinen nebeneinander. Der Zwillingscylinder *A*, das Kurbelgehäuse *B B'* und der Verbrennungsraum *C* mit den angegossenen Ventilgehäusen bilden getrennte Guſsstücke. Das Kurbelgehäuse hat Kugelform und ist in der Lagerfuge geteilt, so daſs nach Entfernung der unteren Hälfte *B'* die Kolben herausgezogen werden können. Der Hohlraum des Gehäuses dient wie üblich zur Aufnahme von Öl und werden von hier aus alle inneren Bewegungsorgane des Motors in ausreichender Weise geschmiert. Die obere Hälfte *B* des Kurbelgehäuses läuft zu einer

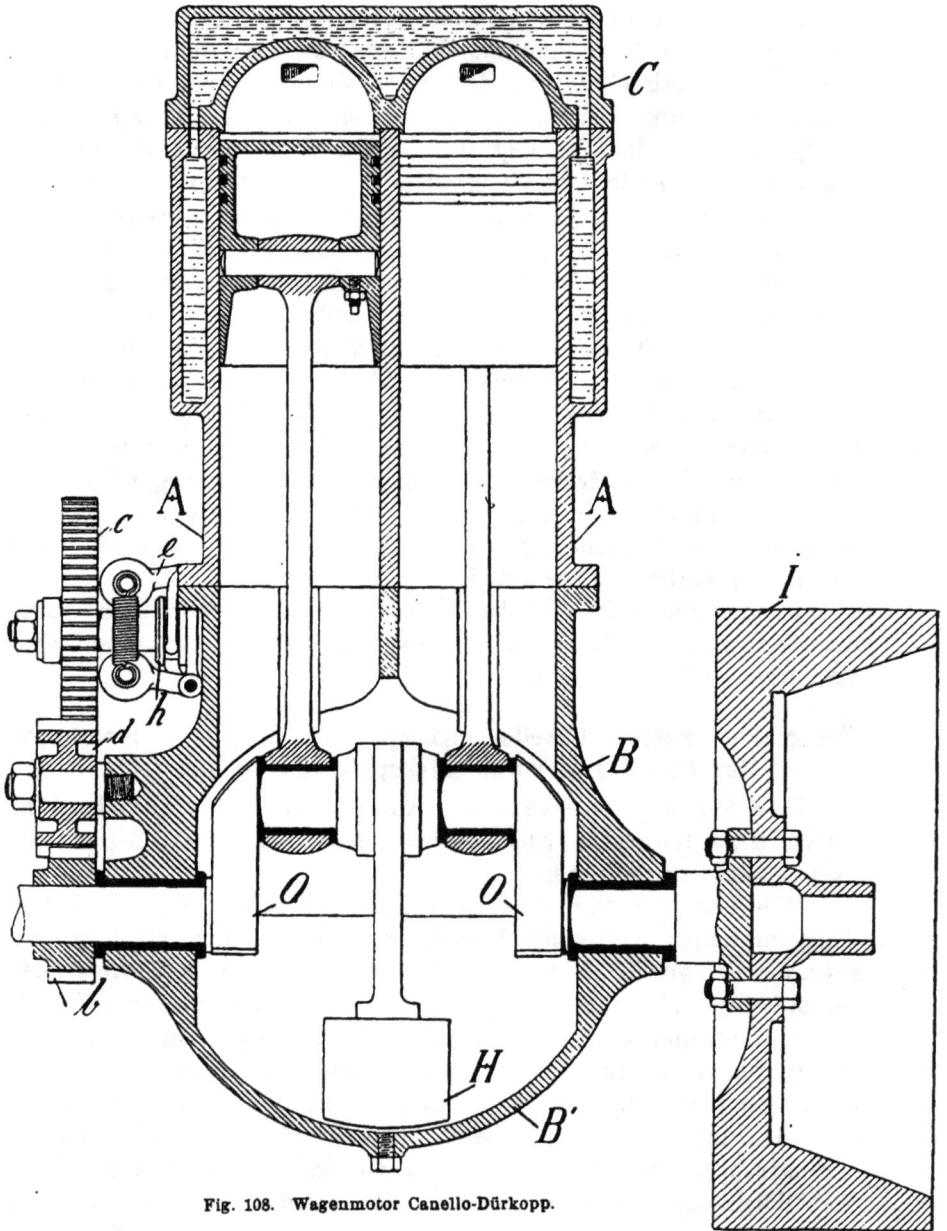

Fig. 108. Wagenmotor Canello-Dürkopp.

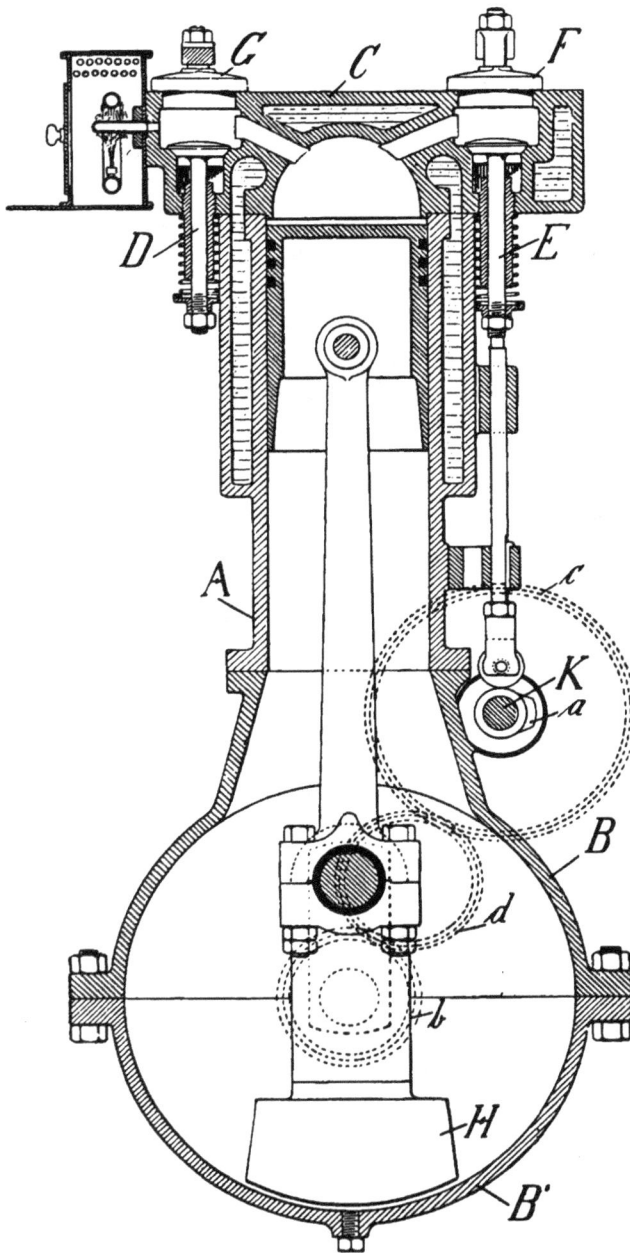

Fig. 109. Wagenmotor Canello-Dürkopp.

konischen Verlängerung aus, mit welcher der Zwillingscylinder ver-
schraubt ist. Der Cylinder ist am oberen Ende in Länge des
Kolbenlaufes mit einem angegossenen Wassermantel umgeben. Die
Verbrennungsräume haben Halbkugelform und tragen an gegenüber-
liegenden Seiten die Gehäuse für die Einlaſsventile *D* und die
Auslaſsventile *E*.

Die Deckel *F* der beiden Auslaſsventile sind durch Bügel
mit Druckschraube gehalten, in ähnlicher Weise sind auch die
Deckel *G* der beiden Einlaſsventile befestigt. Das Nachschleifen
der Ventile und die Reinigung der Gehäuse wird durch diese em-
pfehlenswerte Anordnung sehr erleichtert; die Deckel werden
durch Lösen einer einzigen Mutter frei, das Gewinde der Mutter
liegt auſser Bereich starker Erwärmung und das sonst so lästige
»Festbrennen« der Befestigungsmuttern der Auslaſsventildeckel
ist ausgeschlossen. Die Kurbeln *o* für die beiden Arbeitskolben
sind gleichgerichtet, da der Motor im Viertakt arbeitet, erfolgt also
für jede volle Umdrehung ein Antrieb.[1])

Das Schwungrad ist mit einem Flansch stumpf an die Stirnfläche der Kurbelwelle geschraubt. Der konisch ausgedrehte Radkranz *I* bildet die Gegenscheibe für eine Reibungs-Kuppelung auf
der Haupt-Antriebswelle. Nach Ausrückung dieser Kuppelung ist
das Triebwerk des Wagens vom Motor getrennt.

Die Steuerwelle *K*, Fig. 109 und 110, liegt parallel zur Kurbelachse und ist soweit nach oben und seitwärts gerückt, daſs sie senkrecht unter den Auslaſsventilen liegt. Die Ventilspindeln können
also ohne Hebel direkt von den Auslaſsdaumen *a a'* angehoben
werden. Der Abstand des Steuerwellenmittels von der Kurbelachse
wird durch diese Anordnung verhältnismäſsig groſs; um dennoch
mit kleinen Zahnrädern für den Steuerwellenantrieb auszukommen,
ist zwischen die im Verhältnis von 1:2 stehenden Steuerräder *b*
und *c* ein drittes Übertragungszahnrad *d* gesetzt.

Eigentümlich ist die Art der Geschwindigkeitsregulierung, sie
wird dadurch bewirkt, daſs man den Verbrennungsprodukten den

---

[1]) Man findet auch Zwillings-Wagenmotoren, bei welchen entgegengesetzt
gerichtete Kurbeln verwendet werden, zwei Krafthübe folgen dann unmittelbar
hintereinander, während die demnächst folgende Umdrehung ganz ohne Antrieb
verläuft. Ohne Benutzung eines besonderen Kontregewichtes wird hierdurch
eine Ausbalancierung der schwingenden Massen erreicht, die Ungleichmäſsig-
keit der Kraftäuſserung muſs aber mit in den Kauf genommen werden.

Weg nach aufsen versperrt, sobald der Motor die normale Geschwindigkeit überschreitet. Die Verbrennungsprodukte bleiben also mit
ihrer Endspannung im Arbeitscylinder eingeschlossen, werden im
Verlauf weiterer Drehung des Motors komprimiert und dehnen sich
wieder aus.

Das Versperren des Auspuffweges wird dadurch bewirkt, dafs
der Regulator die Auslafssteuerung aufser Thätigkeit setzt, indem
er die Steuerwelle samt den auf ihr sitzenden Daumen zur Seite
schiebt.

Wie aus der Fig. 110 ersichtlich, sind die Schwunggewichte e
des Regulators in Armen f einer Büchse auf der Steuerwelle

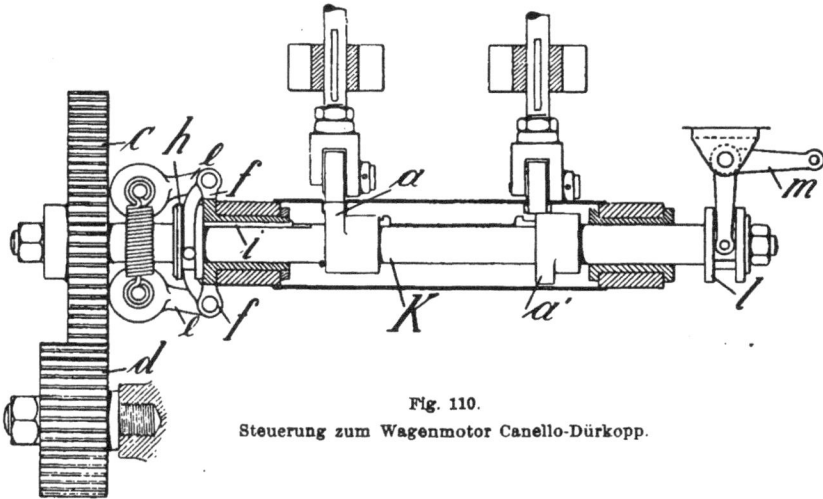

Fig. 110.
Steuerung zum Wagenmotor Canello-Dürkopp.

gelagert. Die Büchse ist durch vorspringende Ränder gegen seitliche
Verschiebung gesichert, nimmt aber, durch den Federkeil l dazu
veranlafst, an der Drehung der Steuerwelle Teil. Der Schleifring h
sitzt ebenso wie die Auslafsdaumen a a' und das Steuerrad c auf
der Steuerwelle K fest. Tritt nun der Regulator in Wirksamkeit,
so schiebt er die Steuerwelle mit allen an ihr befestigten Teilen
nach links zur Seite, es kommt zuerst der Daumen a und dann a'
aufser Eingriff mit dem zugehörigen Auslafsventilgestänge. Die
Antriebe in den Cylindern hören also nicht gleichzeitig auf, sondern
nacheinander. Damit das Steuerrad c bei seiner seitlichen Verschiebung nicht aufser Eingriff mit dem Übertragungsrad d kommt,
ist letzteres erheblich breiter wie c.

Der Betrieb eines Motorwagens fordert, dafs der Motor in Bewegung bleiben könne, ohne dafs sich der Arbeitsvorgang in ihm vollzieht; auf langen stärkeren Gefällen der Fahrstrafsen reicht die Schwere des Wagens aus, um das Getriebe und den Motor zu bewegen.

Im vorliegenden Fall können die Treibhübe des Motors unabhängig vom Regulator auch dadurch ausgesetzt werden, dafs man die Steuerwelle mittels des Schleifringes *l* und des Winkelhebels *m* von Hand zur Seite schiebt.

Bei s c h n e l l e r Thalfahrt wird der Regulator den dauernden Leerlauf herbeiführen, will man l a n g s a m bergab fahren oder auch bei schwachem Gefälle an Brennstoff sparen, so hat man den Hebel *m* zu benutzen.

Die Zündung erfolgt durch ein über dem Einlafsventil *D* angebrachtes Glührohr.

Neuntes Kapitel.

Bootsmotoren.

So erfolgreich sich die Verwendung der Dampfmaschine für den Betrieb der grofsen Wasserfahrzeuge auch erwiesen hat, für die kleinen und kleinsten Fahrzeuge dieser Gattung, also die Boote, hat sie gar keine Bedeutung erlangt. Die Herstellungskosten waren hier viel zu hoch und die Wartung der Maschine nahm viel zu viel Zeit in Anspruch, als dafs sie nebenher von dem Führer besorgt werden konnte.

Die Benzin- und Petroleummotoren schafften alle diese Schwierigkeiten mit einem Schlage aus der Welt, der niedrige Preis, die stete Betriebsbereitschaft, das geringe Raumbedürfnis, das leichte Gewicht, das geringe Wartungsbedürfnis der Maschine, die Vermeidung von Rauch und Hitze, das waren Eigenschaften, wie geschaffen für den Betrieb von Booten.

Dementsprechend ist die Verbreitung der »Motorenboote« denn auch eine aufserordentlich schnelle gewesen.

Wenn nicht alles täuscht, so wird die Benutzung der Benzin- und Petroleummotoren bei dem B o o t s b e t r i e b nicht stehen bleiben; wie der Gasmotor sich jetzt den stationären Grofsbetrieb erobert hat, so wird auch die Zeit kommen, wo die S c h i f f s - D a m p f -

maschine durch Explosions- oder Verbrennungsmotoren ersetzt werden kann.

Als Urheber der Idee, die Benzin- und Petroleummotoren für den Betrieb von Booten zu verwenden, ist der Ingenieur Daimler zu bezeichnen. Im Jahre 1886 rüstete er ein Boot mit einem eigens für diesen Zweck gebauten Zwillingsmotor von 2 PS aus, der sich in jeder Beziehung bewährte. Mit grofsem Erfolg hat er dann die weitere Ausbildung des Motors für den Bootsbetrieb aufgenommen, als dessen Typ der in Fig. 111 und 112 dargestellte Motor hervorging.[1]

Um so viel wie möglich an Raum zu sparen ist für diese Zwillingsmaschine eine Bauart mit schräg gerichteten Cylindern und gemeinsamen Kurbelzapfen gewählt. An Stelle des Schwungrades sind massive Kurbelscheiben getreten, die einteilige gekröpfte Kurbelwelle ist vermieden und durch die mittels eines Kurbelzapfens in Abstand von einander gehaltenen Kurbelscheiben ersetzt, die Wasserkühlung beschränkt sich auf den Mantel des Verbrennungsraumes.

Das Arbeitsverfahren dieses Motors unterscheidet sich etwas von dem des bereits beschriebenen stationären Daimler-Motors. Von dem Gedanken ausgehend, dem schnelllaufenden Motor auch ein schnellbrennendes Gemisch zur Verfügung zu stellen, werden bei diesem Motor die Verbrennungsprodukte, welche sonst im Laderaum bleiben, durch einen Luftstrom ausgetrieben. Zu dem während des Saughubes eingenommenen Luftquantum tritt also noch das nun im Verbrennungsraum stehende Luftvolumen hinzu und es ist so viel Benzindampf mehr anzusaugen, dafs mit dem vergröfserten Luftquantum Gemisch gebildet wird. Man hat also nicht nur reines, schnellbrennendes Gemisch im Cylinder, sondern das zur Verbrennung gelangende Ladungsquantum ist auch ein gröfseres geworden.

Die Mittel, mit denen dies Arbeitsverfahren zur Ausführung gebracht wird, bestehen darin, dafs erstens das geschlossene Kurbelgehäuse

---

[1] Durch eine Fahrt um die Insel Sizilien, welche mit dem 4 PS Motorboot »Daimler« zu Anfang der neunziger Jahre vorgenommen wurde, erwies sich, dafs die Benzinmotoren, selbst wenn sie in einem offenen Boot ohne besonderen Schutz aufgestellt sind, genügende Betriebssicherheit bieten, um auch bei stürmischem Wetter für Küstenfahrzeuge verwendet zu werden. Das erwähnte Boot hatte bei einer Tragfähigkeit von 8 Registertonnen 8 m Länge und 1,6 m Breite. Die 1004 km lange Reise um Sizilien wurde in 88 Stunden zurückgelegt. Die mittlere Geschwindigkeit betrug 11,3 km pro Stunde, der Benzinverbrauch 1,99 kg pro Stunde.

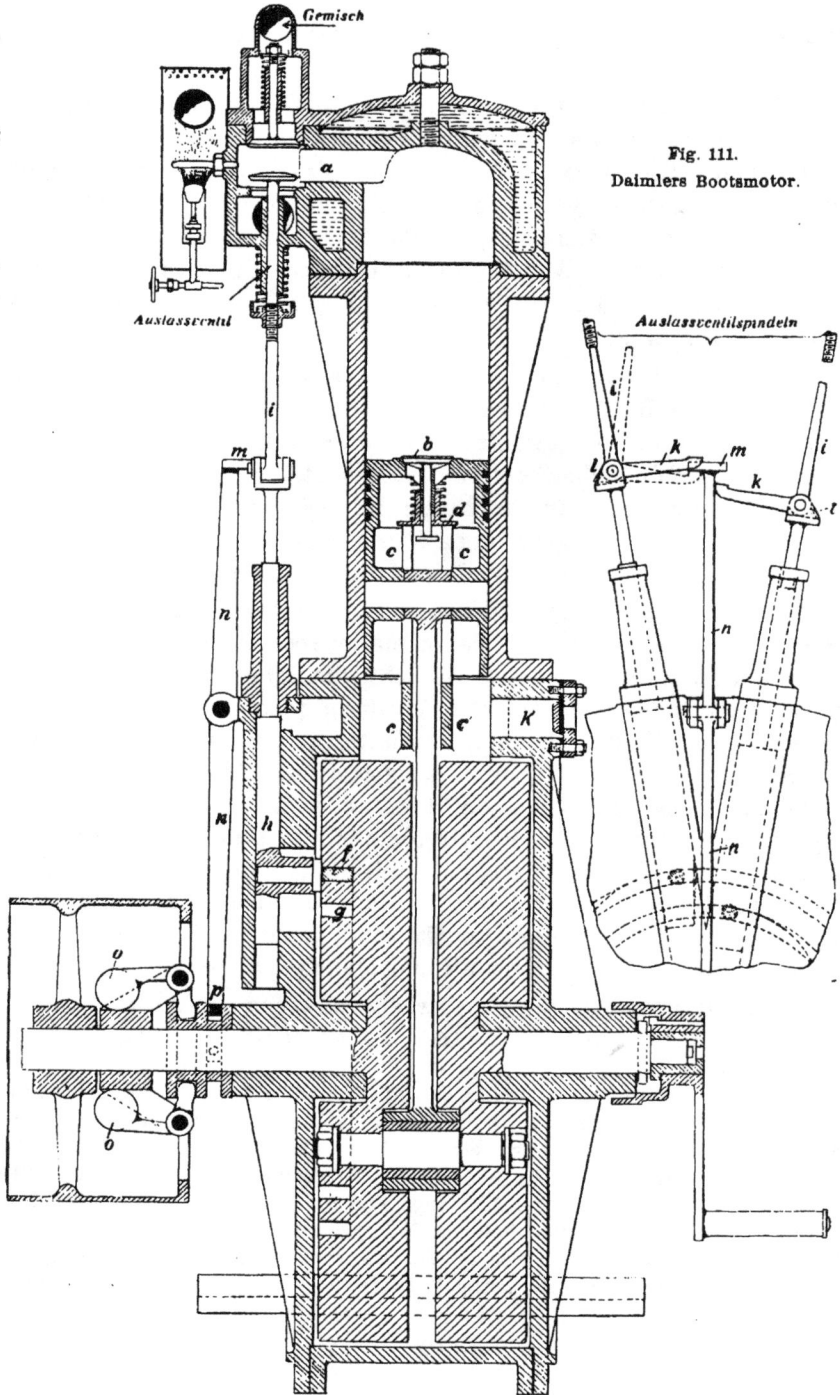

Fig. 111.
Daimlers Bootsmotor.

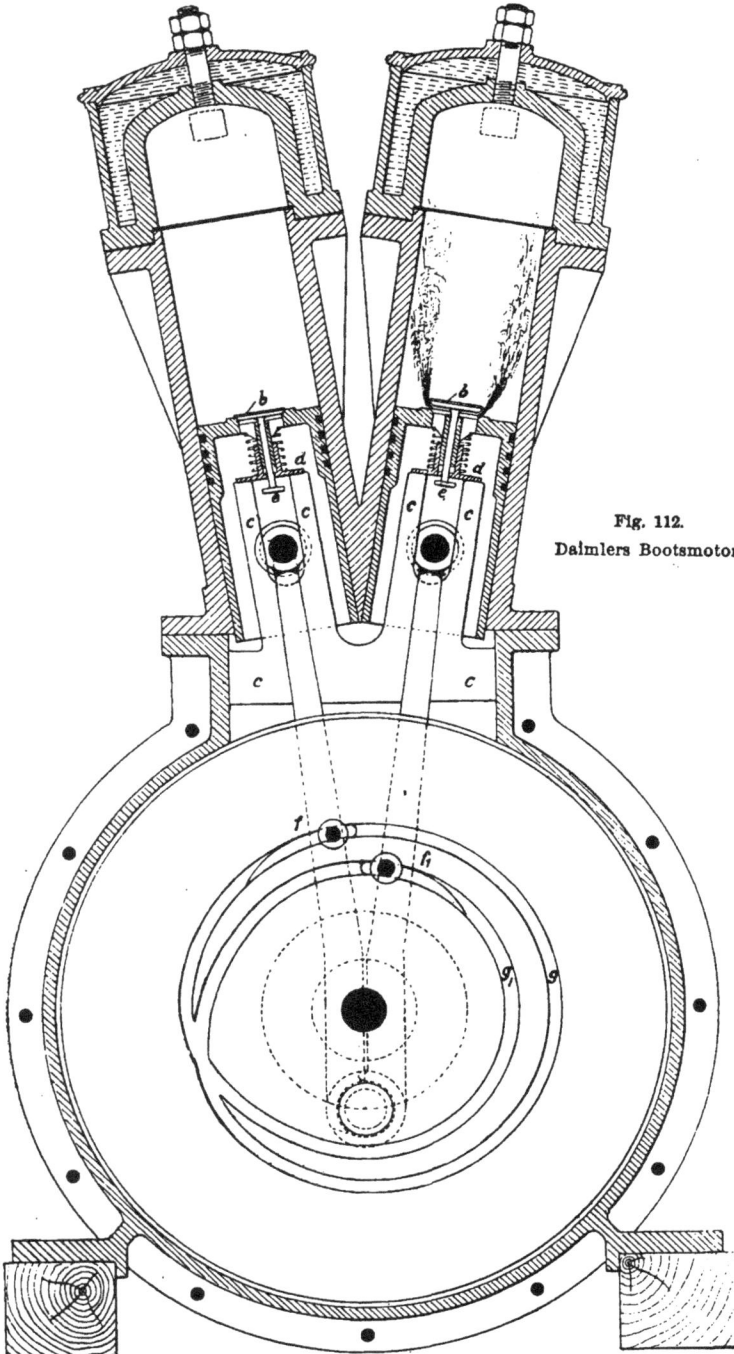

Fig. 112.
Daimlers Bootsmotor.

als Luftpumpe ausgebildet ist, die Kolben saugen durch die Klappe k Luft ein und komprimieren sie in gelindem Grade beim Hubwechsel. Zweitens sind in den Kolbenböden Ventile $b\,b$ angebracht, welche sich beim Hubwechsel öffnen, wenn die Platten $d\,d$ auf die Gabeln $c\,c$ stofsen. Da das Auslafsventil i geöffnet wird, bevor die Ventile b durch die Gabeln c aufgestofsen werden, so kann sowohl zu Anfang des Auspuffhubes wie zu Ende des folgenden Saughubes ein Teil der im Kurbelgehäuse komprimierten Luft durch die Ventile in den Cylinder eintreten.

Beim Auspuffhub wird der durch den Kolbenboden tretende Luftstrom die Verbrennungsprodukte aus dem geöffneten Auslafsventil hinaustreiben, beim Saughub das Ladungsquantum vermehren und in geringem Grade vorkomprimierend wirken.

Man könnte gegen diese Gemischbildungsart einwenden, dafs durch die gesteigerte Zufuhr kalter Luft eine ungünstige Abkühlung, ein Niederschlagen von Benzindämpfen im Cylinder herbeigeführt werden könne, dem ist aber nicht so, es wird nämlich behufs Erhaltung der Betriebswärme nur der eigentliche Laderaum durch Wasser gekühlt, die Cylindergleitflächen haben von aufsen nur Luftkühlung durch die zu Kühlflächen ausgebildeten Versteifungsrippen des Cylinderflansches; von innen wirkt die durch die Kolbenventile tretende Luft abkühlend auf die Cylinderflächen, sie nimmt also Wärme auf und vermittelt so die Erhaltung der Dampfform des Benzins.

Die Steuerung der Auslafsventile wird bei diesem Motor nicht durch Zahnräder, sondern durch die in sich zurückkehrende Doppelnut $g\,g$, auf der Stirnseite der einen Kurbelscheibe bewirkt. Wie aus Fig. 112 ersichtlich, werden die Enden der Auslafsventilgestänge mit je einem der Schuhe $f\,f'$ in der erwähnten Doppelnut so geführt, dafs sie bei zwei aufeinanderfolgenden Umgängen des Motors einmal durch den inneren konzentrischen, das andere Mal durch den äufseren excentrischen Nutenkreis gleiten. Beim Passieren des äufseren Kreises stöfst dann das Gestänge h gegen das Auslafsventil und hält es während eines Hubes offen.

Die Geschwindigkeitsregulierung erfolgt hier durch periodisches Zuhalten des Auslafsventiles. Während des Geschlossenbleibens der Auslafsventile wird neues Gemisch nicht angesaugt, vielmehr werden die eingeschlossenen Verbrennungsprodukte solange verdichtet und wieder entlastet bis die Ventile wieder in Funktion treten.

Aus der Nebenfigur von Fig. 111 ist die Einwirkung des Regulators auf die Auslafsventile ersichtlich. Der Centrifugal-Regulator schiebt bei überschrittener Normalgeschwindigkeit den Hebel *n* vor und fängt die Winkelhebel *k i* so ab, dafs bei aufsteigendem Ventilgestänge der Hebelarm *i* zur Seite gelegt wird und an der Auslafsspindel, welche er sonst anhebt, vorbeistreicht.

Die Zündung wird durch ein offenes Glührohr vermittelt.

Zum Andrehen des Motors dient eine Handkurbel, das Mitnehmen erfolgt jedoch nicht durch Sperrzähne, sondern, wie Fig. 111 zeigt, durch einen Keil, welcher vor dem Anlassen nach innen zu schieben ist. Beim Anlaufen des Motors wird dann nicht die ganze Kurbel, sondern nur der Keil vorgedrängt.

Petroleum-Bootsmotor
der Firma J. M. Grob & Co. in Leipzig-Eutritsch.

Der Motor arbeitet mit einem Verdampfer, welcher in dauernd offener Verbindung mit dem Laderaum steht. Petroleumzuführung durch Pumpe. Die Zündung vermittelt der äufserlich erhitzte Vergaser. Zur Geschwindigkeitsregulierung wird die Petroleumpumpe periodisch ausgerückt.

Die Bauart des in Fig. 113 bis 115 dargestellten Motors entspricht ganz der einer Dampf-Schiffsmaschine.

Als Petroleummotor ist die Maschine besonders durch die Art der Gemischbildung charakterisiert.

Schon vor Beginn des Saughubes wird das für die einzelne Ladung erforderliche Petroleum in einer Vertiefung *R* des Vergasers abgelagert, saugt dann der Kolben durch das oben im Verbrennungsraum angebrachte »Einlafsventil« Luft an, so wird diese durch das Leitstück *g* gezwungen, zum Teil durch das U-förmige Vergaserrohr zu strömen; der andere — gröfsere — Teil der Luft, welcher zu beiden Seiten der Fangschale des Vergasers vorbeistreicht, gelangt direkt in den Laderaum. Durch Pfeile in den Fig. 113 und 114 ist die Verteilung der Luft angedeutet.

Bei der grofsen Geschwindigkeit, mit welcher die Luft das Vergaserrohr durchströmt, reifst sie das etwa noch nicht verdampfte flüssige Petroleum mit sich fort, wirft es gegen die heifsen Wandungen des Vergasers und führt es als Nebel in den Cylinder, wo dieser sich mit der übrigen Luft zu zündbarem Gemisch vereint.

14*

Die Steuerung des Auslafsventiles, entsprechend dem
Viertakt, erfolgt hier nicht
direkt von der im Verhältnis
von 2:1 durch Zahnräder bewegten Steuerwelle, sondern
durch den auf der Kurbelwelle
sitzenden Excenter a. Die
Steuerwelle kommt bei Be-
wegung des Auslafsventiles nur
insoweit zur Geltung, als sie
die gelenkig gemachte Ex-
centerstange b, Fig. 113, zur
Zeit des Kompressionshubes
mittels Kurbel und Zugstange c
einknickt (siehe die punktierte
Stellung der Stange b), so dafs
der Auslafshebel f von der
verkürzten — geknickten —
Stange nicht getroffen werden
kann. Vor Beginn der Auslafsperiode wird die Excenterstange wieder gestreckt, so dafs
bei dieser Umdrehung der
Kurbelwelle das Auslafsventil
gehoben werden kann. Diese
Einrichtung der Auslafsventilsteuerung hat den
Zweck, den Stofs in
den Zähnen der Zahn-
räder, welcher sich
sonst bald einstellt, zu
beseitigen.

Die Bewegung der
Petroleumpumpe er-
folgt wie aus Fig. 113
zu ersehen, durch
einen Daumen auf der
Steuerwelle. Durch
Drehung der Mutter l

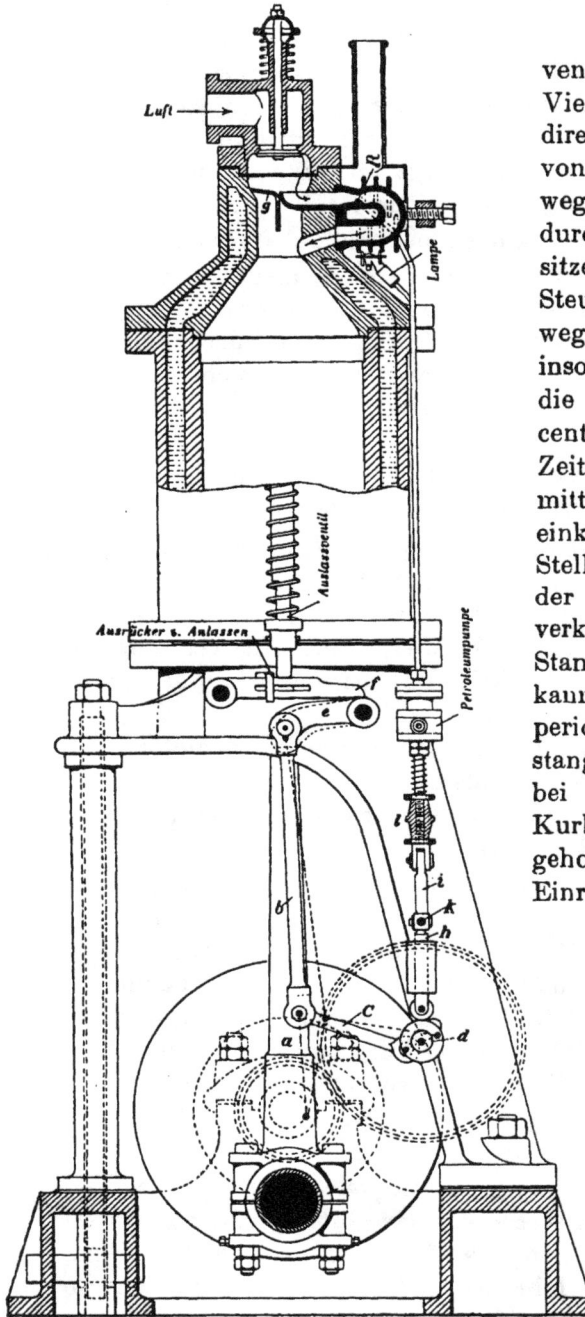

Fig. 113. Grobs Bootsmotor.

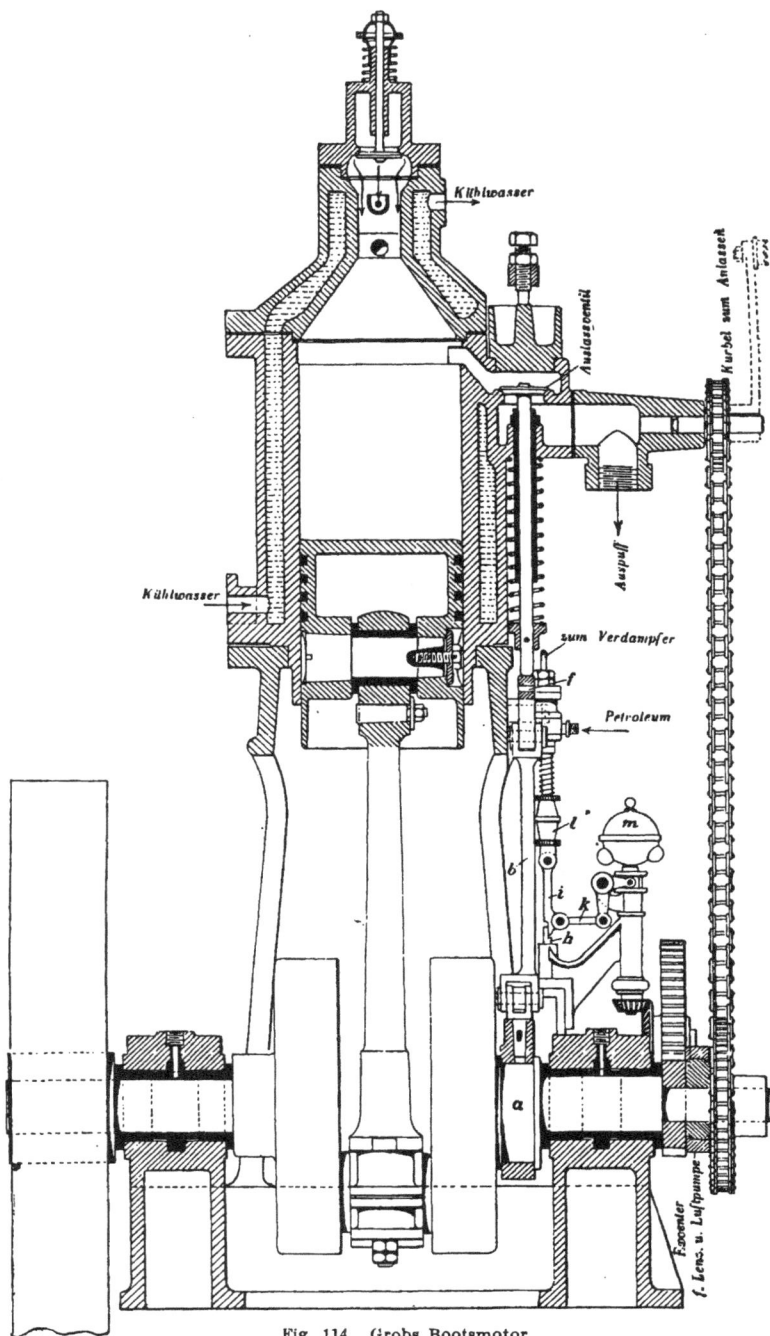

Fig. 114. Grobs Bootsmotor.

kann die Länge der Pumpendruckstange verändert und damit das geförderte Petroleumquantum genau eingestellt werden.

Fig. 115. Grobs Bootsmotor.

Die Geschwindigkeitsregulierung wird durch Ausrücken der Petroleumpumpe bewirkt, indem der Regulator n bei Überschreitung der normalen Umdrehungszahl mittels eines Winkelhebels und der Zugstange K die Klinke i zur Seite zieht.

Zur Erleichterung des Anlassens dient der in Fig. 113. ersichtliche Schieber auf dem Hebel f. Bei seiner Verschiebung nach rechts, bis ans Ende des Schlitzes, trifft auch die eingeknickte Excenterstange auf den Schieber und hebt das Auslaſsventil während des Kompressionshubes.

Zum ›Ankurbeln‹ des Motors ist in bequem gelegener Höhe — am Auslaſsventilstutzen — ein Kettenrad gesetzt, auf der Kurbelwelle sitzt ein zweites gröſseres Kettenrad, welches mit dem vorerwähnten durch eine Gallsche Kette verbunden ist; zum Ankurbeln setzt man die Kurbel auf die Achse des kleinen Rades. Die Nabe des unteren Kettenrades ist so mit der Kurbelwelle verbunden, daſs sie sich beim Anlaufen des Motors selbstthätig ausrückt.

In sehr ähnlicher Konstruktion wird der Motor von derselben Firma auch für stationäre Zwecke ausgeführt.

Zwillings-Petroleum-Bootsmotor, gebaut von der Maschinenbau-Aktiengesellschaft vorm. Ph. Swiderski in Leipzig-Plagwitz.

Die Arbeitsweise des Motors ist dieselbe wie die des bereits beschriebenen stationären Petroleummotors dieser Firma; seine Konstruktion unterscheidet sich von dem stationären Motor nur dadurch, daſs die Steuerung an der Längsseite, parallel zur Kurbelachse angebracht ist. Wie aus Fig. 117 ersichtlich, sind die Kurbeln für die im Viertakt arbeitenden Arbeitscylinder gleichgerichtet und ist die Steuerung so angeordnet, daſs auf jede Umdrehung ein Antrieb kommt. Die gemeinsame Steuerwelle a wird von dem Zahnradpaar $b\ b'$ angetrieben. Die Auslaſsventile A werden durch Daumen auf der Steuerwelle mittels der Winkelhebel c bethätigt.

Die Regulierung der Umdrehungsgeschwindigkeit erfolgt ähnlich wie bei dem stationären Swiderskischen Motor durch periodisches Abstützen des Auslaſsventiles in geöffneter Stellung.

An Stelle des dort im groſsen Steuerrade untergebrachten Schwunggewichtes sind hier die Pendelgewichte e angebracht, durch deren übernormalen Ausschlag eine Stütze für den Auslaſsventil- und den Petroleumpumpenhebel in Thätigkeit gesetzt wird. Damit der Bootsführer die Fahrgeschwindigkeit bezw. die Umdrehungsgeschwindigkeit des Motors von seinem Standpunkt am Steuer aus regulieren kann, sind an den Pendelgewichten e Spiralfedern k angebracht,

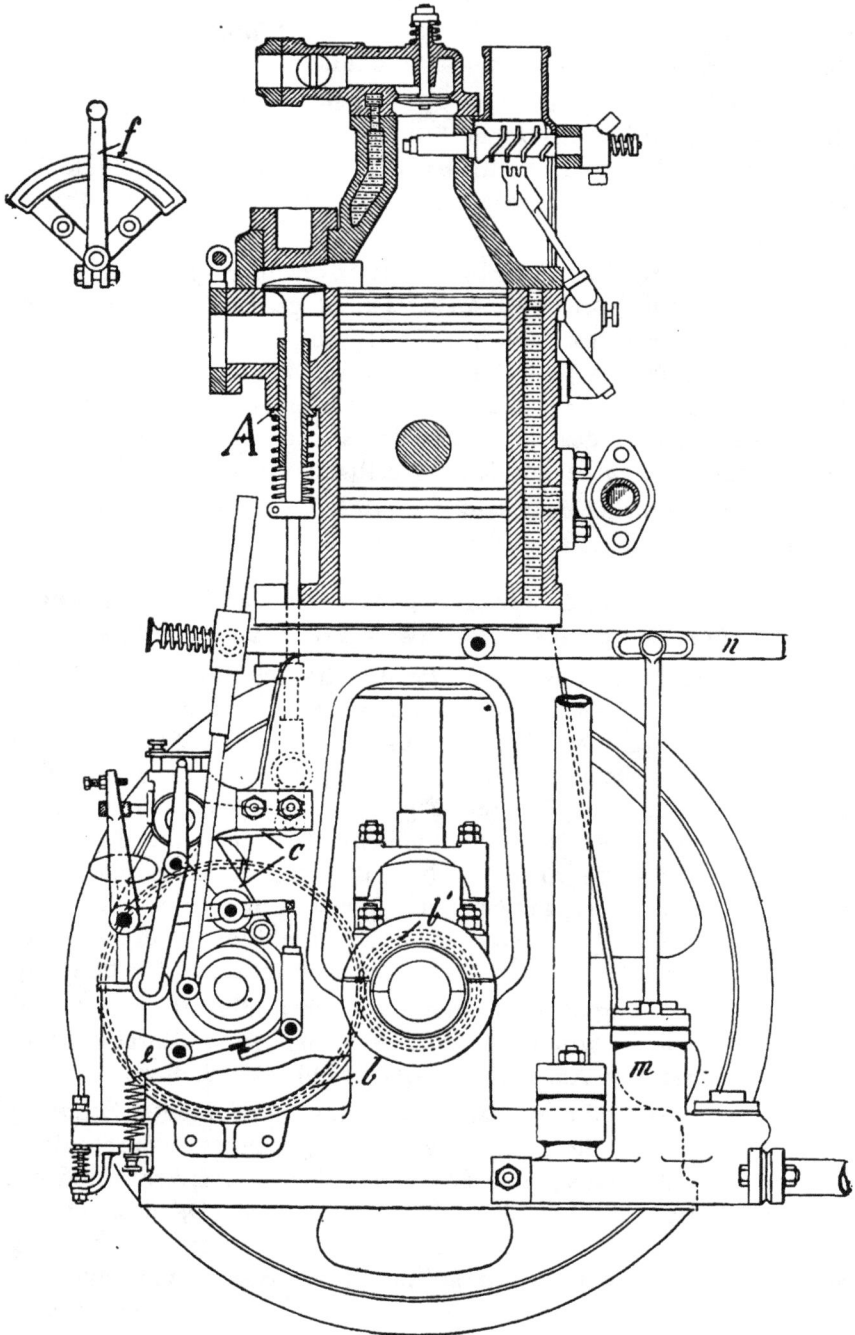

Fig. 116. Swiderskis Zwillings-Bootsmotor.

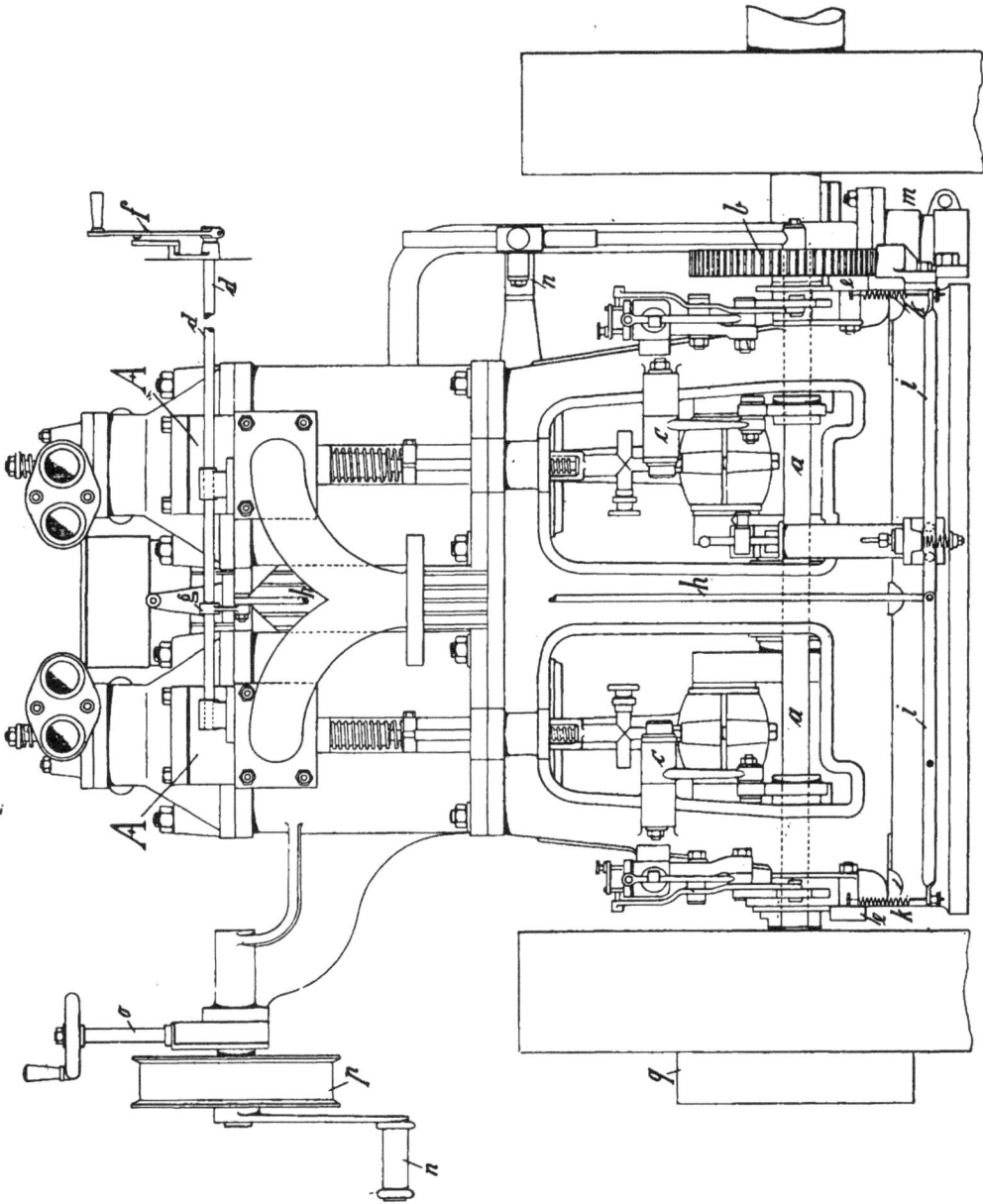

Fig. 117. Swiderskis Zwillings-Bootsmotor.

welche mittelst der Hebel *i*, der Zugstange *h* und der Welle *d* mit
den Hebeln *g* und *f* mehr oder weniger gespannt werden können.
Je stärker die Federspannung um so gröfser wird die Umdrehungszahl des Motors werden müssen, damit das Pendelgewicht einen
übernormalen Ausschlag macht und umgekehrt.

Fig. 118. Swiderskis Zwillings-Bootsmotor.

Zum Anlassen des Motors dient ein Riemenvorgelege mit den
Scheiben *q* und *p*. Die Handkurbel fafst mit einem Sperrzahn in
die Nabe der Riemenscheibe *p*. Nach Ingangsetzung des Motors
schraubt man die in einem Support geführte Riemscheibe *p* herunter; der Riemen hängt dann lose herab und wird nicht mehr von
der Scheibe *q* mitgenommen. *m* ist die Lenzpumpe, welche mittels

des Hebels *n* nach Belieben von Hand oder vom Motor betrieben werden kann.

Fig. 118 zeigt eine Gesamtansicht des Zwillingsmotors.

Fig. 119. Swiderskis Bootsmotor.

In Fig. 119 ist ein Eincylinder-Bootsmotor gleicher Konstruktion dargestellt.

Zehntes Kapitel.

Die Verwendung der Benzin- und Petroleummotoren.

Motorfahrzeuge für Personen und Lasten.

Soviel dem Verfasser bekannt, ist wohl als erstes von einem Benzinmotor bewegtes Fahrzeug der in Fig. 120 dargestellte Schienenwagen zu bezeichnen, welcher im Jahre 1880 auf der Maschinenbau-Aktien-Gesellschaft vorm. Georg Egestorff in Hannover gebaut wurde.

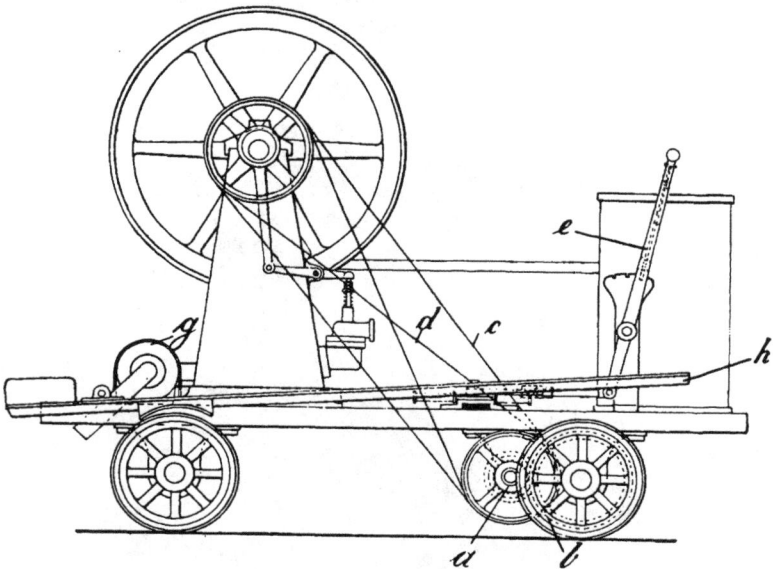

Fig. 120. Benzinmotorwagen vom Jahre 1880.

Zu jener Zeit war es der genannten Fabrik gelungen, einen mit Kompression und Brennstoffeinspritzung arbeitenden, betriebssicheren Benzinmotor fertig zu stellen, gleichzeitig war man auch mit dem Bau von Dampf-Strafsenbahn-Lokomotiven beschäftigt und es war ein naheliegender Gedanke, statt der Dampfmaschine einmal den Benzinmotor auf das Wagengestell zu setzen, um zu erfahren, wie sich der neue Motor für den Fahrzeugbetrieb eigne.

Wie heute bei den modernen Motorwagen, so wurde auch dort die Kraft des Motors durch Riemen auf ein Zahnradvorgelege *a b* und von dort auf die Treibachse des Wagens übertragen. Zur Umkehr

der Fahrrichtung waren ein offener und ein gekreuzter Riemen
c und *d* angebracht, welche von der Händelstange *e* auf lose oder
feste Scheiben geschoben wurden. *h* ist eine Fußtrittbremse,
g der Schallfänger zur Beseitigung des Auspuffgeräusches.

Durch den zu Anfang des Jahres 1879 beginnenden, in seinem
Hauptteil bis zum Jahre 1885 währenden Prozeß um die Patente
der Deutzer Gasmotorenfabrik, wurde die weitere Entwickelung der
Benzinmotoren und Motorfahrzeuge auf jener Fabrik lahm gelegt.

Von G. Daimler, welcher bis zu Anfang der achtziger Jahre
als Oberingenieur der Deutzer Gasmotorenfabrik thätig gewesen ist,
war dann das selbstthätige Glührohr und der damit ausgerüstete
schnelllaufende Benzinmotor erfunden. Das geringe Gewicht dieser
Maschine, ihre große Einfachheit und Betriebssicherheit bewog ihn,
ein Fahrrad damit auszurüsten.

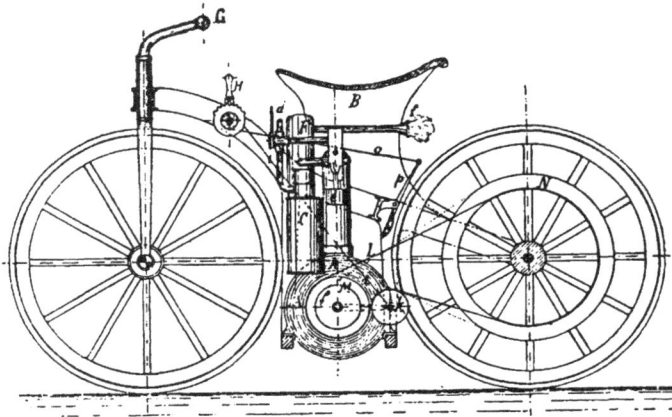

Fig. 121.   Daimlers erstes Motorfahrrad.

Dies erste in Fig. 121 und 122 dargestellte Motorrad trägt
zwar auch noch den Stempel eines Versuchsobjektes, der Motor
selbst ist aber schon dem speciellen Zweck angepaßt.   Er ist als
Kapselmaschine gebaut, an Stelle der gekröpften Kurbelachse sind
2 Kurbelscheiben getreten, welche als Schwungräder dienen und
mit eingekapselt sind.   Eine Bauart, die für den heute gebräuchlichen Fahrradmotor vorbildlich gewesen ist.

Auf Fig. 121 stellt *A* das Kurbelgehäuse mit dem Arbeitscylinder dar. *C* ist der vom stationären Daimlermotor her bekannte
Karburator. *F* ist der Schalldämpfer, *f* das Auspuffrohr.

Die Kraft wurde durch einen Riemen von der Motorenwelle auf das Treibrad übertragen. Ein zweites Riemscheibenpaar MN für

Fig. 122. Daimlers erstes Motorfahrrad.

kleinere Übersetzung, über welche derselbe Riemen gelegt wurde, kam zur Verwendung, wenn Steigungen zu nehmen waren. Das Anfahren und Anhalten wurde durch Heben und Senken der

Fig. 123. Daimlers erster Motorwagen.

Spannrolle K mit der Handhabe H bewirkt. In Verbindung mit H stand noch eine zweite Schnur, welche den Bremshebel p anzog, sobald die Spannrolle gesenkt wurde.

Im Jahre 1886 ließ Daimler dem Motorrad den in Fig. 123 und 124 dargestellten Motorwagen folgen.

Der Motor *A* ist zwischen den Sitzbänken angebracht. Die Kraft wird in zwei Übersetzungen durch Riemen auf die Vorgelegewelle *g* übertragen, Zahnräder übersetzen die Kraft weiter auf die Wagenachse.

Zum Anfahren, Anhalten, Schnell- und Langsamfahren diente eine Reibungskuppelung auf der Motorenachse, welche mittels des Hebels *d* bedient wurde.

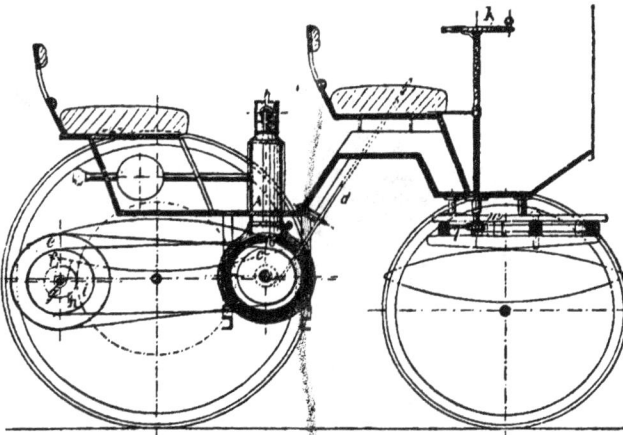

Fig. 124. Daimlers erster Motorwagen.

Inzwischen waren auch von C. Benz in Mannheim mit Erfolg Versuche gemacht worden, Wagen mit Benzinmotoren zu betreiben. Er behielt den Typ seiner schon damals mit elektrischer Zündung arbeitenden stationären Motoren bei und steigerte deren Umdrehungszahl verhältnismäßig wenig. Die Stromquelle für die Zündung bildete anfangs eine Tauchbatterie, später traten Accumulatoren an deren Stelle.

Nach mehrjährigen Versuchen brachte Benz im Jahre 1886 den in den Fig. 125 und 126 abgebildeten Wagen heraus.

Wie ersichtlich, liegt das Schwungrad des Motors horizontal, durch ein conisches Räderpaar wird die Kraft auf ein Riemenvorgelege und von diesem durch eine Gallsche Kette auf die Wagenräder übertragen.

Der Wagen ist dreirädrig, das vordere Rad ist in einer Gabel gelagert und dient als Lenkrad. Dieser erste Benzwagen ist noch heute als betriebsfähiges Fahrzeug erhalten.

Mit Beibehaltung der Haupt-Konstruktionsteile war dann im Jahre 1888 von Benz ein neuer Wagen gebaut worden, welcher auf der Kraft- und Arbeitsmaschinen-Ausstellung in München ausgestellt

Fig. 125. Benz erster Motorwagen vom Jahre 1886.

war und als erster auf einer Ausstellung gezeigter Motorwagen zu bezeichnen ist.

Dieser Wagen lief mit einer Geschwindigkeit von 16 km in der Stunde und konnte Steigungen bis zu 6% überwinden.

Seit diesen ersten Versuchen, Schienen- und Strafsenfahrzeuge mit Benzinmotoren zu betreiben, hat man sich unausgesetzt mit

Fig. 126. Benz erster Motorwagen vom Jahre 1886.

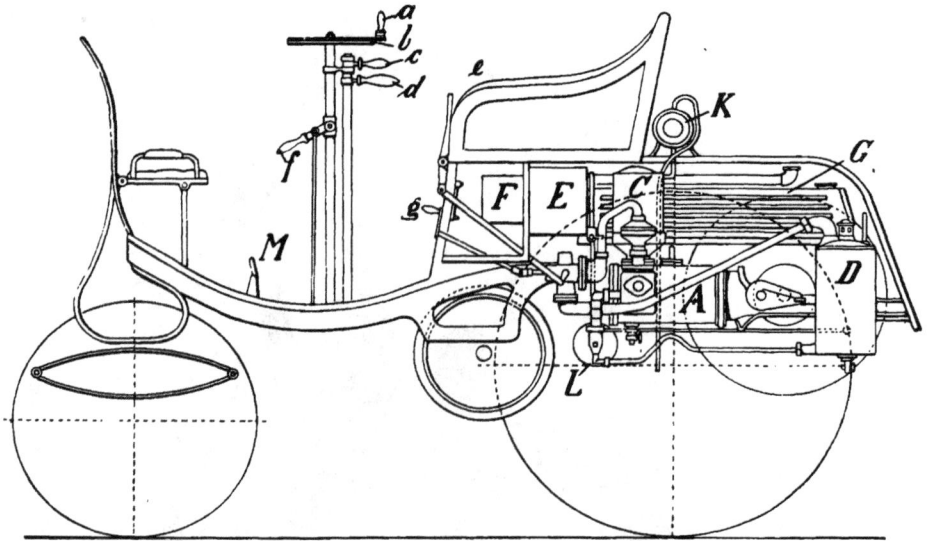

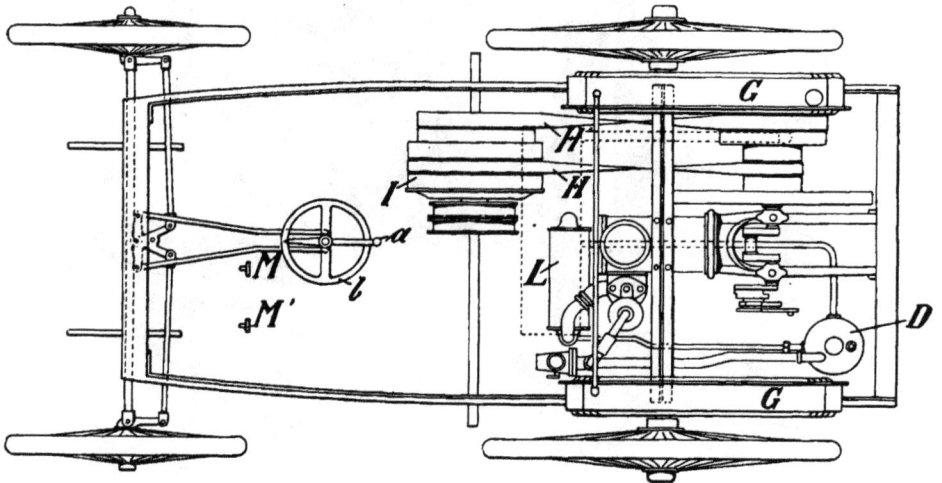

Fig. 127 u. 128. Motorwagen von Benz.

der weiteren Ausbildung derselben beschäftigt. Als eigentliche Ent-
wickelungs- und Pflegestätten dieses Zweiges des Motorenbaues sind
die Benzsche Fabrik in Mannheim und die Daimler Motoren-Gesell-
schaft in Cannstatt zu bezeichnen.

Aus den Fig. 127 und 128, in welchen das Wagengestell eines
neuen »Benzwagens« mit dazugehörigen maschinellen Einrichtungen
dargestellt ist, erhält man eine Vorstellung von dem, was zu einem
modernen Motorwagen gehört.

A ist der Arbeitscylinder[1]), D ist der Karburator, E der Benzinbehälter, F, der Induktionsapparat für die elektrische Zündung,
L der Schallfänger, $G G$, sind die Kühlwasserbehälter, $C K$ die
Kühlvorrichtung.

H ist der Riemen für Langsamfahrt, H' der Riemen für Schnellfahrt, I Zahnradvorgelege für die dritte Geschwindigkeit, $a b$ Lenkhand-
haben, c Hebel für Schnellfahrt, d Hebel für Langsamfahrt, f Hebel
für die dritte Fahrgeschwindigkeit, e Hebel für Langsamlauf des
Motors, g Mischhebel für Luft- und Brennstoff, M ist die Fufs-
bremse für Vorwärts-, M' eine solche für Rückwärtsfahrt, $i\ i'$ Brems-
scheiben.

Die Lenkung des Motorwagens erfolgt nicht wie bei dem durch
Zugtiere bewegten Wagen durch Verdrehen der ganzen Vorderachse,
sondern nur durch Verstellen der Achsschenkel, wie aus Fig. 128
ersichtlich.

Fig. 129 stellt einen der neuesten Benzwagen für 3—4 Personen in äufserer Ansicht dar, derselbe hat einen 5-pferdigen Ein-
cylindermotor.

Der Wagen kann mit 3 Geschwindigkeiten laufen und besitzt
Einrichtungen für Rückwärtsfahrt. Die Räder haben Vollgummi-
reifen. Der kompl. Wagen wiegt ca. 780 kg und kostet Mk. 4500.

In Fig. 130 ist ein gleichstarker Wagen mit anderer Sitzein-
richtung dargestellt, derselbe wiegt 620 kg und kostet ebenfalls
Mk. 4500.

Mit einem Zwillingsmotor von 9 PS ausgerüstet, wiegt dieser
Wagen 700 kg und kostet 5000 Mark.

Ein weiterer für 5 Personen eingerichteter Wagen derselben
Fabrik ist in Fig. 131 dargestellt, er hat einen Zwillingsmotor

---

[1]) Der zu dem Wagen gehörende Motor gelangte im achten Kapitel zur
Beschreibung.

Fig. 129. Neuer Motorwagen von Benz für 3—4 Personen.

Fig. 130. Motorwagen von Benz für 3—4 Personen.

Fig. 131. Motorwagen von Benz für 5 Personen.

von 8 PS, fährt vorwärts mit drei Geschwindigkeiten und hat Rückwärtslaufeinrichtung. Er wiegt kompl. 1070 kg und kostet Mk. 6500.

Kleine dreipferdige Motorwagen im Gewicht von 370 kg liefert die Benzsche Fabrik schon für Mk. 2500.

Die nachstehenden Abbildungen stellen drei Motorwagentypen der Daimler-Motoren-Gesellschaft in Cannstatt dar.

Die zu den Wagen benutzten Motoren entsprechen im wesentlichen dem in Kapitel 8 beschriebenen stationären Daimlermotor, sie arbeiten also mit Glührohrzündung und verhältnismäfsig hohen Tourenzahlen.

Bei den in Fig. 132 und 133 dargestellten Personenwagen hat der Motor seinen Platz über der Vorderachse gefunden. Der Wagen kann mit 4 Geschwindigkeiten laufen von 5—25 km pro Stunde und können Steigungen bis 15 % genommen werden. Für die Übertragung der Kraft vom Motor auf die Vorgelegewelle ist ein vierfaches Wechselgetrieb aus Zahnrädern vorgesehen, auch eine Einrichtung zum Rückwärtsfahren ist vorhanden.

Die Daimler Motorengesellschaft baut diese Personenwagen in 8 verschiedenen Ausführungen mit Motoren von 2—6 PS.

Auch Omnibusse, wie in Fig. 134 dargestellt, werden von der Firma ausgeführt.

Eine weitere Specialität der Daimler-Motoren-Gesellschaft bilden die Motorlastwagen, Fig. 135. Diese Fahrzeuge werden in 6 Gröfsen, in Tragfähigkeiten von 1550—5000 kg gebaut, sie sind mit Motoren von 4—16 PS ausgerüstet, besitzen ebenfalls 4 Fahrgeschwindigkeiten für 2,5—10 km pro Stunde und haben Einrichtung zum Rückwärtsfahren.

Je nach der Gröfse und Tragfähigkeit kosten die Wagen 6600 bis 13000 Mk.

Fig. 136 und 137 zeigen Wagen der Bielefelder Maschinenfabrik vorm. Dürkopp & Co. in Bielefeld. Sie sind mit dem in Kapitel 8 dargestellten Motor System Canello Dürkopp ausgerüstet. Fig. 136 stellt einen Jagdwagen mit Sommerdach dar. Derselbe hat einen Motor von 9—10 PS, bietet für 6 Personen Platz und läuft mit 4 Geschwindigkeiten von 6—40 km in der Stunde, auch Einrichtung zum Rückwärtsfahren ist vorhanden.

Fig. 137 ist ein Sportwagen, auf dem 4 Personen Platz finden, der Motor ist 6—7 PS stark.

Fig. 132. Daimlerwagen.

Fig. 133. Daimlerwagen.

Fig. 134. Motoromnibus der Daimler-Motorengesellschaft.

Fig. 135. Motorlastwagen der Daimler-Motorengesellschaft.

Der Jagdwagen kostet Mk. 13000, der Sportwagen Mk. 9200. Einen kleinen, sehr leichten von der Fabrik Cudell & Co. in Aachen gebauten Motorwagen zeigt Fig. 138. Der zum

Fig. 136. Dürkopps Motorwagen.

Betriebe dienende Motor hat 3 PS und ist nach Art des in Kapitel 8 Fig. 99—101 beschriebenen Motors konstruiert. An Stelle

Fig. 137. Dürkopps Motorwagen.

der Rippenkühlung ist hier aber Wasserkühlung für den Arbeitscylinder vorgesehen. Der Wagen besitzt 2 Geschwindigkeiten und kann in der Stunde bis 35 km zurücklegen. Das Gewicht des kompl. Wagens beträgt nur 260 kg, Preis Mk. 3750.

Aus diesen Beispielen ausgeführter Motorwagen ist zu entnehmen, daſs man die für das Befahren unserer Landstraſsen zulässigen Geschwindigkeiten schon mit verhältnismäſsig schwachen Motoren erreichen kann.

Für Wettfahrten, bei denen man es selbst auf mittelmäſsigen Chausseen bis über 60 km gebracht hat[1]), müssen die Motoren natürlich ganz erheblich kräftiger sein und soll es »Rennwagen« geben, die über 35 PS verfügen.

Fig. 138. Motorwagen von Cudell & Co. in Aachen.

Neben den Motorwagen hat auch die Ausbildung der Motorfahrräder gleichen Schritt gehalten. Hier sind es namentlich die Franzosen gewesen, welche die gröſsten Erfolge aufzuweisen haben.

In Fig. 139 ist das Motor-Dreirad, System de Dion-Bouton, dargestellt, dessen Konstruktion für die meisten heute auf dem Markt befindlichen Motorräder vorbildlich gewesen ist.

In Deutschland werden diese Räder von der Firma Cudell & Co. in Aachen gebaut.

Das Dion-Bouton-Rad ist mit dem im Kapitel 8 Fig. 100 und 101 ausführlich beschriebenen Motor ausgerüstet.

Bei einem kürzlich in Südwestfrankreich abgehaltenen Automobil-Rennen sind 338 km in 4 Stunden 28 Minuten zurückgelegt. Maximalgeschwindigkeit 95 km, Durchschnittsgeschwindigkeit 76 km pro Stunde.

Die Übertragung der Kraft vom Motor auf die Treibachse erfolgt hier nicht wie bei den Motorwagen durch ein ausrückbares Getriebe, so daſs man den Motor vor der Abfahrt ankurbeln und in Gang setzen kann, sondern Motor und Treibachse sind durch ein fest aufgekeiltes, dem Übersetzungsverhältnis für gröſste Fahrgeschwindigkeit entsprechendes Zahnräderpaar miteinander in ständiger Verbindung. Um den Motor in Gang zu bringen, ist das Motorrad, wie jedes andere Fahrrad, mit Tretkurbeln und Kette ausgerüstet, mit Hilfe deren der Fahrer das Rad und mit diesem den Motor durch Treten in Bewegung setzt. Schon nach wenigen

Fig. 139. Motorfahrrad von Cudell & Co. in Aachen.

Tritten hat der Motor die Umdrehungsgeschwindigkeit und das Rad die lebendige Kraft angesammelt, daſs der Motor seine Arbeit aufnimmt und das Rad jetzt allein forttreibt.

Zur Erleichterung des »Antretens« ist die Kompression im Motor durch Öffnen eines Hahnes zu beseitigen; der Hahn ist wieder zu ·schlieſsen, sobald die ersten Zündungen im Motor erfolgen. Damit die Füſse des Fahrers während der Fahrt vollständig ruhen können, während der Motor arbeitet, ist die Tretkurbelachse mit dem Kettenrad nicht fest, sondern durch eine Schaltwerk-Kuppelung verbunden, die gestattet, daſs Kette und Kettenrad laufen, während die Tretkurbelachse stillsteht.

Der Motor hat $1^1/_2$—2 PS und kann dem Rade auf horizontaler guter Fahrbahn eine Geschwindigkeit von 35—40 km pro Stunde erteilen. Es können Steigungen bis 10% überwunden werden; auch reicht die Triebkraft hin, um noch einen besonders zu diesem Zweck konstruierten Anhängewagen mit 2 Personen zu ziehen. Mit diesem Anhänger können bis 20 km pro Stunde zurückgelegt werden.

Der Preis dieses Motorrades beträgt Mk. 1700.

Das in Fig. 140 dargestellte Motortandem führt die Firma Cudell & Co. ebenfalls aus. Diese Fahrzeuge werden als Schrittmacher

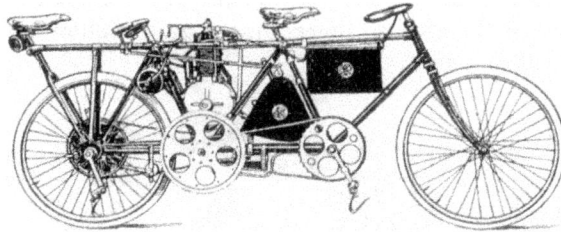

Fig. 140. Motortandem von Cudell & Co. in Aachen.

bei Radfahrer-Wettrennen benutzt, vorn sitzt der Steuermann, hinten der Maschinist, beide treten unausgesetzt mit. Diese Maschinen können Geschwindigkeiten von über 60 km pro Stunde erreichen.

Das Motortandem kostet Mk. 2000.

Schienenfahrzeuge mit Benzinmotorenbetrieb.

Die Verwendung von Benzinmotoren für den Betrieb von Eisenbahn-Fahrzeugen hat bei weitem nicht die Ausdehnung erlangt, wie dies für Strafsen-Fahrzeuge der Fall gewesen ist. Hier ist es die Elektricität, welche das Feld beherrscht. Nur in vereinzelten Fällen, nämlich dort, wo der Verkehr ein geringer ist, oder die für die Anlage eines besonderen Elektricitätswerkes und der Stromleitung aufzuwendenden Kosten eine genügende Verzinsung nicht erwarten lassen, finden Benzinmotoren Verwendung.

Als erstes Fahrzeug dieser Art, welches sich dauernd in Benutzung erhalten hat, ist das in Fig. 141 dargestellte, von der Daimler-Motoren-Gesellschaft gebaute »Sommerwaggonet« zu bezeichnen.

Dasselbe stammt aus dem Jahre 1887 und unterhielt den Personenverkehr zwischen dem Wilhelmsplatz und dem Kursaal in Cannstatt. Auch in Norddeutschland ist dies originelle Fahrzeug durch seine Benutzung auf der nordwestdeutschen Gewerbe- und Industrieausstellung zu Bremen im Jahre 1890 bekannt geworden.

Wie aus der Figur zu ersehen, besteht die Fahrgelegenheit eigentlich nur aus zwei auf Rädern stehenden Sitzbänken, an deren hinterem Ende ein Kasten zur Aufnahme des zweipferdigen Motors angebracht ist. Der Wagenführer nimmt hier auf einem Sattel Platz. Der Wagen hat 600 mm Spurweite. Die Kraft kann durch zwei Zahnradübersetzungen entsprechend den Fahrgeschwindigkeiten von 7 und 15 km pro Stunde auf die Wagenachse übertragen werden. Einrichtung für Rückwärtsfahrt ist nicht vorhanden, vielmehr wird das Fahrzeug an den Endpunkten der Strecke auf einer

Fig. 141. Daimlers erstes Schienenfahrzeug 1887.

kleinen Drehscheibe gedreht. An Benzin wird pro Stunde Fahrzeit für ca. 34 Pfennige konsumiert. Auf horizontaler Strecke kann das Fahrzeug noch einen gleich grofsen Anhängewagen ziehen.

Dimensionen und Preis des »Waggonets«:

Spurweite	600 –750 mm
Länge	4000 »
Breite	1500 »
Höhe	2100 »
Radstand	1200 »
Durchmesser der Räder	540 »
Gewicht leer	750 kg
Anzahl der Sitzplätze	10—12
Preis, netto	3800 Mk.

In der Fig. 142 ist eine, aus dem Jahre 1887 stammende, von der Daimler-Motoren-Gesellschaft gebaute »Draisine« dargestellt, welche jetzt in 3 Gröfsen von dieser Firma gebaut wird. Sie bietet Platz für 6 Personen. Es kann für 4—5 Stunden Fahrzeit Benzin eingenommen werden. Der Kühlwasservorrat reicht für eine Stunde aus. Die Kraft des zweipferdigen Motors kann in zwei

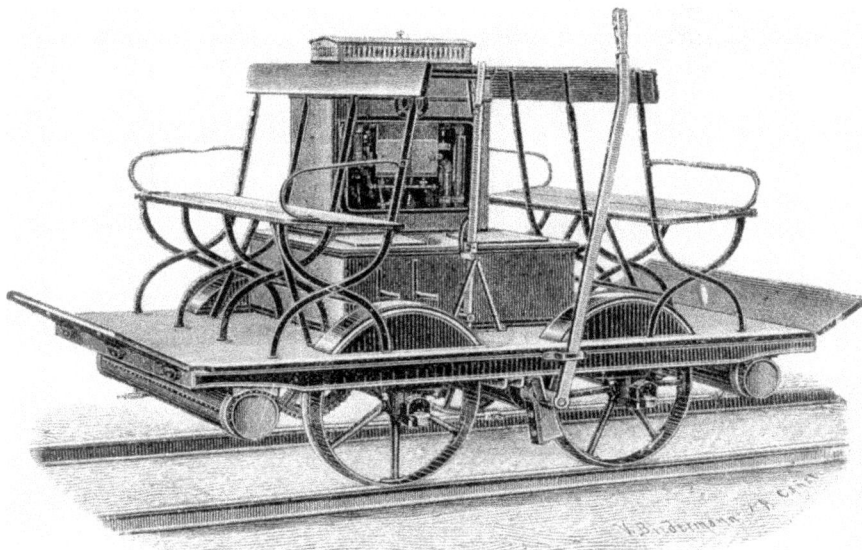

Fig. 142. Daimlers Draisine.

Geschwindigkeiten, für 11 und 21 km pro Stunde, durch Zahnrad-getriebe auf die Treibachse übertragen werden. Ein Wendegetriebe vermittelt die Fahrt nach vor- und rückwärts.

Dimensionen und Preise der Draisinen.

Spurweite	mm	600	1000	1435
Gröfste Länge	»	2750	2750	2750
Gröfste Breite	»	1400	1450	1620
Radstand	»	1000	850	850
Raddurchmesser	»	550	550	550
Gewicht, kompl.	kg	750	810	850
Preis, netto	Mk.	3700	3800	4000

Der in Fig. 143 dargestellte ebenfalls von der Daimler-Motoren-Gesellschaft gebaute Eisenbahnwagen ist seiner Zeit für die Firma

Fr. Krupp geliefert worden, er vermittelt seit dem Jahre 1890 den Verkehr zwischen dem Kruppschen Schiefsplatz und der Stadt Meppen.

Der Wagen hat Abteilungen I. und II. Klasse mit 17 bezw. 9 Sitzplätzen. Auf der hinteren Plattform ist Platz für 8—10 Personen, vorn beim Führer finden noch 2 Personen Platz.

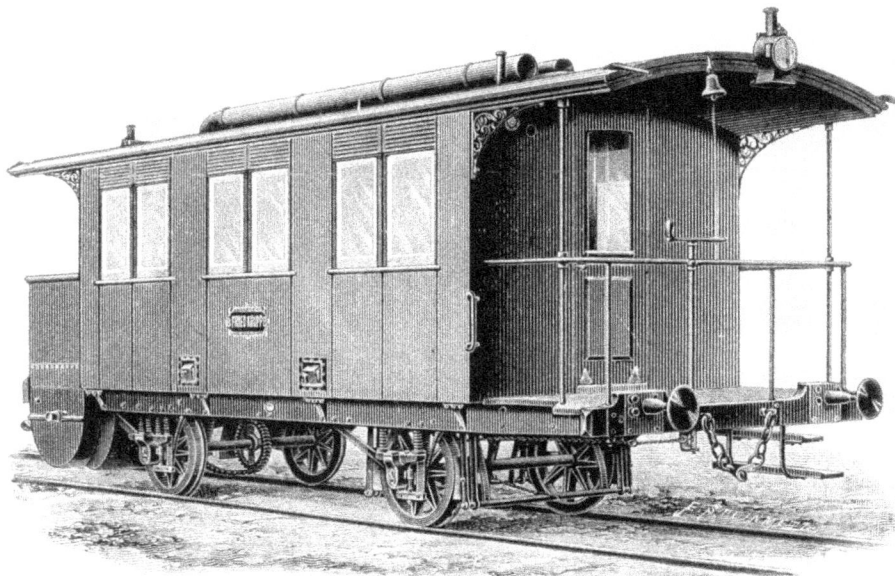

Fig. 143. Daimlers Motor-Eisenbahnwagen.

Der Wagen hat einen Radstand von 3,350 m, Raddurchmesser von 800 mm, gröfste Wagenlänge 5,020 m, Breite 2,200 m. Der viercylindrige Motor hat 10 Pferdekraft. Die Kurbelwelle liegt parallel zu den Wagenachsen. Zur Kraftübertragung dient ein zweifaches Zahnradvorgelege und eine Gallsche Kette. Dem Wagen können damit Fahrgeschwindigkeiten von 10 und 20 km erteilt werden.

Das Kühlwasser ist in zwei auf dem Wagendach liegenden doppelwandigen Blechrohren untergebracht, innere und äufsere Rohrwand wirken als Kühlfläche. Bei schneller Fahrt des Wagens reicht die durch den Luftzug hervorgebrachte Abkühlung aus und ist aufserdem nur ein geringer Vorrat kalten Wassers mitzuführen.

Der Wagen hat auch Einrichtung für Rückwärtsfahrt. Das Gewicht des betriebsfähigen Wagens beträgt 8335 kg.

Für Lastenbeförderung auf Schmalspurbahnen in Bergwerken, auf Torfmooren, Kiesgruben u. s. w. sind Benzinlokomotiven vielfach im Betrieb. In Fig. 144 ist eine Feldbahnlokomotive der Deutzer Gasmotorenfabrik zur Ansicht gebracht. Als Motor dient

Fig. 144. Benzin-Lokomotive der Deutzer Gasmotorenfabrik.

ein horizontaler mit Einspritzung und elektrischer Zündung arbeitender Benzinmotor. Die Kraftübertragung erfolgt durch Zahnradübersetzung, je nach den Verhältnissen für eine oder zwei Geschwindigkeiten.

Vor- und Rückwärtsfahrt wird durch Einrücken von Reibungskuppelungen bewirkt, die ein stofsfreies Anfahren gestatten.

Motor und Triebwerk sind vollständig eingekapselt, für die Zugänglichkeit der bewegten Teile sind überall Thüren in den Blechbekleidungen vorgesehen. Zur Kühlung dient eine kleine vom
Motor bewegte Wasserpumpe, welche das Kühlwasser durch die an
den Seiten der Lokomotive angebrachten Doppelwandbehälter von
rechteckigem Querschnitt treibt.

Der Benzinverbrauch beträgt bei voller Ausnutzung der Zugkraft 0,35 kg pro Stunde und PS, für den Nutztonnenkilometer
auf horizontaler Strecke betragen die Kosten an Benzin 1,5—2 Pfg.
Werden Zinsen und Amortisation des Anlagekapitals, Löhne
und sonstige Betriebsunkosten in Ansatz gebracht, so ergeben
sich 7,6 Pfg. Betriebskosten für den Tonnenkilometer. Hinsichtlich der Billigkeit dürfte hiernach die Benzinlokomotive von
keiner anderen unabhängigen Verkehrsmaschine übertroffen
werden.

Zugkraft, Abmessungen und Gewichte der vorbeschriebenen Benzinlokomotive.

Stärke des Motors . . .	mit einer Übersetzung			mit zwei Übersetzungen		
	6	8	12	8	12	PS.
Auf horizontaler Strecke bei einer Fahrgeschwindigkeit von	4,5—6	4,5—6	4,5—7.2	4,5—9	5,4—12	km pr. St.
werden am Zughaken ausgeübt	200—150	270—200	400—250	260—140	354—160	kg
Gröfste Länge der Lokomotive	2,80	3,00	—	3,25	3,4	m
Breite (geringste) . . .	0,900	0,950	—	1,15	1,30	»
Höhe ohne Schutzdach .	1,4	1,5	—	1,55	1,7	»
Ungefähres Gewicht (betriebsfähig)	2500	3000	4000	3700	4600	kg

Auch für die »Strafsenbahnen« bieten die mit Benzinmotoren
betriebenen Personenwagen manche Vorzüge gegenüber dem elektrischen Betrieb. Sie sind billiger in der Anschaffung und völlig
unabhängig von centralen Kraftanlagen.

Fig. 145 und 146 ist ein von der Daimler-Motoren-Gesellschaft
gebauter Strafsenbahnwagen.

Der Wagen hat die normale Spurweite von 1435 mm und bietet
Raum für 18 Personen — 10 Sitz- und 8 Stehplätze. Der Radstand
ist 1400 mm, Raddurchmesser 700 mm.

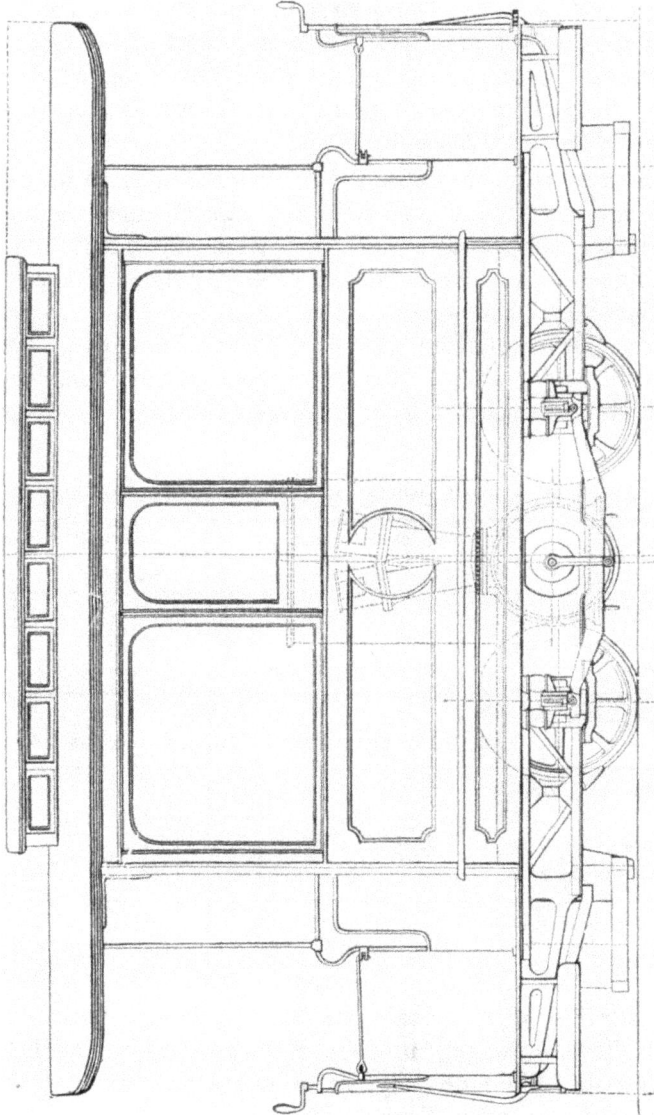

Fig. 145. Benzin-Straßenbahnwagen der Daimler-Motorengesellschaft.

Im Innern des Wagens, durch einen Blechkasten abgeschlossen, ist der Motor von 5 ½ PS angeordnet. Derselbe hat

die im Kapitel 9, Fig. 111 und 112 dargestellte Konstruktion. Die Übertragung der Kraft auf die Wagenachse erfolgt durch zwei Zahnradvorgelege, welche durch Reibungskuppelungen eingerückt

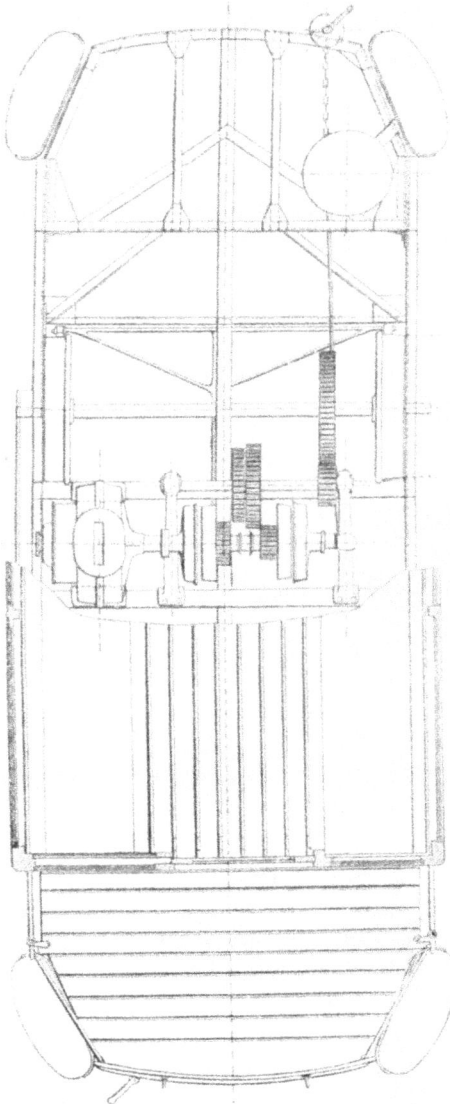

Fig. 146. Benzin-Straßenbahnwagen der Daimler Motorengesellschaft.

werden und dem Wagen Fahrgeschwindigkeiten von 14,6 und 9,7 km in der Stunde erteilen können.

Da der unmittelbare Übergang von der Vorwärts- zur Rückwärtsfahrt für einen Strafsenbahnwagen nicht erforderlich ist, so ist
von einem Wendegetriebe abgesehen. An Stelle dessen hat der
Motor eine zweite Auslafsventilsteuerung, mit welcher er in der
entgegengesetzten Drehungsrichtung läuft. Das Umwechseln der
Steuerungen wird vorgenommen, wenn der Wagen hält. Die Kühlung
geschieht auch hier durch Doppelwandrohre, die auf dem Wagendach Platz finden; eine kleine Pumpe hält das Wasser in Cirkulation.

Wasser-Fahrzeuge mit Benzinmotorenbetrieb.

Nächst der Verwendung für Strafsenfuhrwerke sind es namentlich die kleinen Wasserfahrzeuge gewesen, für deren Betrieb die
Benzinmotoren die ausgedehnteste Anwendung gefunden haben.

Fig. 147. Daimlers erstes Motorboot vom Jahre 1886.

Als erstes, mit einem Benzinmotor betriebenes Boot ist das in
Fig. 147 dargestellte Motorboot des Ingenieurs Daimler vom Jahre 1886
zu bezeichnen.

Dasselbe war mit einem zweipferdigen Benzinmotor versehen.

In Fig. 148 ist dieser Motor und seine Verbindung mit der
Schiffsschraube dargestellt. Für die Vorwärtsfahrt des Bootes werden
die Motorenachse und die Schraubenwelle direkt durch eine Reibungskuppelung verbunden. Soll die Schraube zurückschlagen, so
legt man den Handhebel K nach rückwärts, bringt dadurch eine
Reibungskuppelung im Schwungradkranz aufser Eingriff und durch
Vermittelung eines gleichfalls von der Händelstange K bewegten, in
der Abbildung nicht sichtbaren Winkelhebels, die Friktionsrolle R
in Berührung mit der konischen Scheibe am Lager m und der

konischen Fläche am Schwungrade. Die Schraube dreht sich dann in entgegengesetzter Richtung wie der Motor.

A ist der Karburator, *H* der Regulierhahn für die Einstellung des Gemisches, mit Hilfe deren man auch die Langsamfahrt bewirkt. Die Kurbel *J* dient zum Ingangsetzen des Motors.

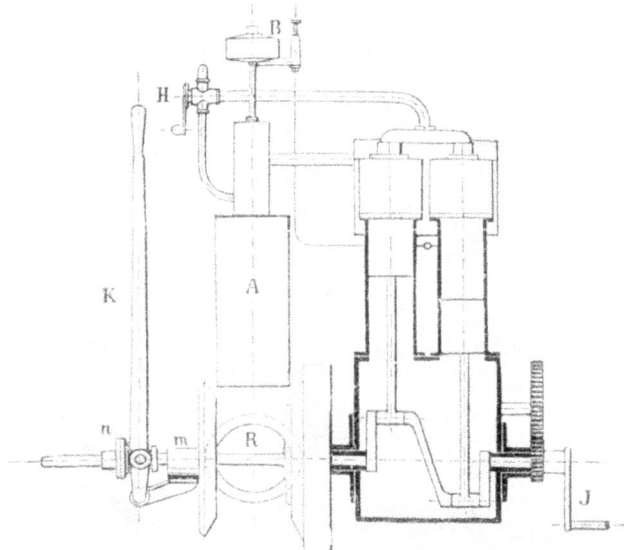

Fig. 148. Motor des ersten Daimler-Bootes.

In Fig. 149 ist die innere Ansicht eines in Amerika gebauten Motorbootes dargestellt. Dasselbe ist mit dem in Kapitel 9 beschriebenen Daimlerschen Zwillingsmotor ausgerüstet. *W* ist der Sitz für den Steuermann, *V* die Steuerstange, *U* der Umsteuerhebel für die Schraube, *H* der Hebel für die Gemischeinstellung. Alle zur Bedienung des Motors nötigen Handgriffe können vom Steuermann ausgeführt werden, ohne daß er nötig hätte, seinen Sitz zu verlassen.

Außer der Umkehrvorrichtung für die Schraubendrehung durch Reibungs-Wendegetriebe ist für diesen Zweck noch eine andere Einrichtung in Benutzung, welche man schon früher bei den mit Dampfmaschinen und »Hilfsschraube« ausgerüsteten Segelschiffen verwendet hat. Hier handelte es sich darum, bei gutem Segelwinde, wenn die Dampfmaschine nicht benutzt wurde, die Schraubenflügel in eine Stellung zu bringen, bei welcher sie die Fortbewegung des Schiffes möglichst wenig hinderten. Die Schraubenwelle war zu diesem Zweck durchbohrt, durch die Bohrung ging eine Zugstange, mit welcher die drehbar angeordneten Schraubenflügel soweit gedreht wurden, daſs sie mit ihren Flächen in der Fahrrichtung des Schiffes standen.

Fig. 149. Boot mit Daimler-Motor (amerikanische Ausführung).

Für Motorboote hat man nun die Drehbarkeit der Schrauben-flügel noch soweit vergröfsert, daſs man sie bis in die Stellung bringen konnte, bei welcher sie rückwärtstreibend wirken. In den Fig. 150—152 ist eine derartige Einrichtung dargestellt, wie sie von der Motorenfabrik Grob & Co. in Leipzig-Eutritzsch für Motorboote ausgeführt wird.

Die in der hohlen Schraubenwelle liegende Zugstange endigt hinten in ein dreiflügeliges Querhaupt Fig. 152, welches mit kurzen

Gelenkstangen die in Fig. 150 punktiert angedeuteten, an den Schraubenflügelzapfen befestigten Hebel erfassen.

Schraubenwelle und Zugstange sind quer durchbohrt und zwar so, dafs mittels eines durch das Querloch gesteckten Keiles die Zugstange hin- und hergezogen werden kann. Der Keil ist mit einem auf der Welle gleitenden Schleifring verbunden, von dem aus die Umstellung der Schraubenflügel mittels Händelstange bewirkt wird.

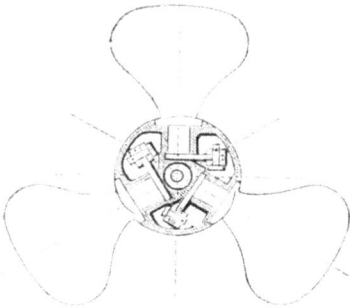

Fig. 151.

Die Schraubennabe ist von einem Gehäuse umschlossen, in dem der Bewegungsmechanismus für die Schraubenflügel Platz findet. Die Schraubenwelle läuft in der üblichen langen Büchse — dem Schraubenrohr — und ist dort, wo sie im Innern des Bootes aus der Büchse heraustritt, mit einer Stopfbüchse abgedichtet.

Fig. 152.

Ein gröfseres Motorboot mit 12 Pferdekraft starkem Viercylindermotor und Umsteuerung durch Verdrehung der Schraubenflügel stellen die Fig. 153 und 154 dar.

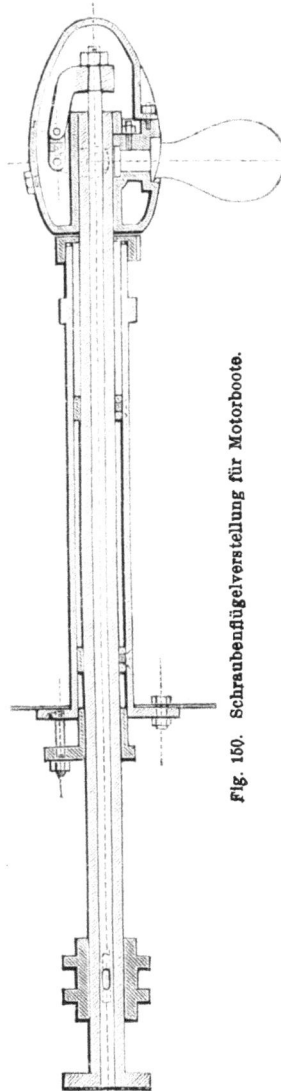

Fig. 150. Schraubenflügelverstellung für Motorboote.

Das Boot hat Einrichtungen für Personen- und Güterbeförderung, auch sind Vorrichtungen getroffen, dafs das Boot zum »Schleppen« benutzt werden kann. Im Vorderteil ist das Benzinbassin angebracht. Zum Einnehmen und Löschen der Ladung ist am Mast

Fig. 153. Motorboot mit 12 PS Motor.

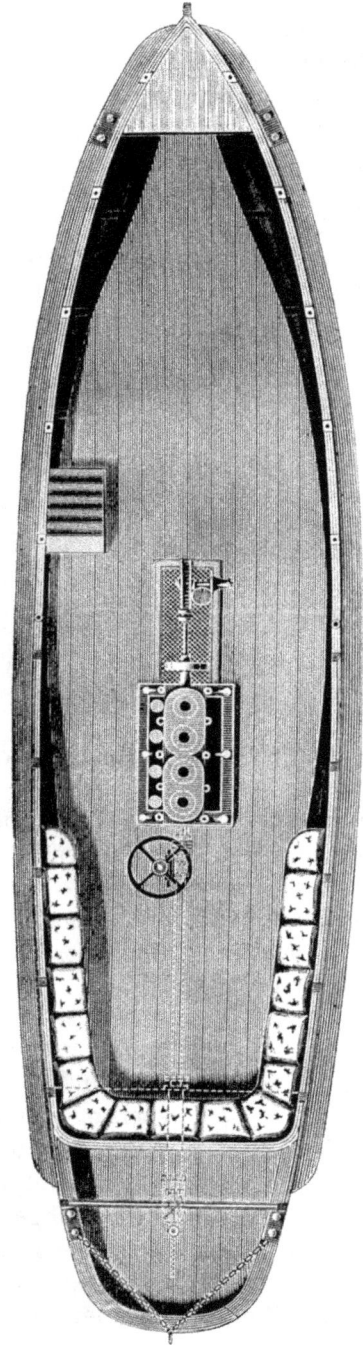

Fig. 154. Motorboot mit 12 PS Motor.

ein Ladebaum mit Winde. Für den Betrieb der letzteren kann der Motor benutzt werden.

In neuester Zeit hat der Amerikaner John P. Holland ein unterseeisches Torpedoboot mit Benzinbetrieb gebaut. Der Erfinder soll die Absicht haben, mit diesem Boot, um es den europäischen Staaten vorzuführen, eine Reise über den atlantischen Ozean, von Newyork nach Lissabon, zu machen.

Das Boot läuft auf dem Wasser mit 9¹/₂ Knoten und wird zu seiner Reise ca. 17 Tage brauchen. Während der Fahrt auf der Wasseroberfläche werden auch die Akkumulatoren geladen, welche einen Elektromotor speisen, wenn unter Wasser gefahren werden soll. Das Boot nimmt für seine Reise 5000 kg Benzin mit.

Die Benzin- und Petroleum-Lokomobilen.

In Fig. 155 S. 252 ist eine Petroleum-Lokomobile der Fabrik von J. M. Grob & Co. in Leipzig-Eutritzsch abgebildet. Riemenscheibe und Schwungrad liegen aufserhalb des Radgestelles, so dafs der Riemen unbehindert nach allen Richtungen geführt werden kann.

Zur Cylinderkühlung ist ein »Ventilationskühler« angebracht, durch dessen Verwendung die Kühlung mit einem sehr geringen Wasserquantum bewirkt wird.

Preise der Petroleum-Lokomobilen von J. M. Grob & Cie.

Nominelle Kraftleistung in PS. . .	2	4	6	8
Wirkliche höchste Kraftleistung in PS.	2—3	4—5	6—7	8—9
Preis der kompl. Lokomobile ab Fabrik . . . . Mk.	2640	3350	4275	4750
Preis des Schutzdaches . . . . »	150	160	180	200
oder des Planes . . . . . »	30	33	33	55

In Fig. 156 ist die Benzin- und Petroleum-Lokomobile der Deutzer Gasmotorenfabrik dargestellt. Der verwandte Motor ist liegender Bauart, er ruht auf einem kräftigen aus I Eisen gefertigten Wagengestell mit schmiedeeisernen Rädern.

Der Motor überträgt die Kraft auf ein Riemenvorgelege, welches über der Vorderachse des Wagens gelagert ist. Durch Verwendung von Fest- und Losscheibe auf der Vorgelegewelle ist die Möglichkeit gegeben, die Arbeitsmaschinen unabhängig vom Motor anhalten zu können

oder durch Aufsetzen anderer Antriebsscheiben mehrere Arbeitsmaschinen gleichzeitig zu betreiben.

Der Kühlwasserbehälter steht unter der Vorgelegewelle, das
Wasser wird mittels einer vom Motor betriebenen Pumpe durch
den Wassermantel des Arbeitscylinders getrieben. An Stelle dieser

Fig. 155. Petroleum-Lokomobile von J. M. Grob & Co.

Kühlung kann auch ein Ventilationskühler geliefert werden, welcher
1,5 l Wasser für die Stundenpferdekraft braucht. Die Motoren
arbeiten mit elektrischer Zündung, so dafs jede Feuersgefahr ausgeschlossen ist.

Die mit Petroleum arbeitenden Lokomobilen werden für die
Ingangsetzung auf kurze Zeit mit Benzin gespeist.

Fig. 156. Benzin-Petroleumlokomobile der Gasmotorenfabrik „Deutz".

Hauptdimensionen der Deutzer Lokomobilen Modell VII.

Maschinengröfse in PS . . .	6	8	12	16	20	25
Länge ohne Deichsel . . . ca. m	3,45	3,5	4,05	4,3	4,8	5,2
Breite . . . . » »	1,85	1,9	2,12	2,15	2,60	2,8
Höhe . . . . » »	2,2	2,35	2,5	2,8	3,0	3,2
Umdrehungszahl des Vorgeleges pro Minute	375	350	350	350	350	350
Durchmesser der Antriebsscheibe auf dem Vorgelege . . . . . . mm	640	685	685	640	640	640
Breite der Antriebsscheibe auf dem Vorgelege . . . . mm	120	130	150	170	210	250
Gesamtgewicht der kompl. Benzinlokomobile ohne Verdunstungsapparat und Dach . . . ca. kg	2600	3100	4000	5100	6600	8200
Gesamtgewicht der kompl. Petroleumlokomobile ohne Verdunstungsapparat und Dach . . . ca. kg	2680	3180	4100	5200	6720	8320

Eine Lokomobile der Benzin- und Petroleummotorenfabrik von Moritz Hille, Dresden-Löbtau ist in Fig. 157 dargestellt. Als Motor wird der in Kapitel 6 ausführlich beschriebene Hillesche Motor benutzt. Die Lokomobilen haben

Fig. 157. Benzin- und Petroleumlokomobile von Hille in Dresden-Löbtau.

ebenfalls eine Vorgelegewelle, zwischen dieser und dem Motor ist ein
Ventilationskühlapparat aufgestellt. Die Zündung erfolgt elektrisch.

Preise der Hilleschen Petroleum-Lokomobile.

PS	2	3	4	5	6	8	10	12	16
Preis ohne Riemen . . . . Mk.	2500	2900	3400	3900	4400	5000	5600	6400	7200
Gewicht . . . . ca. kg	1300	1800	2200	2500	3000	4000	4150	4900	5400
Ohne Dach . . . . Mk.	2400	2750	3250	3700	4200	4750	5350	6100	6850

Benzin-Lokomobile.

PS	2	3	4	5	6	8	10	12	16
Preis . . . . Mk.	2800	3200	3800	4300	4900	5500	6200	7100	8000
Gewicht . . . . ca. kg	1450	2000	2450	2800	3300	4400	4600	5400	6000
Ohne Dach . . . . . . Mk.	2650	3050	3600	4100	4650	5250	5900	6750	7600

Dimensionen der Vorgelege.

Tourenzahl des Vorgeleges . . .	400	400	400	400	400	400	400	400	400
Durchmesser der Riemenscheibe auf den Vorgelegen	650	700	700	750	750	800	800	800	800
Breite der Riemenscheibe	120	140	160	180	180	200	200	220	250
Erforderliche Breite des Riemens .	110	130	150	170	170	190	190	190	240

Fig. 158. Swiderskis Petroleumlokomobile.

**Petroleum-Lokomobile der Leipziger Dampfma-
schinen- und Motorenfabrik vorm. Ph. Swiderski,
Leipzig-Plagwitz.** Die Lokomobile arbeitet mit einem stehenden
im Kapitel 7 ausführlich beschriebenen Petroleummotor, auf Wunsch
werden aber auch mit Balancemotor ausgerüstete Lokomobilen
geliefert. Die Kühlung wird durch einen Ventilationskühler bewirkt, auf dem Schutzdach ist ein Schallfänger angebracht.

Fig. 159. Petroleumlokomobile von Ganz & Co., Budapest.

Die Lokomobilen werden in Gröfsen von 4, 5, 6, 8, 10, 15 und
20 PS gebaut und kosten 2600, 3000, 3500, 4200, 4750, 5700 und
6800 Mark.

Petroleum-Lokomobile der Firma Ganz & Comp.,
Eisengiefserei- und Maschinenfabrik-Aktiengesell-
schaft in Budapest, Ratibor und Leobersdorf.

Diese in Fig. 159 dargestellte Lokomobile ist mit dem im
Kapitel 7 beschriebenen vertikalen Banki-Motor ausgerüstet, hat
ein Riemenvorgelege mit Fest- und Losscheibe und besitzt einen
Ventilationskühlapparat.

Die Lokomobilen werden in Gröfsen von 2, 3, 4 und 6 PS
gebaut und kosten 1900, 2100, 3050 und 3250 Gulden.

Fig. 160. Fr Secks Petroleumlokomobile.

Petroleum-Lokomobile von Fr. Seck in München.
Die in Fig. 160 dargestellte Lokomobile besitzt ebenfalls Riemenvorgelege und arbeitet mit Ventilationskühlung. Als Motor wird
der im Kapitel 7 beschriebene Secksche Motor benutzt.

Preise und Dimensionen der Seckschen Petroleumlokomobilen sind aus nachstehender Tabelle zu entnehmen.

Größenbezeichnung nach PS. . .	2	3	4	5	6	8	10	12	15
Leistung in PS. bis zu ca. . . .	3	4	$5\frac{1}{2}$	$6\frac{1}{2}$	8	10	$12\frac{1}{2}$	15	18
Preise . . . . . . Mk.	3000	3150	3625	3950	4450	5300	5900	6750	7400
Durchmesser der Antriebs-Riemen-scheibe . . . . cm	50	50	50	60	90	90	100	100	100
Breite derselben	14	16	22	22	14	15	19	19	19
Tourenzahl pro Minute derselben .	360	350	300	300	230	250	250	250	250
Breite des Riemens . . . . cm	6	7	9	10	12	13	15	17	17
Stärke » » . . . . »	0,4	0,5	0,5	0,6	0,6	0,6	0,7	0,7	0,7

ohne Vorgelege   mit Vorgelege

Werden die Lokomobilen von 2—5 PS mit Vorgelege gewünscht, so erhöhen sich obige Preise um je Mk. 150.

Petroleum-Lokomobilen

kombiniert mit: Bandsäge, Kreissäge, Pumpe, Mörtelmaschine, Dynamomaschine, komplett zur Erzeugung elektrischen Lichts, und anderen Maschinen zu Specialzwecken. Preise auf Anfrage.

Wasserpumpen mit Petroleum- und Benzinmotorenbetrieb.

Ausgedehnteste Verwendung finden die Benzin- und Petroleummotoren für den Betrieb von Wasserpumpen. Sei es nun, daß sie die Wasserversorgung kleiner Orte, einzelner Wohnhäuser, Wasserstationen für den Eisenbahnbetrieb, Gärtnereien u. s. w. bewirken,

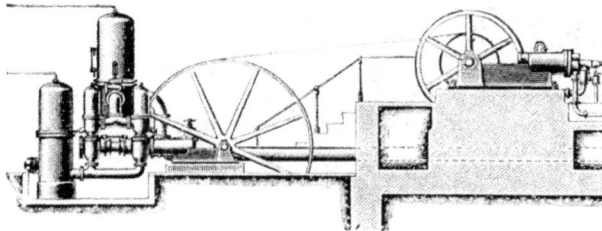

Fig. 161. Körting Wasserwerksanlage mit Benzinmotorenbetrieb.

oder daß sie als Reservemotoren für Pumpanlagen dienen, welche sonst durch Leuchtgas betrieben werden.

In Fig. 161 ist die Wasserwerksanlage einer kleinen Stadt dargestellt, wie sie in zahlreichen Fällen von der Firma Gebr. Körting in Hannover ausgeführt wurde. Der Antrieb der Pumpe erfolgt direkt durch ein Riemenvorgelege mit Scheiben von reichlich bemessenem Durchmesser. Die sonst üblichen Zahnradvorgelege sind vermieden.

Für die Förderung geringerer Wassermengen baut die genannte Firma besondere Motoren, welche mit der Pumpe ein Ganzes bilden. Die Anlage- und Aufstellungskosten dieser Pumpen sind sehr gering, aufserdem lassen sie sich, da sie unabhängig von einer centralen Anlage — Gasanstalt oder Dampfkessel — sind, leicht versetzen.

Fig. 162. Körtings Motorpumpe.   Fig. 163. Körtings Motorpumpe.

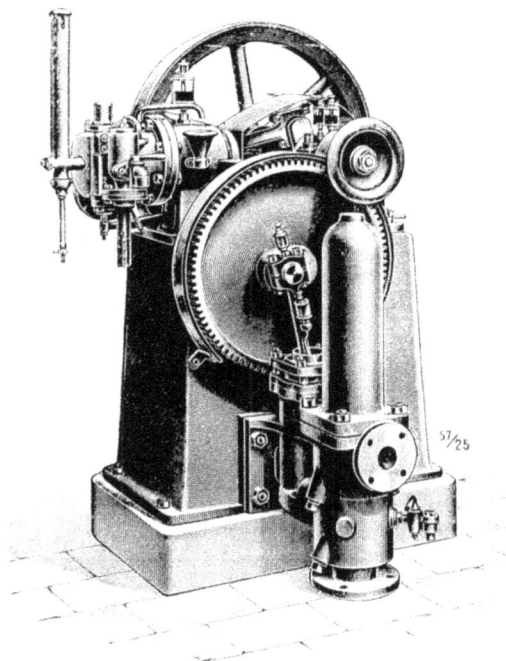

In Fig. 162 und 163 sind diese Pumpen, ausgerüstet mit Motoren stehender und liegender Konstruktion, dargestellt.

Leistungen, Abmessungen, Gewichte und Preise sind aus nachstehender Tabelle zu ersehen.

Preisliste der Motoren mit angebauter Pumpe.

	Stehende Ausführung					Liegende Ausführung nach System M-A
PS	¹/₂	1	2	3	4	1
Stündliche Leistung der Pumpe in Litern	3000	6000	12000	18000	24000	6000
Preis eines Gasmotors mit Pumpe Mk.	1500	1720	2200	2600	3100	1850
Preis eines Benzinmotors mit Pumpe . . . . Mk.	1600	1820	2300	2700	3200	1900
Preis eines Petroleummotors mit Pumpe . . . . Mk.	1600	1820	2300	2700	3200	—
Gewicht des Motors einschliefslich Pumpe ohne Verpackung . kg	335	470	650	890	1100	
Gewicht des Motors einschliefslich Pumpe mit Verpackung . . kg	440	590	800	1080	1300	
Durchmesser der Druckrohre { mm	32	52	65	75	90	52
{ Zoll	1¹/₄	2	2¹/₂	3	—	2
» » Saugrohre { mm	40	65	75	90	100	65
{ Zoll	1¹/₂	2¹/₂	3	—	—	2¹/₂
Preis des Saugsiebes mit Fufs-ventil . . . . Mk.	18	30	30	36	42	30

Auch die Maschinenbau-Aktiengesellschaft vorm. Ph. Swiderski in Leipzig baut Pumpen in direkter Verbindung mit ihren im Kapitel 7 beschriebenen Petroleummotoren. Die Konstruktion der Pumpe zeigt Fig. 164.

Leistungen, Abmessungen, Gewichte und Preise ergeben sich aus nachstehender Tabelle.

Preis des Pumpmotors einschl. Zubehör ab Fabrik . . . . Mk.	1600
» der Ankerplatten und Bolzen . . . . »	12
» der Verpackung . . . . »	25
Umdrehungszahl des Motors in der Minute	380
Ungefähre Länge der Maschine . . . . mm	800
» Breite » » . . . . »	750
» Höhe » » . . . . »	1235
Lichte Weite des Saugrohres . . . . »	50
» » » Druckrohres . . . . »	50
Ungefähre Leistung der Pumpe in der Stunde bei einer Förderhöhe v. 20 m Lt.	6400
» » » » » » » » » » 25 » »	6000
» » » » » » » » » » 30 » »	5500
» » » » » » » » » » 35 » »	5000
Ungefähres Gewicht der Maschine . . . . kg { netto	475
{ brutto	580

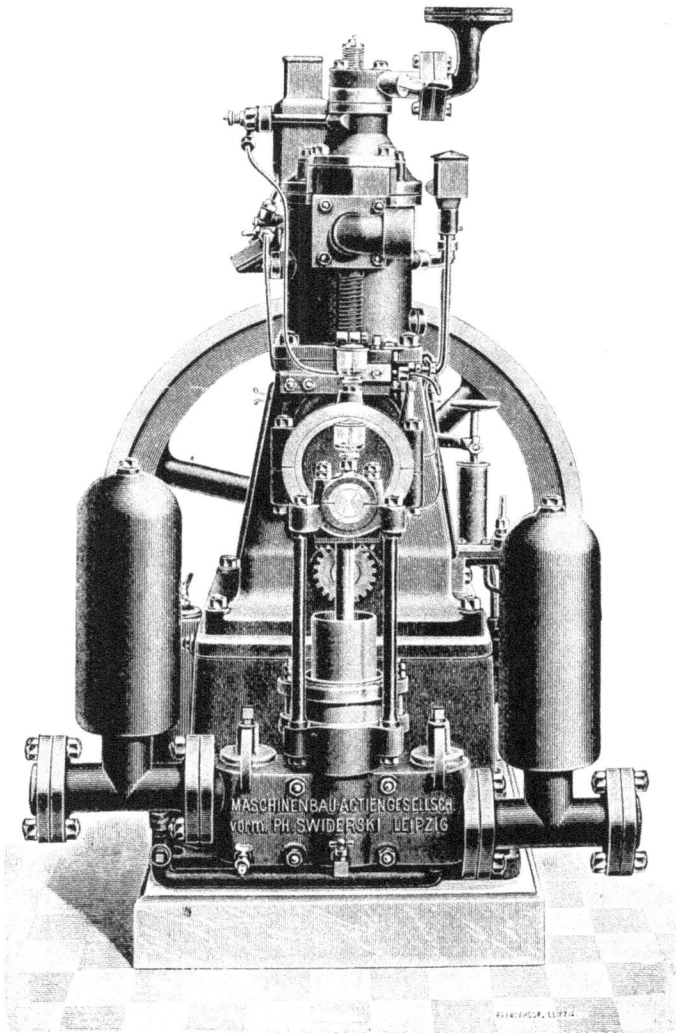

Fig. 164. Swiderskis Motorpumpe.

Auch für den direkten Betrieb von Hämmern hat man die Benzin- und Petroleummotoren ausgebildet. In Fig. 165 und 166 ist ein solcher Hammer in Verbindung mit einem Petroleummotor dargestellt, wie er von Ganz & Co., Eisengießerei- und Maschinen-fabriks-Aktiengesellschaft in Budapest nach dem System Bánki & C'sonka gebaut wird. Rechts liegt der Arbeitscylinder eines im Viertakt

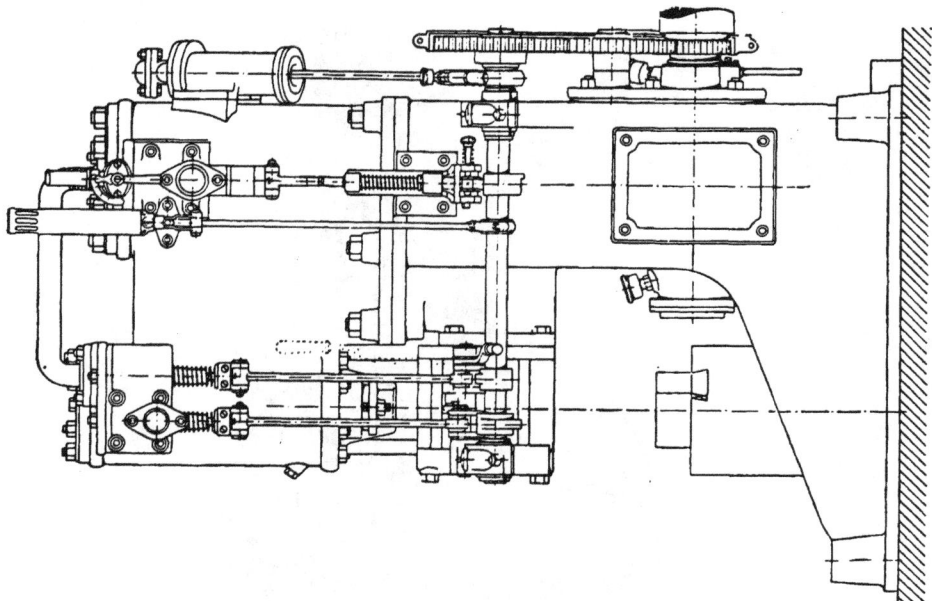

Fig. 166.

Petroleumhammer, System Bánki-C'sonka.

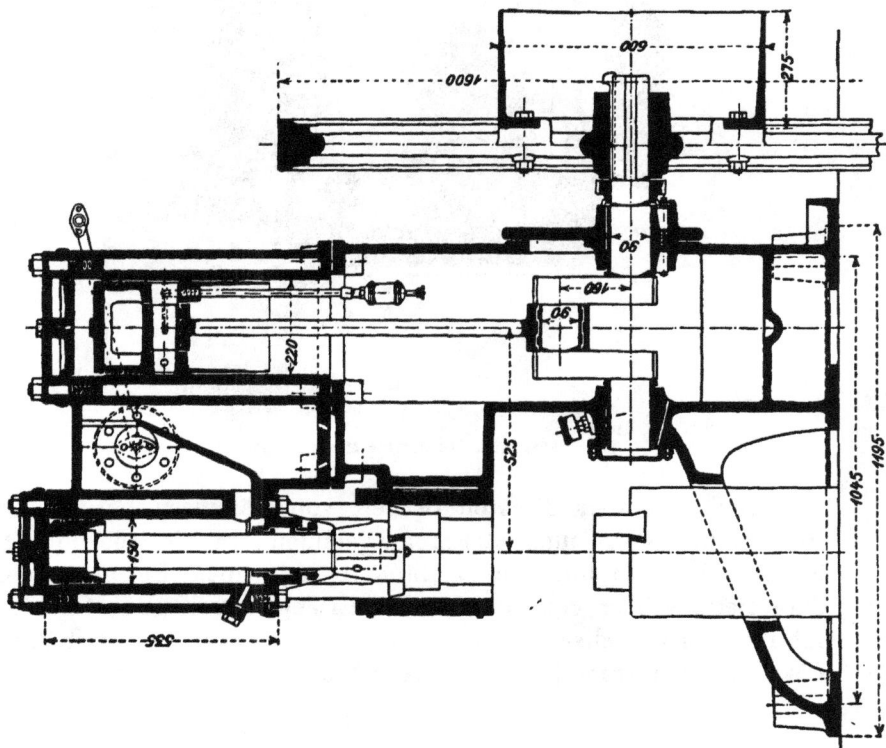

Fig. 165.

arbeitenden Petroleummotors. Ein zwischen dem Motor und Hammercylinder liegendes Ventil wird während der Arbeitsperiode von der Steuerung geöffnet, so dafs die gespannten Verbrennungsgase gleichzeitig auf beide Kolben wirken, sie treiben den Arbeits- und Hammerkolben abwärts, so dafs also der Hammer während der Arbeitsperiode auch seinen Schlag ausführt. Arbeits- und Hammercylinder haben jeder ein besonderes Auslafsventil.

Um genügende Zeit für das Hochheben des Hammerkolbens zu gewinnen, bleibt das Hammerauslafsventil bis kurz vor dem Eintritt der Arbeitsperiode im Arbeitscylinder geöffnet.

Zum Heben des Hammerkolbens wird komprimierte Luft benutzt, welche mit einer seitlich am Arbeitscylinder befestigten Kompressionspumpe erzeugt wird.

Die Steuerung des Hammers und Regulierung der Schlagstärke erfolgt durch Änderung der Öffnungsweite des Übertrittventiles, indem man einen excentrisch gelagerten Hebel (Fig. 166) dem Steuerungsdaumen nähert oder entfernt.

Der Hammer macht 110 Schläge pro Minute, der Motor 120. Letzterer kann nebenher für den Betrieb leichter Arbeitsmaschinen benutzt werden.

Die Schlagarbeiten des Hammers, welcher 300 mm Hub hat, sind durch Handsteuerung zwischen 100 und 400 Meterkilogramm einstellbar.

Fig. 167 S. 264 zeigt den Hammer in der Gesamtansicht.

Sehr gute Dienste leisten die Benzinmotoren auch für den Betrieb von Feuerspritzen. In Fig. 168 S. 265 ist eine Feuerspritze mit Benzinmotorenbetrieb dargestellt, wie sie von der Daimler-Motoren-Gesellschaft in Cannstatt gebaut wird.

Der 6 PS starke Zwillingsmotor ist über der Hinterachse des Wagens angebracht, mittels eines Zahnradvorgeleges treibt er das zwischen dem Motor und dem Kutschersitz liegende Pumpwerk an. Bei einer Strahlrohröffnung von 15 mm kann das Wasser 30 m hoch geworfen werden, der Druck im Windkessel steigt dabei bis 7 Atmosphären.

Ausgerüstet mit den erforderlichen Saug- und Druckschläuchen, Hydranten-Standrohren und Werkzeugen wiegt das kompl. Fahrzeug 1250 kg.

Die abgebildete Feuerspritze ist für die Bespannung mit Pferden eingerichtet. Selbstverständlich kann auch der Motor für die Fortbewegung des Wagens benutzt werden.

Fig. 167. Bánkis Petroleumhammer.

Die Vorteile, welche die Benzinmotoren für die Feuerlöschfahrzeuge bieten, werden immer mehr gewürdigt. Das Befahren der belebten Strafsen einer Grofsstadt mit den leicht lenkbaren Motorfahrzeugen ist nicht nur weniger gefährlich wie die Fahrt

mit einem in schnellster Gangart dahinstürmenden Pferdegespann,
sondern man kommt damit auch ganz erheblich schneller an Ort
und Stelle.

Viele Stadtverwaltungen beabsichtigen jetzt ihre Feuerwehren
nicht nur mit Motorspritzen auszurüsten, sondern auch Geräte-
und Mannschaftswagen zum Selbstfahren anzuschaffen.

Fig. 168. Daimlers Benzin-Feuerspritze.

Für zeitweise Beleuchtung grofser Plätze bei schnell auszuführenden Arbeiten, militärischen Übungen, Schaustellungen, Volks-
festen u. s. w. hat sich das Bedürfnis nach fahrbaren Elektricitäts-
werken fühlbar gemacht.

Die meisten Motorenfabriken fertigen für diese Zwecke »Beleuchtungswagen«, von denen in den Fig. 169 und 170 zwei Typen
dargestellt sind. Fig. 169 zeigt den Beleuchtungswagen der Grobschen Motorenfabrik. Als Motor dient ein vierpferdiger Petroleummotor mit Ventilationskühler. Die Dynamomaschine reicht für
4 Bogenlampen à 5 Amp. und einige Glühlampen aus.

In Fig. 170 ist der Beleuchtungswagen der Daimler-Motoren-
Gesellschaft dargestellt. Hier wird ein Benzinmotor benutzt, links

zeigt die geöffnete Thür die Dynamomaschine mit Schaltbrett, rechts steht der Motor, in der Mitte ist der Kühler angeordnet.

Eine eigenartige Verwendung des Petroleummotors zeigt Fig. 171 S. 268. Es ist ein von der Grobschen Fabrik gebautes fahrbares

Fig. 169. Grobs Beleuchtungswagen.

Säge- und Spaltwerk zur Zerkleinerung von Brennholz. Übertragung der Kraft auf die Bandsäge und das Beil ist aus der Abbildung ersichtlich. Die Wagen werden mit 2 oder 4 PS starken Petroleummotoren ausgerüstet und kosten 3500 und 4400 Mk.

Vorzüglich bewährt haben sich die Benzin- und Petroleummotoren auch für den Betrieb von Schiebebühnen und Drehscheiben. In Fig. 172 S. 269 ist eine diesbezügliche Anlage dargestellt, wie sie von Gebr. Körting in Hannover mehrfach zur Ausführung gebracht wurde. Zum Betriebe dient ein vierpferdiger Motor, welcher seine

Kraft durch ein Riemen- und Zahnradvorgelege im Verhältnis von 1:24 auf die Treibräder der Schiebebühne überträgt. Die Fahrgeschwindigkeit der Bühne ist 0,3—0,4 m pro Sekunde.

Fig. 170. Daimlers Beleuchtungswagen.

Da es sich hier um die Bewegung sehr schwerer Lasten handelt, — Lokomotive und Tender im betriebsfähigen Zustand und die Bühne selbst repräsentieren ein Gewicht von 70—80 000 kg — so sind für das »Anfahren« besonders sorgfältig ausgeführte Reibungskuppelungen nötig.

Vor- und Rückwärtsfahrt wird durch je einen offenen und einen gekreuzten Riemen vermittelt, jedoch nicht durch Verschieben der

Fig. 171. Motoren-Holzsäge und Spaltwerk von Grob & Co.

Riemen, sondern durch Ein- oder Ausrücken von Reibungskuppelungen, von denen die eine den offenen, die andere den gekreuzten Riemen antreibt. Die Reibungskuppelungen sind so konstruiert, daſs sie nur Kräfte bis zu einer bestimmten Gröſse übertragen;

Fig. 172. Motorenschiebebühne von Gebr. Körting in Hannover.

sie rutschen solange, bis die Bühne ihre normale Fahrgeschwindigkeit angenommen hat, der Motor läuft jederzeit mit voller Umdrehungsgeschwindigkeit. Jede Kuppelung hat Einrichtungen, mittels
welcher bei eintretender Abnutzung der Reibungsflächen die bestimmte Größe der zu übertragenden Kraft wieder eingestellt werden kann. Der Betrieb der Schiebebühnen bringt es mit sich, daß
sie nur in größeren Pausen auf verhältnismäßig kurze Zeit benutzt
werden. Vom Mitführen eines besonderen Kühlwasservorrates kann
also abgesehen werden. Der im Wassermantel des Motors befindliche Wasservorrath genügt für die Kühlung und ist nur durch ein
mit dem Wasserstutzen verbundenes offenes Gefäß dafür gesorgt,
daß das Wasser sich bei seiner Erwärmung ausdehnen kann, ohne
überzulaufen. Dasselbe Gefäß dient auch zum Nachfüllen von
Wasser, wenn sich der Vorrat durch Verdunstung allmählich vermindert hat.

Fig. 173. Mechwartscher Petroleumpflug, gebaut von Ganz & Co. in Budapest.

Da die Schiebebühnen meistens im Freien liegen und das
Kühlwasser dem Gefrieren ausgesetzt ist, so ist man in der eigentümlichen Lage, hier das Kühlwasser im Winter anwärmen zu
müssen. Zu diesem Zweck sind Ein- und Auslaßstutzen für das
Kühlwasser durch ein Rohr verbunden; dasselbe ist mit einem
Blechmantel umgeben und im Raum zwischen Rohr und Blechmantel brennt im Winter Tag und Nacht eine Petroleumlampe,

welche den gesamten Wasservorrat in steter Zirkulation und gelinder Wärme erhält.

Als Reserve ist neben dem Motor noch eine Handwinde aufgestellt, welche in Benutzung genommen wird, falls der Motor gereinigt werden muſs.

In Fig. 173 S. 270 ist endlich noch ein Petroleumpflug dargestellt, wie er von der Firma Ganz & Co., Eisengieſserei- und Maschinenfabriks-Aktiengesellschaft in Budapest, mit Benutzung des Mechwartschen Pflugsystemes gebaut wird.

Der mit einem sechspferdigen Petroleummotor ausgerüstete Pflug beackert bei mittelschwerem Boden $1/_4$—$1/_3$ ung. Joch auf eine Tiefe von 30 cm. Durch Abnehmen der Antriebskette für die Pflugschaar kann der Petroleumpflug in eine Lokomotive oder Lokomobile verwandelt werden.

Elftes Kapitel.

Aufstellung und Wartung der Benzin- und Petroleummotoren.

Die Benzin- und Petroleummotoren sollen, wenn irgend möglich, einen durch massive Mauern von den übrigen Arbeitsräumen getrennten Aufstellungsort erhalten, oder wo dies nicht ausführbar ist, durch einen Verschlag von dem übrigen Betriebe getrennt werden. Unter allen Umständen muſs der Aufstellungsort so beschaffen sein, daſs der Motor vor Staub und Schmutz, vor Frost und anderen Witterungseinflüssen geschützt ist.

Bei Verwendung des Motors in Sägewerken, Tischlereien, Mühlen, Tabaksfabriken, also bei den Betriebsarten, welche mit starker Staubentwickelung verknüpft sind, muſs der Motor unbedingt in einem dicht verschlossenen, vom übrigen Betriebe vollkommen getrennten Raum aufgestellt sein.

Die »Betriebsluft«, d. h. also die Luft, welche der Motor ansaugt, darf nicht aus stauberfüllten oder stark feuchten Werkräumen entnommen werden, sondern ist Sorge zu tragen, daſs reine trockene Luft durch besondere Rohrleitungen von genügender Weite herbeigeführt wird.

Für Lagerung der Benzin- oder Petroleumvorrats-Behälter ist in möglichster Nähe des Motors ein geeigneter Unterkunftsraum herzurichten.

Man lagert die Brennstoffe nicht in fest umschlossenen, dichten
Räumen, sondern im Freien; leicht feuerfangende Materialien sind
fern zu halten, ein Schutzdach aus Blech genügt, um die Behälter
den Witterungseinflüssen zu entziehen. Hochlegen der Benzin- und
Petroleumfässer auf Unterlagen ist zu vermeiden, es empfehlen sich
muldenartige mit Blech bekleidete Vertiefungen, in denen der etwa
auslaufende Brennstoff sich an einer leicht sichtbaren, abseits vom
Behälter belegenen Stelle ansammeln und ausgeschöpft werden kann.

Zur Überführung des Benzins etc. nach dem Motor benutzt
man eine Pumpe. Bei den Motoren, welche mit Karburator arbeiten,
ist auch für diesen ein besonderer, durch massive Wände abge-
schlossener Raum herzurichten. Sowohl das Motorenlokal wie der
Karburatorraum müssen eine massive, feuerfeste Decke haben.

In Fig. 174 und 175 ist der Aufstellungsplan eines mit Karburator arbeitenden Benzinmotors der Firma Hille dargestellt. In
dem vom Motor getrennten Raum stehen Karburator und Auspufftopf nebeneinander; beide sind durch einen Stutzen verbunden, zu
dem Zweck, bei kalter Witterung den Karburator mit den heißen
Auspuffgasen anwärmen zu können.

Bei vorhandenen Transmissionsanlagen muß der Aufstellungsort des Motors so gewählt werden, daß sich ein genügend langer
Riemenzug ergibt. Das Schwungrad muß sich bequem erfassen
und andrehen lassen, alle Teile des Motors, welche der Schmierung,
Bedienung und Reinigung bedürfen, sollen leicht zugänglich und
gut beleuchtet sein.

Mit besonderer Vorsicht ist das Auspuffrohr zu führen, die
Nachbarschaft darf durch Geräusch und Geruch nicht
belästigt werden. Lange Rohrführungen sind zu vermeiden.
Die Verbrennungsprodukte greifen die eisernen Rohre stark an, wo
die kondensierten Verbrennungsprodukte nicht gut abfließen können,
da rosten dünnwandige Gasrohre oft schon in Jahresfrist durch.
Für lange Auspuffleitungen, namentlich für die horizontalen Strecken,
wähle man daher von vornherein starkwandige gußeiserne Rohre.
Bei den Auspuffleitungen der Petroleummotoren hat man darauf
zu achten, daß sich die einzelnen Rohrlängen auseinander nehmen
lassen, um von festen Rückständen gereinigt werden zu können.

Die **Fundamentierung** kleiner Benzin- und Petroleummotoren
gestaltet sich meistens sehr einfach; in Etagen mit genügend
starken Balkenlagen können dieselben, falls sie einen gußeisernen
Sockel haben, ohne weiteres auf den Fußboden geschraubt werden.

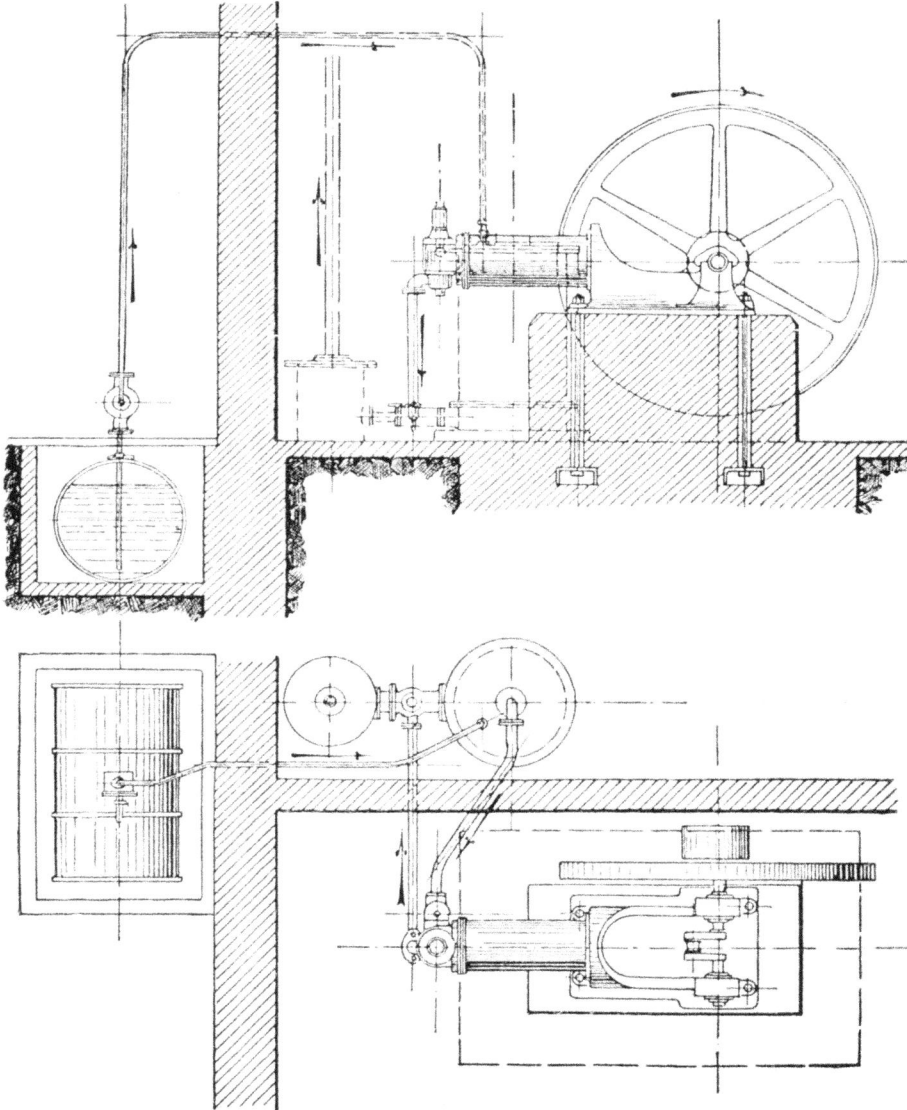

Fig. 174 u. 175. Aufstellung eines Hilleschen Benzinmotors.

Zu ebener Erde werden die Motoren auf ein Sand- oder Ziegel-
steinfundament gestellt, welches nach den vom Fabrikanten mit-
gelieferten Zeichnungen auszuführen ist.

Die Balken- und Erdgeschofsdecken unserer heutigen Wohnhäuser eignen sich nicht ohne weiteres zur Aufstellung größerer
Motoren.

Durch zweckmäfsig gelegte I-Träger müssen die Decken genügend verstärkt werden, oder dort wo der Motor im Erdgeschofs
stehen soll, von der Kellersohle aus ein starker Pfeiler aufgemauert
werden, der durch die Decke hindurchgreift und den Motor direkt
trägt.

Die **Kühlung** des Arbeitscylinders der stationären Benzin- und
Petroleummotoren kann erfolgen durch Verwendung von zufliefsen-
dem Druckwasser, durch
den Wasserinhalt eines
grofsen Behälters, durch
einen Rippenkühler oder
durch einen Ventilations-
Kühlapparat.

Beim Vorhandensein
einer Druckwasserleitung
ist das kalte Wasser, wie
aus Fig. 176 ersichtlich,
von unten in den
Wassermantel des Ar-
beitscylinders einzufüh-
ren und oben sichtbar

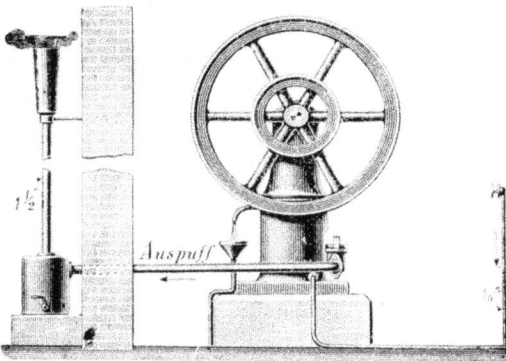

Fig. 176. Druckwasserkühlung für einen vertikalen Motor.

in einen Trichter abzuleiten, damit man sich jederzeit vom Fliefsen des
Wassers und der richtigen Temperatur — 60—70° C. — überzeugen
kann. Die Weite des Zuflufsrohres ist so zu wählen, dafs pro
Stunde und Pferdekraft ca. 30 l kaltes Wasser zufliefsen können.
Die Abflufsleitung mufs so weit sein, dafs diese Wassermenge sicher
ablaufen kann. Will man ein »Kühlgefäfs« benutzen, so ist für
dessen Inhalt folgende Berechnung zu Grunde zu legen:

Etwa die Hälfte der im Brennstoff enthaltenen theoretischen
Wärme mufs bei den heute gebräuchlichen Motoren durch das Kühlwasser aufgenommen werden können. Da nun die kleinen Motoren
pro Stunde und Pferdekraft eine Brennstoffmenge verbrauchen,
welche ca. 4000 Wärmeeinheiten entspricht, so mufs im Kühlgefäfs
so viel Wasser vorhanden sein, dafs die Hälfte dieser Wärme, also

2000 Wärmeeinheiten, aufgenommen werden kann, ohne daſs die gesamte Wassermenge in der längsten Arbeitszeit, als welche zehn Stunden anzunehmen sind, zu warm würde. Da eine Wärmeeinheit die Wärmemenge ist, welche erforderlich ist, um 1 l Wasser in der Temperatur um 1° C. zu steigern und eine Anwärmung des Wassers um ca. 60° zulässig ist, so hat man im Kühlgefäſs pro Pferdekraft und Stunde Raum für $\frac{2000}{60} = 33,3$ l Wasser zu schaffen.

Angenommen wird dabei, daſs das Wasser im Kühlgefäſs zu Beginn des Betriebes die durchschnittliche Lufttemperatur von 15° habe und eine Abkühlung des Wassers während des Betriebes an den Gefäſswänden nicht stattfindet.

Für einen zweipferdigen Motor, welcher zehn Stunden hintereinander arbeiten soll, muſs das Kühlgefäſs also einen Inhalt von $2 \cdot 10 \cdot 33,3$ l $= 0,66$ cbm haben.

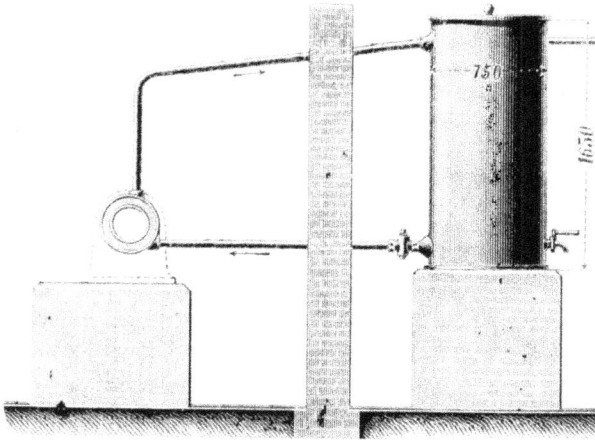

Fig. 177. Anlage eines Kühlgefäſses für einen Motor von 2 PS.

Vorausgesetzt bei Verwendung eines Kühlgefäſses ist immer, daſs die Temperatur des Wassers während der Nachtzeit auf Lufttemperatur herabsinken könne. Der Aufstellungsort ist also so zu wählen, daſs Luftzirkulation in genügendem Mass eintritt. An heiſsen Tagen und bei starker Beanspruchung des Motors kann es vorkommen, daſs trotz reichlicher Bemessung des Kühlgefäſses dennoch ein Kochen der gesamten Wassermenge eintritt.

Um auch für diesen Fall Rat schaffen zu können, sollte jedes Kühlgefäſs, wie auf der beistehenden Fig. 177, einen Ablaſshahn

haben, aus welchem man im Falle der Not das heifse Wasser ab-
lassen kann. Durch Nachfüllen einiger Eimer kalten Wassers kann
man den Betrieb dann ungestört aufrecht erhalten.

Die Kühlmethode mittels Kühlgefäfses ist die billigste; für
Petroleummotoren, bei denen eine gleichbleibende Temperatur
des Arbeitscylinders und der schnelle Eintritt des Beharrungszu-
standes in der Betriebswärme des Motors sehr erwünscht ist, eignet
sie sich weniger.

Als Hauptregel bei der Aufstellung von Kühlgefäfsen ist zu
beachten, dafs das Rohr, welches vom oberen Teil des Motors zum
oberen Teil des Gefäfses führt, seiner ganzen Länge nach
sichtbar ansteigen mufs. Andernfalls cirkuliert das Wasser
nicht. Der Inhalt des Wassermantels
gerät ins Kochen, es bildet sich
Dampf, der stofsweise in das Kühlgefäfs tritt und die Wassermasse
jedesmal in starke Bewegung versetzt.

Der Fufs des Blechgefäfses soll
so hoch stehen, dafs er nicht tiefer
wie die Wassereinführung am Wassermantel liegt.

Der Rippenkühler besteht
aus einer Anzahl zu einem System
vereinter Rippenrohre (Fig. 178),
wie sie sonst zu den Öfen der
Dampfheizungen verwendet werden.
Die Rippen der Rohre vergröfsern
deren Oberfläche und befördern die
Abkühlung ihres Inhalts.

Die Kühlwirkung ist um so
stärker, je gröfser der Temperatur-
unterschied zwischen der Aufsen-

Fig. 178. Rippenkühler von Gebr. Körting.

luft und der des Wassers in den Rohren ist und je höher der
Kühler steht.

Da sich das Wasser bei seiner Erwärmung ausdehnt, so ist
durch das Gefäfs T (Fig. 178) dafür gesorgt, dafs das vergröfserte
Wasservolumen Platz findet.

Soll der Rippenkühler gut wirken, so mufs er mit seiner
Unterkante mindestens 1 m höher wie der untere Wasserstutzen
am Motor stehen. Das obere und untere Verbindungsrohr mufs

genügend weit sein und in allen Teilen nach dem Kühler hin
steigend gelegt sein; scharfe Biegungen sind zu vermeiden.

Der Rippenkühler ist nahe dem Motor in einem Raum aufzustellen, an welchem lebhafter Luftwechsel herrscht. Man kann
nicht erwarten, daß die Kühlung gut von statten geht, wenn Motor
und Kühler in demselben engen Raum stehen. Unter solchen
Umständen kann sich die Temperatur im Motorenlokal im Sommer
bis 40⁰ und darüber steigern.

Die Vorzüge des Rippenkühlers gegenüber dem Kühlgefäß bestehen darin, daß sehr bald ein Beharrungszustand in der Kühlwassertemperatur eintritt, daß er
wenig Raum beansprucht und
ein sehr geringes Wasserquantum
für die Kühlung ausreicht. Mit
besonderen Einrichtungen versehen,
kann der Rippenkühler im Winter
zum Heizen, im Sommer zum
Ventilieren von Räumen dienen.
In Fig. 179 ist eine solche Einrichtung dargestellt. Der Kühler
ist hier mit einem Mantel aus Blech
oder Holz umgeben; er muß an
einer Außenwand stehen, die ober-
halb des Kühlers mit einer Öffnung
versehen ist. Die erhitzte Luft kann
dann durch diese Öffnung ins Freie
entweichen und erfolgt dadurch eine
Ventilation des Raumes. Öffnet man
dagegen die oben im Mantel des
Kühlers sichtbare Klappe, welche
bis dahin die Decke des Mantels
bildete, indem man sie nach innen
herunterfallen läßt, so schließt sie

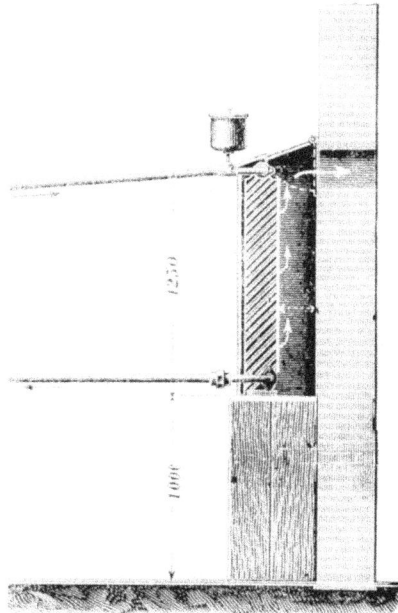

Fig. 179. Rippenkühler mit Einrichtung
zum Ventilieren.

die nach außen führende Öffnung und gestattet der angewärmten
Luft in den Raum zu treten.

Im Sommer wird man also die Decke des Kühlermantels durch
die Klappe schließen und im Winter öffnen.

Zu bemerken ist noch, daß bei Verwendung eines Kühlers,
wie er in Fig. 178 dargestellt wurde, die Höhe der übereinander
aufgebauten Rippenrohre eine begrenzte ist. Es muß nämlich die

von dem oberen Rippenrohr abströmende Luft immer noch kälter
wie die Wandungen selbst sein; ist dies nicht der Fall, so kann
überhaupt keine Wärme mehr von der Luft abgeführt werden und
alle Rohre, welche etwa noch darüber angebracht sein würden,
hätten keinen Zweck.

Die Verwendung von Rippenrohren als Kühlapparate für
Explosionsmotoren ist eine Erfindung der Gebr. Körting in Hannover
und wurde von dieser Firma zuerst im Jahre 1881 ausgeführt.

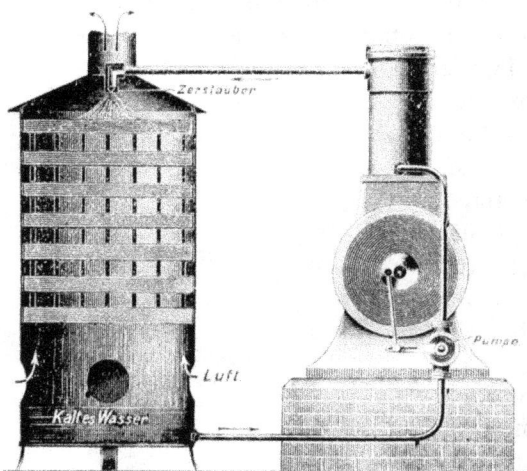

Fig. 180. Ventilations-Kühlapparat.

Nach dem Vorbild der
Wasserkühlanlagen im
Dampfmaschinenbetrieb
baut man auch für Ex-
plosionsmotoren ähnliche
Apparate in kleinem
Maßstab.

In Fig. 180 ist eine
solche Einrichtung, die
man hier Ventilations-
kühler nennt, dargestellt.
Das kalte Wasser, welches
sich im Unterteil des
Kühlbehälters befindet,
wird durch eine kleine,
vom Motor betriebene
Pumpe durch den Wasser-
mantel des Arbeitscylinders hindurch bis zu einem Zerstäuber im
höchsten Punkt des Kühlbehälters getrieben, von hier kommend,
breitet sich das Wasser in feiner Zerteilung auf einem System
übereinander geschichteter Latten aus, rieselt langsam über dieselben
herunter und gelangt so in ausgedehnte Berührung mit der Luft,
welche den Behälter von unten her durchstreicht. An Stelle der
Pumpe kann auch eine kleine Centrifugalpumpe verwendet werden,
mit welcher Einrichtungen zur Beförderung des Luftzuges zu verbinden sind.

Die Auspuffleitung.

Bevor die Verbrennungsprodukte der Explosionsmotoren in die
Auspuffleitung treten, haben sie den Auslaß- oder Auspufftopf zu passieren.

Zweck dieses Auslaßtopfes ist, die flüssigen und während
des Ausströmens flüssig werdenden Bestandteile der Verbrennungs-

produkte aufzunehmen und das Geräusch des Auspuffs zu
dämpfen.

Dementsprechend soll der Auspufftopf in möglichster Nähe des
Motors aufgestellt werden. Die nach dem Topf führenden und von
ihm ausgehenden Rohrleitungen müssen in allen ihren Teilen Ge-
fäll nach dem Topf zu haben, damit alle flüssigen Stoffe, welche
sich aus den Abgasen des Motors abscheiden, nach hierhin fliefsen
können. Der Topf mufs unter den Einmündungen der Rohre reichlichen Raum für die Ansammlung der Flüssigkeiten bieten. An
seinem tiefsten Punkt ist ein Ablafshahn anzubringen, zwischen
diesem Hahn und dem Fufsboden mufs so viel Raum bleiben,
dafs ein Gefäfs zum Auffangen der Flüssigkeiten aufgestellt
werden kann.

Es empfiehlt sich, den Auspufftopf mit einem Deckel zu versehen oder ihn aus zwei Hälften herzustellen, damit man ihn von
festsitzender Ölkohle reinigen kann. Bei Petroleummotoren mufs
auch die Auspuff-Rohrleitung in allen Teilen auseinandergeschraubt
und gereinigt werden können.

Gemauerte Schornsteine, Ventilationsrohre, Abflufskanäle oder
Regenabfallrohre dürfen nicht zur Ableitung der Auspuffgase benutzt werden. Durch Undichtigkeiten des Auslafsventiles oder Un-
regelmäfsigkeiten in der Zündung kann sich Explosionsgemisch in
den Schornsteinen, Kanälen etc. ansammeln, die bei ihrer Entzündung einen Druck erzeugen, dem die Umfassungswände nicht ge-
wachsen sind.

Aufserdem führen die Auspuffgase der Petroleummotoren flüssige
Petroleumreste mit sich, die das Mauerwerk von Schornsteinen und
Kanälen durchtränken und zu Feuersgefahr Veranlassung geben.

Auslafstopf und die Anfangsteile der Auspuffleitung werden
sehr heifs und sind dort, wo sie mit leicht brennbaren Stoffen in
Berührung kommen könnten, durch schlechte Wärmeleiter zu
schützen.

Nicht oft genug kann darauf aufmerksam gemacht werden, dafs
sich die Nachbarschaft sehr häufig durch das Geräusch und den
Geruch der Auspuffgase belästigt fühlt — bei Petroleummotoren fast
immer —; wo diese Möglichkeit vorliegt, sollte man von vornherein
Vorkehrungen treffen, um solchen Klagen vorzubeugen. Das Auspuff-
geräusch wird gedämpft, indem man mehrere Auslafstöpfe hintereinander schaltet oder indem man die Gase durch eine Anzahl von
Rippenrohren, wie sie zu den Rippenkühlern verwendet werden,

führt. Der Geruch des Petroleummotor-Auspuffs ist nicht zu beseitigen, man muß damit rechnen, daß er sich auf mehrere hundert Meter im Umkreise bemerkbar macht.

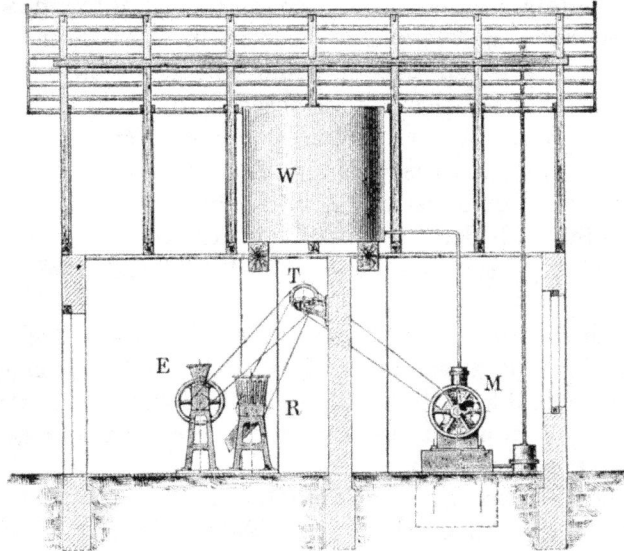

Fig. 181.

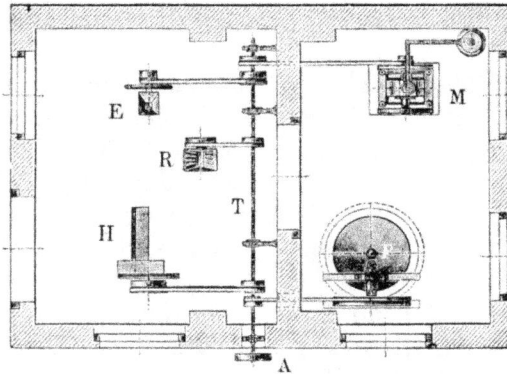

Fig. 182.

Landwirtschaftliche Maschinenanlage mit Petroleummotorantrieb.

Da es für viele Leser von Interesse sein dürfte, die Aufstellung von Benzin- und Petroleummotoren in Verbindung mit den von ihnen betriebenen Arbeitsmaschinen kennen zu lernen, so sind in den nebenstehenden Abbildungen einige von der Firma Ganz & Co. in Budapest ausgeführte Anlagen dieser Art dargestellt.

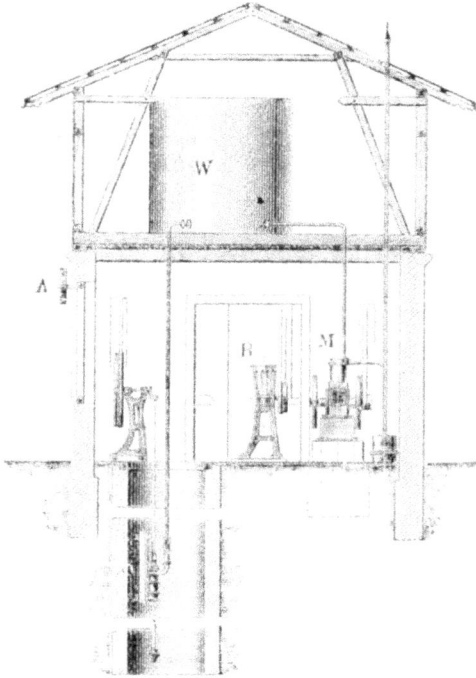

Fig. 183. Landwirtschaftliche Maschinenanlage mit Petroleummotorenantrieb.

Fig. 181—183 stellen die Anlage einer landwirtschaftlichen Maschineneinrichtung dar.

M ist der zweipferdige Motor,

T Transmission,

E Schrotmaschine,

R Maisräbler,

H Häckselmaschine,

P Wasserpumpe,

A Riemenscheibe für diverse Zwecke,

W Wasserreservoir.

In den Figuren 184—187 ist ebenfalls eine in Ungarn ausgeführte landwirtschaftliche Anlage in Verbindung mit Motorenbetrieb dargestellt.

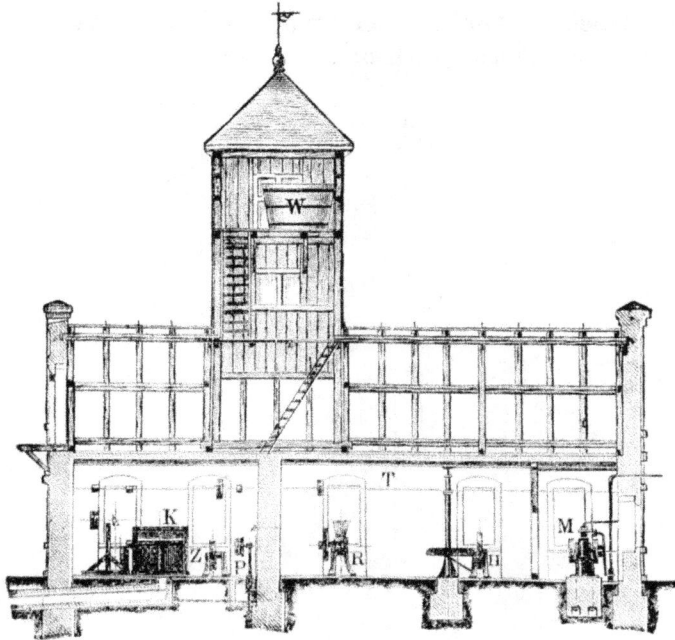

Fig. 184.

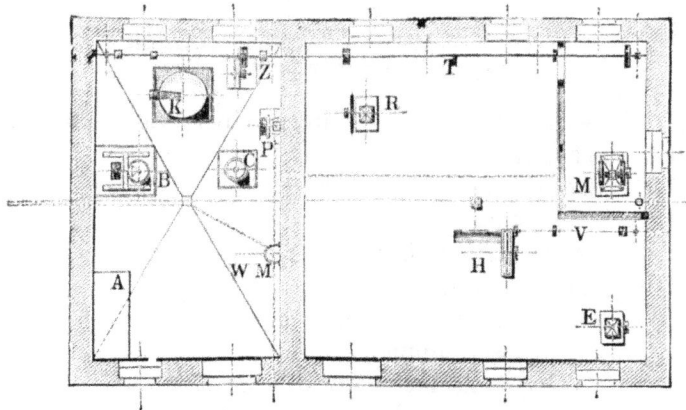

Fig. 185.

Molkerei und Landwirtschaftliche Maschinenanlage mit
Petroleummotorenantrieb.

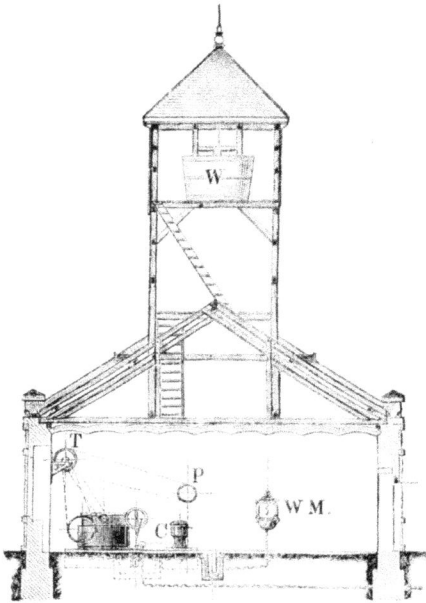

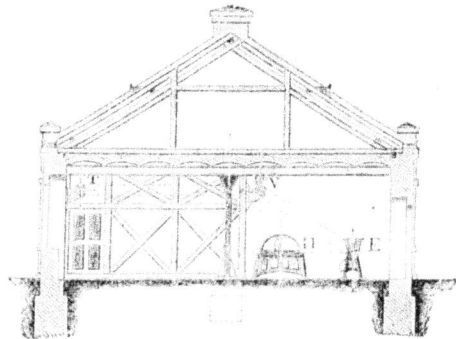

Fig. 186.   Fig. 187.

Molkerei und Landwirtschaftliche Maschinenanlage mit Petroleummotorenantrieb.

M zweipferdiger Petroleummotor,
T Transmission,
E Schrotmühle,
H Häckselmaschine,
R Maisräbler,
P Wasserpumpe,
C Centrifuge,
Z Vorgelege zur Centrifuge,
B Buttermaschine,
K Butterknetmaschine,
W Wasserreservoir,
WM Wasserausgufsbecken.

Fig. 188 stellt eine Walzmühle betrieben durch einen drei-
pferdigen Motor der Ganzschen Fabrik dar.

Fig. 188. Walzmühle mit Petroleummotorenantrieb.

Die Wartung der Benzin- und Petroleummotoren.

Wenn jedes einzelne Motorensystem auch seine besonderen Bedienungsvorschriften haben wird, so läfst sich doch eine ganze
Reihe von allgemein gültigen Verhaltungsmafsregeln aufstellen,
deren Befolgung zur Erhaltung des Motors und des ungestörten
Betriebes bestens beitragen werden.

Die erste Bedingung für gute Erhaltung der Benzin- und
Petroleummotoren ist die Verwendung eines guten Schmieröles für
den Arbeitscylinder.

Man soll das Öl nur von solchen Lieferanten beziehen, welche
in der Lage sind, die Brauchbarkeit ihrer Ware durch beständige
Versuche an Motoren zu erproben. Da dies für den Händler schwer
ausführbar ist, so kommt viel ungeeignetes Öl zum Verkauf und
die gröfseren Motorenfabriken haben sich veranlafst gesehen, in
ihrem eigenen Interesse, die Herstellung des »Cylinderöles« selbst
in die Hand zu nehmen und dasselbe unter der Garantie für gleichmäfsig gute Qualität an die Motorenbesitzer zu liefern.

Neben guter Schmierfähigkeit mufs das Cylinderöl für Explosionsmotoren vor allen Dingen säurefrei sein. Es darf bei der

hohen Temperatur, welcher es im Motorencylinder ausgesetzt ist, nicht zu stark verdampfen und nicht so zersetzt werden, dafs die Zersetzungsprodukte die Cylinder- und Kolbenwandungen angreifen. Auch mufs es seine Schmierfähigkeit an den heifsen Wandungen beibehalten und hier nicht zu dünnflüssig werden. Endlich soll es auch bei niederen Temperaturen immer noch soweit flüssig bleiben, dafs die Menge des aus Tropfapparaten abfliefsenden Öles nicht zu stark beeinflufst wird.

Bei Verwendung eines guten Schmieröles bleibt die Cylinder- und Kolbenfläche blank; zieht man den Kolben unmittelbar nach dem Anhalten des Motors heraus, so soll sich die Cylinderlauffläche und die des Kolbens von vorn bis hinten mit einer dünnen Öl- schicht überzogen zeigen, auch die Kolbenringe — selbst die hin- tersten — sollen beweglich vorgefunden werden. Wird ungeeignetes Öl verwendet, so zeigen sich Cylinder und Kolben mit einer rost- braunen Schicht überzogen, der hintere Teil des Kolbens und der Cylinderbohrung sind trocken und die hinteren Kolbenringe sitzen fest.

Von der weiteren Verwendung eines solchen Öles ist sofort Abstand zu nehmen, da man den Motor sonst in wenigen Wochen zu grunde richten kann.

Man sollte mit dem Öllieferanten dahin Vereinbarung treffen, dafs derselbe ein Öl, bei dessen Benutzung sich Kolben und Cylinder- lauffläche mit einer Rostschicht überziehen, mit Tragung der Un- kosten zurücknehmen mufs.

Bei den Motoren mit offenliegendem Triebwerk kann man, da Kolben und Cylinderwand während des Betriebes sichtbar bleiben, schlechtes Öl sofort erkennen.

Entziehen sich diese Teile aber, wie bei eingekapselten Motoren, der unmittelbaren Beobachtung, so ist dringend zu empfehlen, einige Tage nach erstmaliger Benutzung einer neuen Ölsendung oder eines neuen Ölfasses, die Kapsel des Triebwerkes zu öffnen und sich vom guten Zustand der Gleitflächen zu überzeugen.

Das »Cylinderöl« ist ein Gemisch von verschiedenen Ölarten, welche sich bei langem Stehen entmischen, man thut gut, den In- halt grofser Vorratsbehälter von Zeit zu Zeit, am besten jedesmal vor dem Abzapfen in die Ölkannen, umzurühren.

Im Verbrennungsraum, am Kolbenboden, im Auslafsventilge- häuse, im Auspufftopf und Auspuffrohr setzt sich das von den

Auspuffgasen mitgerissene Schmieröl als Ölkohle an den Wandungen
fest. Je nach der Qualität des Öles, je nach der Stärke des Ölens und
der Kühlung ist die Ölkohle verschiedener Beschaffenheit. Findet
sich eine poröse, schwammige Kohle vor, so wird zu stark geölt
es wird sich bald soviel Kohle bilden, dafs der Auspuffrohrquer-
schnitt verengt und der Motor in seiner·Leistung geschwächt wird.
Bei Petroleummotoren wirkt eine zu reichliche Petroleumzufuhr
ganz ähnlich; der Querschnitt des Auspuffrohres kann sich hier in
kurzer Zeit so verengen, dafs schliefslich nur noch der Leerlauf
aufrecht erhalten wird.

Falls die am Motor angebrachten Schmierapparate nicht für
mechanische Ölförderung eingerichtet, sondern einfache Öltropf-
apparate sind, welche zu Beginn des Betriebes angestellt und nach
jedem Anhalten abgestellt werden müssen, hat man zu berücksichtigen, dafs die bei kaltem Motor eingestellte Tropfenzahl eine
andere ist, als wenn der Motor Betriebswärme hat.

Das von den Lagerstellen der Kurbel und Steuerwelle herunter-
laufende Schmieröl mufs, falls der Motorensockel nicht mit einer
Ölrinne umgeben ist, täglich abgewischt werden. Läuft das ab-
fliefsende Öl dauernd auf das Cementmauerwerk, so erweicht schliefslich der Cementmörtel und der feste Stand des Motors kann im
Laufe der Zeit gefährdet werden.

Von dem richtigen Mafs der Schmierung und von der genauen
Einstellung der Brennstoffzufuhr, namentlich bei den Petroleummotoren, hängt es ab, wie oft der Motor gereinigt werden mufs.

Beim Auseinandernehmen des Motors zum Zweck der Reinigung
hüte sich der Wärter die etwa »festgebrannten« Muttern der Stiftschrauben am Auslafsventil mit Gewalt lösen zu wollen; oft wird
dann der Schraubenstift abgerissen und dadurch eine ebenso zeit-
raubende wie kostspielige Reparatur herbeigeführt. Durch mehr-
maliges Aufgiefsen von Petroleum kann man die Muttern lose
machen und schliefslich leicht abschrauben.

Will man das Festbrennen von vornherein verhindern, so mufs
der Stift vor dem Aufschrauben der Mutter mit |einer Mischung von
Graphit und Vaseline bestrichen werden.

Die Deckel der Ventilgehäuse sollte man immer aufschleifen
und nicht mit Asbestpappe dichten, ein sehr mäfsiges Anziehen der
Muttern genügt dann zur dichten Auflage der Deckel. Es kommt
häufig vor, dafs die Asbestpackungen durch den Explosionsdruck
herausgeschleudert werden, aufserdem teilt sich die Asbestpappe

leicht und ist oft schon nach einmaliger Benutzung nicht mehr brauchbar.

Zum Reinigen der Ventilschleifflächen und Führungen der Ventilspindeln bietet sich im Petroleum ein vortreffliches Lösungsmittel dar. Vermöge seiner Dünnflüssigkeit dringt es in alle Fugen schnell ein, breitet sich über grofse Flächen gleichmäfsig aus, erweicht Öl- und Petroleumreste und lockert festsitzenden Rost. Ein kräftiges Abreiben der mit Petroleum angefeuchteten Teile genügt meistens schon, um das Metall wieder blofszulegen.

Zur Reinigung des Kolbens sind die Ringe von ihm zu entfernen; diese Arbeit ist namentlich bei kleinen Motoren von geringem Kolbendurchmesser mit gröfster Vorsicht auszuführen.

Vor allen Dingen dürfen die Ringe nicht weiter auseinandergebogen werden, wie eben nötig ist, um sie vom Kolben abzustreifen, andernfalls ist ein Verbiegen oder Zerbrechen derselben zu befürchten.

Am sichersten wird das Abstreifen der Kolbenringe so ausgeführt, dafs man mittels eines Drahthakens ein Ende des Ringes soweit hoch zieht, dafs nacheinander drei oder vier Streifen dünnen Bleches zwischen Ring und Kolbenkörper geschoben werden können. Mit Leichtigkeit lassen sich die Blechstreifen gleichmäfsig auf dem Kolbenumfang verteilen und bieten nun eine Überbrückung der Ringnuten dar, über welche sich die Ringe ohne Schwierigkeit abstreifen lassen. Der Ring wird dabei nicht weiter ausgedehnt, wie nötig ist.

Aufser der Kolbengleitfläche sind auch die Ringnuten auf dem Grunde und die Ringe auf der inneren Fläche zu reinigen.

Das Wiedereinsetzen des Kolbens in den Cylinder hat mit Vorsicht zu erfolgen, jeder Ring ist einzeln in die Cylinderbohrung einzuführen, dabei hat man darauf zu achten, dafs der Kolbenringstift in die Schnittfuge des Ringes kommt. Auf keinen Fall darf man die Ringenden beim Einführen des Kolbens mit den Fingern zusammendrücken, die scharfen Kanten der Ringe können zu sehr schmerzhaften Verletzungen führen.

Solange nicht sämtliche Ringe von der Cylinderbohrung gefafst sind, darf der Kolben nicht gewaltsam in die Cylinderbohrung gestofsen werden; legt sich ein vorstehender Ring auf den Cylinderrand, so »verdrückt« sich Ring und Ringnute, oder der erstere zerbricht.

Ist der Motor nach erfolgter Reinigung wieder vollständig zu-
sammengesetzt, so ist er anzulassen und eine zeitlang in Gang zu
erhalten, damit man sicher ist, dafs er bei Aufnahme des wirklichen
Betriebes seine Schuldigkeit thut.

Besondere Sorgfalt hat man dem richtigen »Anzug« des Pleuelstangenlagers zuzuwenden. Ein gut aufgepafstes Lager soll zwar
ein festes Anziehen der Befestigungsmuttern des Deckels gestatten,
bei älteren Motoren, die eine arbeitsreiche Vergangenheit hinter sich
haben, ist das aber häufig nicht mehr der Fall. Die Befestigungsmuttern der Pleuelstange dürfen dann weder zu lose noch zu fest
angezogen werden. Der lose Pleuelstangendeckel macht sich sofort
durch »Klopfen« beim Leergange bemerkbar. Bei zu fest gezogenem
Deckel erwärmt sich das Lager.

Die Kontremuttern des Pleuelstangenlagers sind fest anzuziehen,
andernfalls löst sich der Deckel und der Kolben kann aus dem
Cylinder herausgeschleudert werden.

Betriebsstörungen.

Folgende Störungen sind es, welche beim Betrieb der Benzin-
und Petroleummotoren hauptsächlich auftreten.

Der Motor will nicht angehen.

Das Angehen erfolgt erst nach vielem vergeblichen
Drehen des Schwungrades.

Der Gang des Motors ist unregelmäfsig.

Der Motor versagt den Dienst während des Betriebes.

Der Motor äufsert wenig Kraft.

Es erfolgen Stöfse im Motor.

Es knallt im Luftansaugetopf.

Die Ursachen der Betriebsstörungen sind bei den Explosionsmotoren meistens nicht leicht aufzufinden und verfallen die Wärter
dann in den Fehler, die Störung durch planloses Hin- und Her-
probieren zu beseitigen, ohne sich zum Schlufs darüber klar zu
sein, was denn nun eigentlich die Ursache der Störung gewesen sei.
Ein solches Beginnen ist ebenso ermüdend, wie zeitraubend und
ist nachstehend der Versuch gemacht worden, Vorschriften für die
planmäfsige Beseitigung von Betriebsstörungen, welche an Benzin-
und Petroleummotoren vorkommen können, aufzustellen.

1. Der Motor versagt den Dienst bei der Ingangsetzung, es knallt zur Zeit der Zündung aus dem Auspuffrohr.

Ursache: Festsitzendes oder undichtes Auslafsventil.

Hilfsmittel: a) Gangbarmachen des festsitzenden Auslafsventiles durch Eintröpfeln von Petroleum in das zu diesem Zweck
bei den meisten Motoren angebrachte Röhrchen. Auf- und Ab-
führen des Ventiles bis das Hemmnis in der Führung beseitigt ist.
b) Falls das Gangbarmachen der Auslafsventilspindel nicht hilft,
Herausnehmen des Auslafsventiles, Beseitigung etwa festgeschlagener
Fremdkörper von der Schleiffläche des Ventilkegels oder des
Ventilsitzes.

Erklärung: Schliefst das Auslafsventil nicht vollkommen
dicht, so gelangt ein Teil der unentzündeten Ladung während der
Kompressionsperiode in den Auslafstopf und in das Auspuffrohr.
Erfolgt dann die Zündung, so teilt sich dieselbe durch die Undichtigkeit des Auslafsventiles hindurch auch dem Inhalt des Auslafs-
topfes und dem des Auspuffrohres mit, die Verbrennungsprodukte
fahren mit mehr oder weniger starkem Knall· aus dem Rohr heraus,
der Kolben erhält keinen Antrieb und der Motor kann sich nicht
in Gang setzen.

2. Der Motor versagt bei der Ingangsetzung, die
Zündungen erfolgen in gröfseren Zwischenräumen und
die Antriebe reichen nicht hin, den Motor in die normale Umdrehungsgeschwindigkeit zu versetzen.

Ursachen: a) Die Auslafsventilfeder ist gebrochen oder zu
schwach gespannt; b) das Zündrohr ist nicht genügend warm; c) der
Benzin- oder Petroleumgehalt des Gemisches ist zu gering.

Hilfsmittel a): Nachspannen der Auslafsventilfeder. Beob-
achten des Ventiles während der Ansaugeperiode; solange noch
Vibrationen der Ventilspindel zu sehen oder zu fühlen· sind, ist die
Feder noch nicht genügend gespannt.

Hilfsmittel b): Beobachten der Heizlampenflamme; sie soll
mit dem bestimmten Geräusch und mit blauer Flamme, nicht leuch-
tend, brennen. Reinigung der feinen Brenneröffnung. Beseitigung
von Verstopfungen im Benzinzuflufsrohr. Erfolgt die Zuführung
des Brennstoffes für die Lampe durch Luftdruck, so hat man sich
von dem Vorhandensein genügender Spannung im Behälter zu überzeugen.

Hilfsmittel c): Ändern des Gemisches durch Verstellen der
Luftreguliervorrichtung, des Benzingashahnes oder der Petroleumzufuhr.

Erklärung für a): Ist die Feder des Auslafsventiles zu schwach, so wird letzteres, ebenso wie das Einlafsventil durch die Saugwirkung des Kolbens in der Ansaugeperiode jedesmal geöffnet, und aufser der Ladung vom Auslafs her Luft bezw. Verbrennungsprodukte angesaugt, die das Gemisch verdünnen und unentzündbar machen. Die verdünnte Ladung wird also unverbrannt in den Auslafstopf geschoben; an Stelle der sonst im Laderaum verbleibenden Verbrennungsprodukte findet sich daselbst unverbranntes dünnes Gemisch vor, welches sich in der nächsten Ansaugeperiode mit dem neu eingenommenen starken Gemisch vereinigt. Durch das angesaugte Auslafsventil tritt bei dieser Ansaugung nun aber nicht mehr Luft oder Verbrennungsgase, sondern ebenfalls dünnes Gemisch ein; nach diesem zweiten Saughub befindet sich also schon stärkeres Gemisch im Verbrennungsraum, welches sich nach jeder weiteren Ansaugung immer mehr anreichert und schliefslich entzündungsfähig wird. Mit dieser einzelnen nun folgenden Kraftäufserung treten die Verhältnisse der Gemischbildung dann wieder in das Anfangsstadium zurück, es werden wieder 4, 6 oder mehr Umdrehungen erfolgen müssen, bis sich zündbares Gemisch gebildet hat und ein neuer Antrieb erfolgt. Jenachdem die Feder mehr oder weniger schwach gespannt ist, umfafst die einzelne Periode auch mehr oder weniger Fehlgänge des Motors.

Erklärung für b): Hat die Heizflamme nicht genügende Temperatur und wird das Zündrohr oder der Vergaser nur schwach erhitzt, so ist der normale Gehalt der Ladung an Brennstoffdämpfen nicht ausreichend, damit die Entzündung an den Wandungen des Glührohres etc. vor sich gehen könne. Auch hier findet ähnlich wie unter a) beschrieben, nach jeder ausbleibenden Zündung eine Anreicherung des Gemisches mit Brennstoffdämpfen statt, für das reichere Gemisch genügt dann das schwach erhitzte Glührohr zur Entzündung und die Krafthübe folgen sich ebenfalls mit periodischen Fehlgängen.

Mit jeder Zündung erwärmt sich der Verbrennungsraum mehr und mehr. Der Zündkanal nimmt ebenfalls an der Erwärmung teil und es ist möglich, dafs der Motor bei fortgesetztem Drehen auch bei schwach erhitztem Glührohr in regelmäfsigen Betrieb kommt.

Erklärung für c): Ist das Gemisch zu schwach, weil die Brennstoffzufuhr zu sehr beschränkt wurde, oder die Luftöffnung zu weit geöffnet war, so kann auch hier allmähliche Anreicherung des Gemisches bis zur Entzündungsfähigkeit stattfinden.

3. Der Motor versagt bei der Ingangsetzung. Es zischt während der Kompressionsperiode im Lampenschornstein.

Ursache: Das Zündrohr oder der Vergaser ist nicht dicht angeschraubt.

Hilfsmittel: Vorsichtiges Nachziehen der Verschraubung oder der Befestigungsschrauben des Glührohres, event. Erneuerung der Asbestdichtungsscheiben.

Erklärung: Das Glührohr kann nur wirken, wenn es vollkommen dicht angeschraubt ist. So lange ein Strömen des Gemisches durch den Zündkanal nach außen hin stattfindet, kann sich die Zündung nach rückwärts nicht der Ladung mitteilen.

4. Erschwertes Anlassen. Es zischt während der Kompressionsperiode im Cylinder, an der Fuge zwischen Kolben und Cylinder bilden sich Blasen.

Ursache: Undichter Kolben.

Hilfsmittel: Starkes Schmieren des Kolbens mit dickflüssigem Öl, schnelles Andrehen; falls dies nicht mehr hilft, Einsetzen neuer Kolbenringe.

Erklärung: Die Kolbenringe, der Kolbenkörper und die Cylinderbohrung nutzen sich mit der Zeit ab. Die eintretende Undichtigkeit zwischen Kolben und Cylinderwand vermindert die Saugwirkung stark, zu der geringen Menge angesaugten Gemisches tritt Beiluft von außen, es entsteht schwaches, schwer zündbares Gemisch. Außerdem geht noch ein beträchtlicher Teil des Gemisches bei der Kompressionsperiode durch die Undichtigkeit des Kolbens verloren. Die Kompression selbst kann vielleicht nicht mehr so hoch steigen, daß das zündbare Gemisch bis an den Glühort in das Zündrohr hineingepreßt wird. Gießt man nun dickflüssiges Öl auf die Dichtfuge und dreht das Schwungrad möglichst schnell, so kann die erweiterte Fuge zwischen Kolben- und Cylinderwand für kurze Zeit ausgefüllt werden; die Saugwirkung wird kräftiger, die Kompression kann sich in genügender Stärke halten, damit die Zündung erfolge. Nimmt der Motor dann nach einigen Zündungen schnellere Gangart an, so wird die Zeit für das Eindringen von Beiluft und Entweichen des Gemisches immer kürzer, der Mangel macht sich weniger bemerkbar und der Motor beginnt mit voller Umdrehungsgeschwindigkeit und mit Kraftäußerung zu arbeiten. Seine volle Kraft kann der Motor mit undichtem Kolben selbstredend nicht mehr äußern, auch wird er zu seiner geringen Kraft-

19*

entwickelung verhältnismäfsig viel Brennstoff brauchen. Aufserdem erhitzen sich Cylinder- und Kolbenwand durch die an den undichten Stellen hindurchströmenden heifsen Verbrennungsprodukte stark, das Schmieröl wird nach aufsen getrieben, der Kolben läuft trocken und der Motor geht schnellem Verderben entgegen, wenn die Kolbenringe nicht rechtzeitig erneuert werden.

5. Der Motor bleibt während des Betriebes stehen.

Ursache a): Warmlaufen eines Lagers oder des Kolbens infolge mangelhafter Schmierung; b) Isolationsstörungen bei elektrischer Zündung.

Hilfsmittel a): Durch Anfühlen ermittelt man das etwa warmgelaufene Lager. Ist alles kalt, so kann der Kolben trocken gelaufen sein oder die Pleuelstange sitzt auf dem Bolzen im Kolben fest.

Das Warmlaufen der Lager kann hervorgerufen sein durch zu festes Anziehen der Deckelschrauben, oder durch Versäumnis rechtzeitigen Nachfüllens von Öl, durch Verstopfung der Ölzuführungsrohre oder dadurch, dafs vergessen wurde, die Ölgefäfse in Thätigkeit zu versetzen. Nach all diesen Richtungen hin sind die Lager zu untersuchen und zu berichtigen.

Hilfsmittel b): Bei elektrischer Zündung mufs untersucht werden, ob die Klemmschrauben zur Befestigung des Leitungsdrahtes fest angezogen sind, ob die Isolationshülle des Drahtes an Stellen abgenutzt ist, die mit dem Metall des Motors in Berührung treten. Eventl. ist auch der Kontaktstutzen abzunehmen und zu untersuchen, ob Öl an die Berührungsstelle von Kontaktstift und Kontakthebel gespritzt ist, oder ob die metallische Berührung an dieser Stelle in irgend einer anderen Weise gestört ist.

6. Der mit Glührohr arbeitende Motor bleibt während des Betriebes stehen, weil die Zündungen versagen, trotzdem die Lampe gut brennt und die Ventile dicht sind.

Ursache: Verstopfung des Glührohres durch Ölkohle, Rufs u. s. w.

Hilfsmittel und Erklärung: Die Störung zeigt sich am häufigsten bei Petroleummotoren, deren Ein- und Auslafsventile in einem Gehäuse liegen. Sobald die Petroleumzufuhr zu stark ist oder zu stark geschmiert und gekühlt wird, sammeln sich unverbrannte Reste im Ventilgehäuse an, die zu einer schnellen Verstopfung des Zündkanals oder der Mündung des Glührohres führen. Die Verstopfung kann auch auftreten, wenn der Motor längere Zeit

mit schwächerer Kraftäuſserung wie sonst läuft. Die meisten Petroleummotoren fordern für diesen Fall ein Neueinstellen des Petro-
leum- und Kühlwasserzuflusses.

7. Der Gang des Motors ist unregelmäſsig, es bleiben
Zündungen aus.

Ursache: Es wird zu wenig Brennstoff (Benzingas, Benzin
oder Petroleum) zugeführt.

Hilfsmittel: Das Mischungsverhältnis bei den Benzin- und
Petroleummotoren ist nicht ein so feststehendes wie bei den Gasmotoren, die Qualität jeder einzelnen Brennstofflieferung ist nicht
immer genau dieselbe und muſs die Einstellung des Gemisches
vom Wärter jedesmal, wenn eine neue Sendung des Brennstoffes
in Benutzung genommen wird, kontrolliert werden. Man belastet
zu dem Zweck den Motor durch Bremsen am Schwungradkranz bis
zu annäherndem Vollgang und verringert dann die Brennstoffzufuhr
wieder soweit, daſs eben Zündungen ausbleiben, alsdann führt man
ganz allmählich mehr Brennstoff zu, bis die Zündungen wieder
regelmäſsig kommen und sich der gewohnte Auspuff einstellt, dessen
Ton und Stärke dem Gehör sicher eingeprägt ist.

8. Der Gang des Motors ist unregelmäſsig, er läuft
periodisch schneller und langsamer.

Ursache: Mangelhafte Beweglichkeit des Regulators, stumpfe
Schneide der Abstützklinke.

Hilfsmittel: Schmierung der Gelenke des Regulators, Beseitigung verdickten Schmieröles durch Zuträufeln von Petroleum.
Falls Klinken bei der Steuerung benutzt werden, hat man zu beobachten, ob dieselben »abschnappen«; ist dies der Fall, so müssen
sie neu geschärft und gehärtet werden.

9. Der Motor äuſsert wenig Kraft, der Auspuff ist
schwach und langgezogen.

Ursachen: a) Verengung des Auslaſsventiles und Auspuffrohres durch Ölkohle. b) Die Feder des Einlaſsventiles, falls es
selbstthätig arbeitet, ist zu stark gespannt.

Hilfsmittel für a): Beseitigung der Verstopfungen. Falls
die Reinigung des Topfes und Auspuffrohres zu lange Zeit in Anspruch nimmt und der Betrieb nicht unterbrochen werden darf,
hat man eine provisorische Auspuffleitung anzulegen.

Erklärung: Durch die Verengung der Auslaſswege, welche
sich bei Petroleummotoren sehr häufig einstellt, entsteht nicht nur

ein hemmender Gegendruck in der Auslaſsperiode, sondern es bleiben auch erheblich mehr Rückstände im Verbrennungsraum und es wird weniger Gemisch angesaugt. Alles dies führt zur Bildung schwacher Ladungen, die langsam brennen, wenig Kraft erzeugen und Brennstoff vergeuden.

Hilfsmittel für b): Berichtigung der Federspannung.

Erklärung: Durch zu stark angezogene Federn selbstthätig arbeitender Einlaſsventile wird bewirkt, daſs der Motor weniger Ladung einnimmt; das Ventil öffnet später und schlieſst früher, die Zeit für die Gemischeinnahme wird also kürzer.

10. Es erfolgen Stöſse im Motor. Der Stoſs wiederholt sich bei jedem Krafthub.

Ursache: a) Der zur Befestigung des Schwungrades dienende Keil hat sich gelockert. b) Es treten Vorentzündungen der Ladung auf, weil die Entzündungstemperatur des Brennstoffes niedriger wie die Kompressionstemperatur ist.

Hilfsmittel und Erklärung für b): Bei den Petroleummotoren, welche mit verhältnismäſsig hohen Kompressionen arbeiten, ist die Kompressionstemperatur fast gleich der Entzündungstemperatur des Gemisches, oft genügt schon hohe Kühlwassertemperatur, damit die Kompressionstemperatur höher wie die Entzündungstemperatur liege und eine Entzündung der Ladung erfolgt, bevor der tote Punkt von der Kurbel überschritten ist. Die Folge ist dann ein »Stoſsen« des Motors, das um so stärker wird, je früher die Vorzündung erfolgt.

Treten die Stöſse an einem Motor auf, welcher bis dahin ruhig gearbeitet hat, so ist die Ursache meistens auf die Verwendung eines specifisch schweren Brennstoffes zurückzuführen. Als Hilfsmittel ist zu empfehlen, starkes Kühlen und Drosseln des Gemisches ohne Änderung der Zusammensetzung desselben, also verminderte Luft- und Brennstoffzufuhr.

11. Es knallt im Lufttopf bezw. aus dem Luftrohr.

Ursache: Entzündung des Gemisches während der Ansaugperiode an den noch brennenden Resten der im Arbeitsraum verbliebenen Verbrennungsrückstände.

Hilfsmittel: Mehr Brennstoff oder weniger Luft zuführen.

Erklärung Wurde versäumt, das Gemisch nach dem Anlassen richtig einzustellen, so bildet sich, nachdem der Motor seine volle Geschwindigkeit aufgenommen hat, schwaches langsam brennendes Gemisch, dessen Verbrennung noch im Gange ist, während schon wieder neue Ladung angesaugt wird; die letztere entzündet sich bei ihrer Berührung mit den glimmenden Resten, also zu einer Zeit, wo das Einlaſsventil noch geöffnet ist und die Verbrennungsprodukte fahren mit mehr oder weniger starkem Knall zum Luftrohr hinaus.

Gefahren und Vorsichtsmaſsregeln beim Umgang mit Benzin- und Petroleummotoren.

Der Arbeitsvorgang in den Benzin- und Petroleummotoren besteht in regelmäſsig aufeinanderfolgenden beherrschten Explosionen, welchen die Stärke der einzelnen Maschinenteile angepaſst ist, denen sie mit voller Sicherheit Widerstand leisten können. Eine Explosionsgefahr für den Motor selbst besteht also nicht, wohl aber ist diese Gefahr mit der Aufbewahrung und dem Transport der verwendeten Brennstoffe verknüpft.

Wie jeder andere flüssige Brennstoff, so sind auch das Benzin und Petroleum deshalb explosions- und feuergefährlich, weil sie sich bei etwaigem Verschütten sofort über eine groſse Fläche ausbreiten und brennbare Stoffe schnell durchtränken. Zur Aufbewahrung und zum Transport dieser Brennstoffe sollten daher nur feste, dichte und unzerbrechliche Gefäſse benutzt werden, Glasballons müſsten verboten sein.

Explosionsgefahr ṯtritt ein, wenn gröſsere Mengen Benzin in geschlossenen Räumen auslaufen und verdunsten. Geschieht dies im Motorenlokal selbst, so kann die Zündflamme des Motors die Entzündung des gebildeten Explosionsgemisches herbeiführen. Auch die Vorratsbehälter für Benzin und Petroleum können explodieren, und zwar vergröſsert sich die Explosionsgefahr mit Abnahme des Inhaltes. Je mehr Raum im Innern des Behälters entsteht, um so mehr explosibles Gemisch kann sich dort bilder. Selbst ein entleertes Benzin- oder Petroleumfaſs kann explodieren; wenige Kubikcentimeter der Brennstoffflüssigkeit, mit denen die Wandungen des Gefäſses überzogen sind, genügen zur Bildung von Explosionsgemisch. Unter keinen Umständen darf man in das Spundloch eines entleerten Benzinfasses hineinleuchten. Petroleumfässer können die gleiche Gefahr in sich bergen.

Das Umfüllen gröſserer Benzinmengen sollte nicht in geschlossenen Räumen vorgenommen werden; nie darf eine Flamme dabei brennen, gleichgültig, ob dieselbe offen brennt oder durch einen Cylinder geschützt ist.

Überschüttetes Benzin muſs sofort mit Putzwolle etc. aufgesaugt und samt dem Aufsaugematerial ins Freie gebracht werden.

Alle Verbindungsstellen der Benzin- und Petroleumleitungen, alle Brennstoff enthaltenden Gefäſse sind sorgfältig zu überwachen und etwa auftretende Undichtigkeiten, mögen sie auch noch so geringfügig scheinen, sofort zu beseitigen.

Erweist sich bei einem Motor das Herausnehmen des Kolbens als nötig, so muſs unbedingt vorher die Heizflamme gelöscht und die vollständige Erkaltung des Verdampfers oder Zündrohres abgewartet werden. Versäumt man diese Vorsicht, so kann, falls noch unentzündetes Gemisch im Cylinder angesammelt ist, eine Entzündung erfolgen, während man den Kolben herauszieht; der Kolben kann mit groſser Kraft herausgeschleudert werden und hat dies schon zu schweren Unglücksfällen geführt.

Eine weitere groſse Unvorsichtigkeit besteht darin, daſs in das Innere des an einer Stelle geöffneten Motors gleichzeitig hineingeleuchtet und hineingesehen wird. Sei der Motor nun warm oder kalt, unmittelbar nach dem Betriebe angehalten oder lange Zeit in Ruhe gewesen, immer ist mit der Möglichkeit zu rechnen, daſs er mit unverbranntem Gemisch erfüllt ist; bringt man nun die Flamme an eine freigelegte Öffnung, so entzündet sich das Gemisch, fährt als langer Feuerstrahl aus der Öffnung heraus und kann zu schweren Verbrennungen führen.

Will man das Innere eines Motors mit Hilfe einer Flamme besichtigen, so soll man zuerst die Flamme mit abgewandtem Körper vor die Öffnung halten und während dessen den Motor mehrere Male herumdrehen lassen. Selbstverständlich muſs dabei die Brennstoffzufuhr abgestellt, die Heizflamme ausgelöscht und der eventuell vorhandene Vergaser erkaltet sein. Erst dann kann man ohne Gefahr in das geöffnete Auslaſsventil, den Zündkanal oder in eine andere Öffnung mit Benutzung einer Flamme hineinsehen.

Ferner soll man während des Betriebes nie in den Schornstein der Heizlampe oder in die oft seitwärts angebrachte Schauklappe für das Zündrohr hineinsehen. Es sind Fälle bekannt, bei denen das Zündrohr in demselben Moment zersprang, wo es in der angedeuteten Weise besichtigt wurde.

Bewegte Maschinenteile während des Ganges anzufassen oder abzuwischen ist stets gefährlich; ist man auch scheinbar ganz gesichert, so kann dennoch ein Kleidungsstück oder die herabhängende Putzwolle festhaften, mitgezogen werden und zu Unglücksfällen führen.

Auch das Auf- und Ablegen des Betriebsriemens auf die Motorenriemscheibe ist nicht ohne Gefahr; auf keinen Fall darf man den Riemen so fassen, daſs die Finger zwischen Riemen und Scheibenumfang geraten können; vielmehr legt man den Riemen, ohne ihn stramm zu ziehen, über einen Teil der Scheibe, so daſs er diese leicht schleifend berührt und drückt ihn dann mit den Handflächen schnell auf den Umfang. Dabei sind die Verbindungsstellen des Riemens, namentlich wenn scharfkantige Verbinder benutzt werden, vor dem Auflegen so zu verschieben, daſs sie den Scheibenumfang eben verlassen.

Wird eine Kurbel zum Andrehen des Motors benutzt, so liegt die Gefahr vor, daſs dieselbe bei zu langsamem Drehen infolge vorzeitiger Zündung zurückgeschlagen wird, namentlich dort, wo ein offenes Glührohr vorhanden ist oder elektrische Zündung benutzt wird, deren Zündmoment für das Anlassen nicht verlegt werden kann. Bei solchen Motoren soll das Anlassen des Motors möglichst von zwei Personen ausgeführt werden, von denen die eine den Motor in Drehung versetzt, während die andere die Brennstoffzufuhr erst dann öffnet, wenn der Motor schon in schnelle Drehung versetzt ist.

Verlag von **R. Oldenbourg** in **München** und **Berlin**.

„SCHNELLBETRIEB"

Erhöhung der Geschwindigkeit und Wirtschaftlichkeit der Maschinenbetriebe.

Von

A. Riedler, Ingenieur,

derz. Rektor der technischen Hochschule zu Berlin.

Mit 1042 Abbildungen. Preis komplet geb. **M. 18.—.**

Ferner in 5 Heften:

I. Heft:

Maschinentechnische Neuerungen

im Dienste der Städt. Schwemm-Kanalisationen

und Fabrik-Entwässerungen.

Von

A. Riedler, Ingenieur,

derz. Rektor der technischen Hochschule zu Berlin.

Mit 79 Abbildungen. Preis **M. 2.—.**

II. Heft:

Neuere Wasserwerks-Pumpmaschinen

für

Städtische Wasserversorgungs-Anlagen

und

Pumpmaschinen

für

Fabriks- und landwirtschaftliche Betriebe.

Von

A. Riedler, Ingenieur,

derz. Rektor der technischen Hochschule zu Berlin.

Mit 319 Abbildungen. Preis **M. 4.—.**

Zu beziehen durch jede Buchhandlung.

II

Verlag von **R. Oldenbourg** in München und Berlin.

III. Heft:

Neuere unterirdische Wasserhaltungs-Maschinen für Bergwerke

und

Press-Pumpmaschinen

zur Erzeugung von

Kraftwasser für hydraulische Kraftübertragung.

Von

A. Riedler, Ingenieur,

derz. Rektor der technischen Hochschule zu Berlin.

Mit 194 Abbildungen. Preis M. 4.—.

IV. Heft:

Expresspumpen mit unmittelbarem elektr. Antrieb.

Vergleiche zwischen Expresspumpen und gewöhnlichen Pumpen und Expresspumpen mit unmittelbarem Antrieb durch Dampfmaschinen.

Von

A. Riedler, Ingenieur,

derz. Rektor der technischen Hochschule zu Berlin.

Mit 176 Abbildungen. Preis M. 4.—.

V. Heft:

Kompressoren.
Neuere Maschinen zur Verdichtung von Luft und Gas.

Express-Kompressoren mit rückläufigen Druckventilen und Gebläsemaschinen für Hochöfen und Stahlwerke.

Von

A. Riedler, Ingenieur,

derz. Rektor der technischen Hochschule zu Berlin.

Mit 274 Abbildungen. Preis **M. 4.**—.

Zu beziehen durch jede Buchhandlung.

Verlag von **R. Oldenbourg** in **München** und Berlin.

Berechnung und Konstruktion
der
Schiffsmaschine

zum Gebrauch für

Konstrukteure, Betriebsingenieure, See-
maschinisten und Studierende
von
Dr. G. Bauer,
Schiffsmaschinenbauingenieur.

Mit mehreren Tafeln und zahlreichen Textfiguren.
ca 30 Druckbogen kl. 8°.   Preis geb. ca. **M. 12.—.**

(In Vorbereitung.)

Taschenbuch
für
Monteure elektr. Beleuchtungsanlagen.
Von
S. Freiherr von Gaisberg,
Ingenieur.

Mit zahlreichen in den Text gedruckt. Abbildungen.
Zweiundzwanzigste umgearbeitete u. erweit. Auflage.
In Leinwd. geb. Preis **M. 2.50.**

Grundriss
der
Technischen Elektrochemie
auf theoretischer Grundlage
von
Dr. Fritz Haber,
Privatdozent für technische Chemie an der technischen
Hochschule Karlsruhe i. B.

XII und 573 Seiten 8°.   Preis geb. **M. 10.—.**

Vergriffen! Neue Auflage erscheint Ende 1901.

Zu beziehen durch jede Buchhandlung.

MITTHEILUNGEN

AUS DEM

MASCHINEN-LABORATORIUM

DER

KGL. TECHNISCHEN HOCHSCHULE

ZU

BERLIN.

HERAUSGEGEBEN ZUR
HUNDERTJAHRFEIER DER HOCHSCHULE
VON

PROFESSOR E. JOSSE

VORSTEHER DES MASCHINEN-LABORATORIUMS.

I. HEFT: Die Maschinen, die Versuchseinrichtungen
und Hülfsmittel des Maschinen-Laboratoriums. Mit 73 Textfiguren und 2 Tafeln.
IV und 78 Seiten Gr. 4⁰. Preis M. 4.50.

II. HEFT: Versuche. Mit 39 Textfiguren. IV und
49 Seiten Gr. 4⁰. Preis M. 3.—.

III. HEFT: Neuere Erfahrungen und Versuche mit
Abwärme-Kraftmaschinen. Mit 20 Textfiguren. 42 Seiten. gr. 4⁰. Preis M. 2.50.

MOTOR-POSTEN.

Von

Dr. G. SCHAETZEL,

k. Postoffizial.

Technik und Leistungsfähigkeit der heutigen Selbstfahrersysteme und deren Ver-
wendbarkeit für den öffentlichen Verkehr.

84 Seiten mit Abbildungen. gr. 8⁰.
Preis M. 2.—.

Zu beziehen durch jede Buchhandlung.